数控电加工
编程与操作

周燕清　丁金晔　主编

SHUKONG DIANJIAGONG BIANCHENG YU CAOZUO

第二版

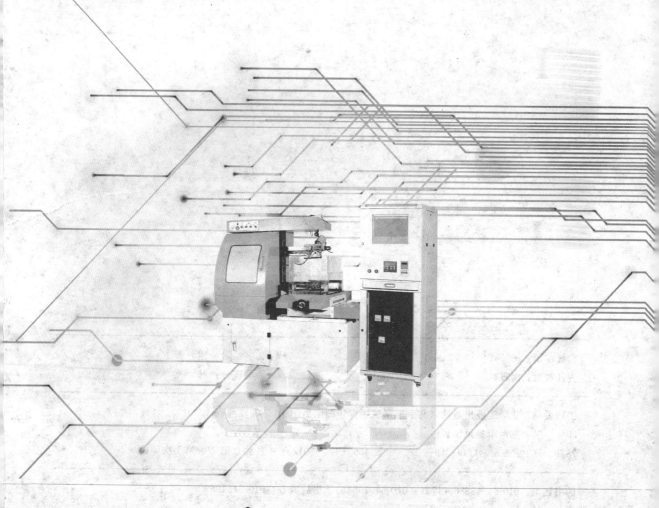

化学工业出版社

·北京·

图书在版编目(CIP)数据

数控电加工编程与操作/周燕清，丁金晔主编. —2 版.

北京：化学工业出版社，2012.3

ISBN 978-7-122-13370-0

Ⅰ. 数… Ⅱ.①周…②丁… Ⅲ. 数控机床-电火花加工

Ⅳ. TG661

中国版本图书馆 CIP 数据核字（2012）第 017219 号

责任编辑：王　烨　　　　　　　　　　　　文字编辑：谢蓉蓉

责任校对：洪雅姝　　　　　　　　　　　　装帧设计：韩　飞

出版发行：化学工业出版社（北京市东城区青年湖南街 13 号　邮政编码 100011）

印　　装：三河市延风印装厂

787mm×1092mm　1/16　印张 18　字数 456 千字　2012 年 4 月北京第 2 版第 1 次印刷

购书咨询：010-64518888（传真：010-64519686）　售后服务：010-64518899

网　　址：http://www.cip.com.cn

凡购买本书，如有缺损质量问题，本社销售中心负责调换。

定　　价：49.00 元

第二版前言

社会的发展和科学技术的进步，尤其是以计算机、信息技术为代表的高新技术的发展，使制造技术的内涵和外延发生了革命性变化。数控加工技术使机械制造过程发生了显著的变化，特别是数控电加工技术目前在模具、汽配等高精尖制造行业已广泛应用。虽然近年来国内机械制造行业对数控加工的需求高速增长，但数控技术人才包括数控电加技术人才严重短缺，因此该方向已逐渐成为就业市场的热点。随着技师学院、职业技术学校近年来数控专业逐渐扩大招生规模，从事数控学习的学生人数在显著增长，对此项技术培训的需求正在不断增长。

本书根据职业培训的方向和培养目标，严格按照新的国家职业标准对中、高级电切削工的要求编排内容。在编写过程中，正确处理理论知识和技能训练的关系、所学知识与职业技能鉴定考核的关系，贯彻以技能训练为主、着重提高操作技能的原则。本书力求以最小的篇幅、精炼的语言，由浅入深地讲述中、高级电切削工应掌握的应知和应会知识，以满足职业技能鉴定考核的需要。

本书以电加工机床中使用较普遍的 DK7725 线切割操作机床、北京阿奇 FW 线切割机床、北京阿奇 SE 电火花成型机床为主要介绍对象，由易到难，全面介绍了电加工的基础知识、操作方法、模具零件的加工。通过学习，可使读者对电加工有一个全面而深刻的了解，对电切削工职业鉴定有一个全面的了解。第二版课题一至六较第一版内容都更加充实，而且在几个课题中还增加了电火花和线切割应会（三级、四级）模拟试题。第二版中还增加了课题七小孔机编程及操作和课题八电切削工职业资格鉴定。所以第二版更能满足电加工从内人员岗位培训和职业技能鉴定的需要。

本书由周燕清、丁金晔主编，相艮飞、奚伟、恽孝震参与编写并负责统稿及校对工作。在教材的编写过程中参考了许多专家、学者的著作和教材，借鉴了国内外同行的最新资料与文献，并得到广东省轻工业技师学院辛少宇高级技师、苏州长风有限责任公司李海根工程师、北京阿奇苏州商办马蟊工程师、常州东风农户机集团龚建伟工程师、常州市恒旭汽车零部件制造有限公司周燕娟等相关工程技术人员参与相关课题的研讨及技术支持，在此，一并表示衷心感谢！

由于我们水平有限，书中难免存在不足之处，敬请读者给予指正。

编　者

目　录

课题一 数控编程及电加工工艺基础

 学习目的

1. 学习数控机床结构分析、数控加工工艺讲解、数控编程基础知识等，了解数控电加工和数控机加工不同的加工原理、不同的加工方法和工艺，尤其是对一些难加工材料（加工淬火钢、不锈钢、模具钢、硬质合金）的加工优势，特别是随着模具产量的增加而电加工被广泛应用。目前数控电加工已成切削加工的重要补充。

2. 理解 ISO 代码及 3B 指令，并能结合相关的"数控机床的安全文明操作规程"知识、数控加工工艺及电加工参数，进行编程和程序的修改。

3. 能对电加工机床进行日常的保养及维护，对电加工机床进行简单的操作。

 安全规范

1. 电火花加工机床必须接地，防止电器设备绝缘损坏而发生触电。

2. 训练场地严禁烟火，必须配置灭火器材；防止工作液等导电物进入机床的电器部分，一旦发生因电器短路造成火灾时，应首先切断电源，立即用四氯化碳等合适的灭火器灭火，不准用水灭火。

3. 进入操作场地，必须穿好工作服，不得穿凉鞋、高跟鞋、短裤、裙子进入操作场地。

4. 严禁戴手套、围巾进行机床操作。女同志（及留长发的男同志）必须戴好工作帽，并将头发塞入帽内。

5. 进行操作时，严禁触摸电极、工件，不可将身体的任何部位伸入加工区域，防止触电。

6. 加工完毕后，必须关闭机床电源，收拾好工具，并将机床、场地清理干净。

 技能要求

1. 能区别数控电加工机床和数控机加工机床。
2. 能按工艺要求选择合适的电加工工艺。
3. 能对电加工机床进行常规保养。
4. 能理解 ISO 代码及 3B 指令。
5. 能根据图纸加工工艺要求编写程序。

1.1 数控机床基础

任务描述

本课题主要描述数控电加工机床的加工特点及加工范畴。

相关知识点

数字控制机床（numerically controlled machine tool）简称数控机床，随着电子技术的发展，数控机床采用了计算机控制（computerized numerically controlled）系统，因此也称为计算机数控机床或CNC机床。通常数控机加工机床称之为数控机床，如图1-1所示；数控电加工机床称之为电加工机床，如图1-2所示。

图1-1　数控机加工机床

图1-2　数控电加工机床

（1）数控加工过程、内容及步骤

数控加工的主要内容有：分析零件图样，确定加工工艺过程，数值计算，编写零件加工程序，程序的输入或传输，程序校验，完成工件的加工。

数控加工的步骤一般如图1-3所示。

图1-3　数控加工步骤

① 分析零件图样、确定加工工艺过程　在确定加工工艺过程时，编写人员要根据图样对工件的形状、尺寸、技术要求进行分析，然后选择加工方案，确定加工顺序、加工路线、装夹方式、刀具及切削参数。同时还要考虑所用数控机床的指令功能，充分发挥机床的效能，加工路线要短，要正确选择对刀点、换刀点、穿丝点，减少刀具更换次数。

② 数值计算　根据零件图的几何尺寸、确定的工艺路线及设定的坐标系，计算零件加工的运动轨迹，得到刀位数据；在加工路线、工艺参数及刀位数据确定后，依据数控系统分别控制其参数。对于形状比较简单的零件（如直线和圆弧组成的零件）的轮廓加工，需要计算出几何元素的起点、终点、圆弧的圆心、两几何元素的交点或切点的坐标值，有的还要计算刀具中心的运动轨迹坐标值。对于形状比较复杂的零件（如非圆曲线、曲面组成的零件），需要用直线段或圆弧段逼近，根据要求的精度计算出其节点坐标值，这种情况一般可用计算机来辅助完成数值计算的工作。

③ 编写零件加工程序　加工路线、工艺参数及刀位数据确定以后，编程人员可以根据数控系统规定的功能指令代码及程序段格式，逐段编写加工程序段。

④ 程序的输入或传输　由手工编制的程序，可以通过数控机床的操作面板输入程序；

由编程软件生成的程序，通过操作系统传输软件，使用计算机的串行通信接口直接传输到数控机床的数控单元。

⑤ 程序校验、完成工件的加工　在正式加工前，一般要对程序进行检验。对于平面零件可用笔代替刀具，以坐标纸代替工件进行空运转画图，通过检查机床动作和运动轨迹的正确性来检验程序。在具有图形模拟显示功能的数控机床上，可通过显示走刀轨迹或模拟刀具对工件的切削过程，对程序进行检查。当发现工件不符合加工技术要求时，可修改程序或采取尺寸补偿等措施。修改后程序合格，才能对工件进行加工。

(2) 数控编程的种类

数控编程一般分为手工编程、自动编程两种编程方式。

① 手工编程　分析零件图样、确定加工工艺过程，数值计算、编写零件加工程序，程序的输入或传输，程序校验都是由人工完成的，这种编程方法称为手工编程，如图 1-4 所示。

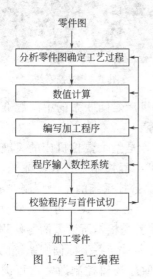

图 1-4　手工编程

图 1-5　科研型柔性制造系统

对于加工形状简单的零件，计算比较简单，程序不多，采用手工编程较容易完成，而且经济、及时。因此在点定位加工及由直线与圆弧组成的轮廓加工中，手工编程仍广泛应用。但对于形状复杂的零件，特别是具有非圆曲线、列表曲线及曲面的零件，用手工编程就有一定的困难，出错的概率增大，有的甚至无法编出程序，因此必须用自动编程的方法编制程序。

② 自动编程　自动编程即用计算机编制数控加工程序的过程。编程人员只需根据图样的要求，选择相应的加工参数，使用数控语言编写出零件加工源程序，制备控制介质或将加工程序通过直接通信的方式送入数控机床，指挥机床工作。自动编程的出现使得一些计算繁琐、手工编程困难或无法编出的程序能够实现。因此，自动编程的使用已经相当广泛。

实现自动编程的方法主要有语言式自动编程和图形交互式自动编程两种。前者是采用高级语言的形式，表示出全部加工内容，计算机采用批处理方式，一次性处理、输出加工程序。这种形式大多使用 CAD 软件二次开发而成。后者是采用人机对话的处理方式，利用 CAD/CAM 系统生成加工程序。目前利用 CAD/CAM 系统进行编程已成自动编程的主流，常用的有 CAXA、UG、Pro/E、Cimatron 等。

利用 CAD/CAM 系统进行零件设计、分析及加工编程适用于制造业中的 CAD/CAM 集成系统，目前已被广泛应用。该方式适应面广、效率高、程序质量好，适用于各类柔性制造系统（FMS）和集成制造系统（CIMS），但投资大，掌握起来需要一定时间。图1-5为科研型柔性制造系统。

（3）数控机床的组成及其各部分的功能

数控机床一般由数控系统，包含伺服电动机和检测反馈装置的伺服控制系统、强电控制柜、机床本体和各类辅助装置组成。数控机床的组成如图1-6所示。

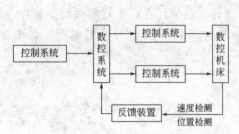

图1-6　数控机床的组成

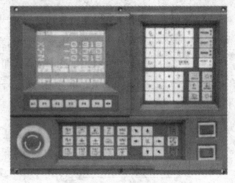

图1-7　数控系统

① 控制介质　控制介质又称信息载体，是人与数控机床之间联系的中间媒介物质，反映了数控加工中的全部信息，如穿孔纸带、磁盘、U盘等。

② 数控系统　数控系统是机床实现自动加工的核心，是整个数控机床的灵魂所在，如图1-7所示。主要由输入装置、监视器、主控制系统、可编程控制器、各类输入/输出接口等组成。主控制系统主要由CPU、存储器、控制器组成。数控系统的主要控制对象是位置、角度、速度等机械量，以及温度、压力、流量等物理量，其控制方式又可分为数据运算处理控制和时序逻辑控制两大类。其中主控制器内的插补模块就是根据所读入的零件程序，通过译码、编译等处理后，进行相应的刀具轨迹插补运算，并通过与各坐标伺服系统的位置、速度反馈信号的比较，从而控制机床和坐标轴的位移。而时序逻辑控制通常由可编程控制器（PLC）来完成，它根据机床加工过程中各个动作要求进行协调，按各检测信号进行逻辑判别，从而控制机床各个部件有条不紊地按顺序工作。

③ 伺服控制系统　伺服控制系统是数控系统和机床本体之间的电传动联系环节，主要由伺服电动机、驱动控制系统和位置检测与反馈装置等组成如图1-8所示。伺服电动机是系统的执行元件，驱动控制系统则是伺服电动机的动力源。数控系统发出的指令信号与位置反馈信号比较后作为位移指令，再经过驱动电动机运转，通过机械传动装置拖动工作台或刀架运动。

④ 强电控制柜　强电控制柜主要用来安装机床强电控制的各种电气元器件，如图1-9所示。它除了提供数控、伺服等一类弱电控制系统的输入电源，以及各种短路、过载、欠压等电气保护外，主要在PLC的输出接口与机床各类辅助装置的电气执行元件之间起桥梁连接作用，控制机床辅助装置的各种交流电动机、液压系统电磁阀或电磁离合器等。此外，它也连接机床操作台有关手动按钮。强电控制柜由各种中间继电器、连接器、变压器、电源开头、接线端子和各类电气保护元器件等构成。它与一般普通机床的电气类似，但为了提高对弱电控制系统的抗扰性，要求各类频繁启动或切换的电动机、接触器等电磁感应器件中均必须并接RC阻容吸收器，对各种检测信号的输入均要求用屏蔽电缆连接。

图 1-8　伺服控制系统

图 1-9　强电控制柜

⑤ 辅助装置　辅助装置主要包括自动换刀装置（automatic tool changer，ATC）、自动交换工作台（automatic pallet changer，APC）、工件夹紧放松机构、回转工作台、液压控制系统、润滑装置、切削装置、排屑装置、过载和保护装置等。

⑥ 机床本体　数控机床的本体指机械结构实体，如图 1-10 和图 1-11 所示。它与普通机床相比较，同样由主传动系统、进给传动系统、工作台、床身以及立柱等部分组成，但数控机床的整体布局、外观造型、传动机构、工具系统及操作机构等方面都发生了很大的变化。为了满足数控技术的要求和充分发挥数控机床的特点，归纳起来包括以下几个方面的变化。

图 1-10　机床本体

图 1-11　带工件换台及换刀装置的机床本体

a. 采用高性能主传动及主轴部件，具有传递功率大、刚度高、抗振性好及热变形小等优点。

b. 进给传动采用高效传动件，具有传动链短、结构简单、传动精度高等特点，一般采用滚动导轨副等。

c. 具有完善的刀具自动交换和管理系统。

d. 在制造中心上一般具有工件自动交换、工件夹紧和放松机构。

e. 机床本身具有很高的动、静刚度。

f. 采用全封闭罩壳。由于数控机床是自动完成加工，为了操作安全等，一般采用移动门结构的全封闭罩壳，对机床的加工部件进行全封闭。

任务实施

（1）电加工实习的任务

电加工实习的任务是全面牢固地掌握本电加工机床的基本操作技能；能熟练地使用、调整本技能训练的设备；独立进行设备保养；正确使用工、夹、量具及刀具；能独立完成零件的编程及加工具有安全生产知识及文明生产的习惯；养成良好的职业道德。

（2）现场参观、加工演示

① 参观数控机加工及数控电加工车间，分析数控机加工及数控电加工的异同点。

② 对数控电加工机床的结构及分布进行讲解，强调数控电加工机床安全操作规程。

③ 演示电加工机床操作步骤：

a. 检查并解除机床主机上的急停按钮；

b. 合上机床主电源开关；

c. 合上机床控制柜上电源开关，启动计算机，进入线切割控制系统；

d. 按机床润滑要求加注润滑油；

e. 开启机床空载运行 2min，检查其工作状态是否正常；

f. 按所加工零件的尺寸、精度、工艺等要求，在电加工机床上编制加工程序，并送入控制系统；

g. 在控制台上对程序进行模拟加工，以确认程序准确无误；

h. 工件装夹；

i. 选择合理的电加工参数按要求加工零件；

j. 加工完毕后，拆下工件，清理机床；

k. 退出控制系统，并关闭控制柜电源；

l. 关闭机床主机电源。

④ 根据零件图，教师用自动编程和手工编程两种形式分别加工零件。

（3）设备维护及保养

对数控电加工机床维护保养的质量将直接影响加工指标，因此尤为重要。

① 机床润滑 如表 1-1 所示。

表 1-1 机床润滑

序号	润滑部位	油品牌号	润滑方式	润滑周期
1	X、Y 向导轨	根据参考书选择润滑脂	油枪注射	半年
2	X、Y 向丝杠	根据参考书选择润滑脂	油枪注射	半年
3	滑枕上下移动导轨	根据参考书选择机油	油枪注入	每月
4	贮丝筒导轨	根据参考书选择机油	油枪注入	每日
5	贮丝筒丝杠	根据参考书选择润滑脂	油枪注入	每日
6	贮丝筒齿轮	根据参考书选择机油	油枪注入	每日
7	U、V 轴导轨丝杠	根据参考书选择润滑脂	装配时填入	大修
8	机床特别要求	参考机床说明书	厂家要求	要求

② 使用保养 加工液的好坏，直接影响到加工速度和粗糙度，应每周更换一次，同时

将工作台、液箱等部位的蚀除物清洗干净。如机床连班工作，更要勤换加工液，以保持加工液的低导电率和清洁度。

线切割机床导轮，尤其是两个主导轮，要保持清洁，转动灵活。

③ 线切割机床导电块上不应有蚀除物堆积，否则会造成接触不良，在丝与导电块间产生放电，特别在加工铝及铜等金属时要格外小心，既影响加工效果，又减低丝和导电块的使用寿命。

 实训评估（表 1-2）

表 1-2　安全规范及操作实训评分表

姓　名				总　得　分			
项目	序号	技术要求	配分	评分要求及标准	检测记录	得分
安规掌握 （30%）	1	服装及防护物品	10	不规范扣 2 分/处		
	2	安全条例	10	不正确扣 2 分/处		
	3	工、量准备	10	不规范扣 2 分/处		
机床操作 （40%）	4	机床组成部分认识	20	不规范扣 2 分/处		
	5	机床正确操作	20	不正确扣 2 分/处		
机床维护保养 （30%）	6	机床润滑	10	不合格扣 2 分/次		
	7	机床保养	10	出错扣 2 分/次		
	8	工作场所整理	10	不规范全扣		

拓展探究

1. 通过实习车间的现场参观及讲解，区分数控机加工和数控电加工机床的异同点。指导学生对不同的材料零件采用不同的加工方法。

2. 明确遵守实习车间规章制度的重要意义。

3. 能对电加工机床进行设备日常维护及保养。

4. 查找资料，对不同的电加工机床（穿孔机、电火花成型机、线切割快走丝机床、线切割慢走丝机床）如何进行保养。

巩固练习

1. 数控加工的内容及步骤包括哪几部分？

2. 数控编程分哪几类？各自特点是什么？

3. 数控机床由哪几部分构成，各部分的作用是什么？

4. 操作数控电加工机床应注意什么？

1.2　电加工基础

任务描述

分析电加工机床加工的原理，了解在电加工过程中常用的术语和常见的故障，以便在以后的操作过程中能较快地解除简易故障。

相关知识点

(1) 电加工的特点

① 脉冲放电的能量密度高，便于加工用普通的机械加工难于加工或无法加工的特殊材料和复杂形状的工件，不受材料硬度及热处理状况的影响。电加工技术属特种加工的范畴。

② 加工时，工具电极与工件材料不直接接触，两者之间宏观作用力极小，工具电极不需要比加工材料硬，即以柔克刚，故电极制造容易。常用钼丝、石墨、紫铜等材料作加工电极。

③ 电加工是利用电能进行腐蚀加工，所以要求工具电极、被加工材料必须是导电材料。

④ 加工时不受热影响，加工时脉冲能量是间歇地以极短的时间作用在材料上，工作液是流动的，散热作用较明显，这可保证加工不受热变形的影响。

(2) 电加工的物理本质

一个物体，无论从宏观上看来是多么平整，但在微观上，其表面总是凹凸不平的，即由无数个高峰与凹谷组成，当处在工作介质中的两电极加上电压，两极间立即建立起一个电场，但其场强是很不均匀的。场强 F 不仅取决于极间电压 V，而且也取决于极间距离 G，即 $F=V/G$。当两极间距 G 在一定范围内时，由于最高峰处的 G 最小、F 最大，故最先在该处击穿介质，形成放电通道，释放出大量能量，工件表面被电蚀出一个坑来。工件表面的最高峰变成凹谷，另一处场强又变成最大。在脉冲能量的作用下，该处又被电蚀出坑来。这样以很高的频率连续不断地重复放电，工具电极不断地向工件进给，就可将工具的形状复制在工件上，加工出需要的零件来。

(3) 材料电腐蚀过程

在液体介质中较小间隙状态下进行单个脉冲放电时，材料电腐蚀过程大致可分成介质击穿和通道形成、能量转换和传递、电蚀产物抛出三个连续的过程，其过程如图 1-12 所示。

① 处在绝缘的工作液介质中的两电极，加上无负荷直流电压 V_0，伺服轴电极向下运动，两极间距离逐渐缩小。

② 当两极间距离——放电间隙小到一定程度时（粗加工为数十微米，精加工为数微米），阴极逸出的电子在电场作用下高速向阳极运动，并在运动中撞击介质中的中性分子和原子，产生碰撞电离，形成带负电的粒子（主要是电子）和带正电的粒子（主要是正离子）。当电子到达阳极时，介质被击穿，放电通道形成。

③ 两极间的介质一旦被击穿，电源便通过放电通道释放能量。大部分能量转换成热能，这时通道中的电流密度高达 $10^4 \sim 10^9 \, \text{A/cm}^2$，放电点附近的温度高达 $3000 \, ℃$ 以上，使两极间放电点局部熔化或气化。

④ 在热爆炸力、电动力、流体动力等综合因素的作用下，被熔化或气化的材料被抛出，产生一个小坑。

⑤ 脉冲放电结束，介质恢复绝缘。

(4) 实现电火花加工的条件

① 工具电极和工件电极之间必须加以 $60 \sim 300 \text{V}$ 的脉冲电压，同时还需维持合理的距离-放电间隙。大于放电间隙，介质不能被击穿，无法形成火花放电；小于放电间隙，会导

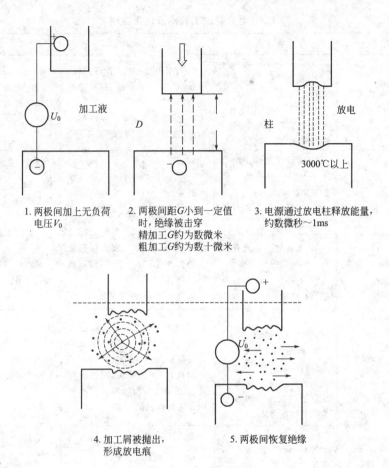

1. 两极间加上无负荷电压 V_0

2. 两极间距 G 小到一定值时，绝缘被击穿
精加工 G 约为数微米
粗加工 G 约为数十微米

3. 电源通过放电柱释放能量，约数微秒～1ms

4. 加工屑被抛出，形成放电痕

5. 两极间恢复绝缘

图 1-12 电腐蚀过程

致积炭，甚至发生电弧放电，无法继续加工。

② 两极间必须充满介质。电火花成型加工一般为火花液或煤油，线切割一般为去离子水或线切割乳化液。

③ 输送到两极间的脉冲能量应足够大，即放电通道要有很大的电流密度（一般为 10^4 ～ $10^9\,\text{A/cm}^2$）。

④ 放电必须是短时间的脉冲放电，一般为 $1\mu\text{s}$～1ms，这样才能使放电产生的热量来不及扩散，从而把能量作用局限在很小的范围内。

⑤ 脉冲放电需要多次进行，并且多次脉冲放电在时间上和空间上是分散的，避免发生局部烧伤。

⑥ 脉冲放电后的电蚀产物能及时排放至放电间隙之外，使重复性放电顺利进行。

(5) 电火花加工的工艺类型及适用范围

电火花加工按工具电极和工件相对运动的方式和用途不同，大致可分为电火花穿孔成型加工、电火花线切割加工、电火花磨削和镗磨、电火花同步共轭回转加工、电火花高速小孔加工、电火花表面强化和刻字 6 大类。前 5 类属电火花成型、尺寸加工，是用于改变工件形状或尺寸的加工方法；后者属工件表面加工方法，用于改善或改变零件表面性质。应用最广泛是电火花成型加工和电火花线切割加工。

电火花加工工艺方法的分类和各类电火花加工方法的主要特点和适用范围。见表 1-3。

表 1-3　电火花加工特点及适用范围

类别	工艺类型	特点	适用范围	备注
1	电火花穿孔成型加工	1. 工具和工件间只有一个相对的伺服进给运动 2. 工具为成型电极,与被加工表面有相同的截面和相应的形状	1. 穿孔加工:加工各种冲模、挤压模、粉末冶金模、各种异形孔和微孔 2. 型腔加工:加工各种类型型腔模和各种复杂的型腔工件	典型机床有 D7125、D7140 等电火花穿孔成型机床
2	电火花线切割加工	1. 工具和工件在两个水平方向同时有相对伺服进给运动 2. 工具电极为垂直移动的线状电极	1. 切割各种冲模和具有直纹面的零件 2. 下料、切割和窄缝加工	典型的机床有 DK4772、DK7725 等数控电火花线切割机床
3	电火花磨削和镗削	1. 工具和工件间有径向和轴向的进给运动 2. 工具和工件有相对的旋转运动	1. 加工高精度、表面粗糙度值小的小孔,如拉丝模、微型轴承内环、钻套等 2. 加工外圆、小模数滚刀等	典型的机床有 D6310、电火花小孔内圆磨削机床
4	电火花同步共轭回转加工	1. 工具相对工件可作纵、横向进给运动 2. 成型工具和工件均作旋转运动,但二者角速度相等或成倍整数,相对应接近的放电点可有切向相对运动速度	以同步回转、展成回转、倍角速度回转达等不同方式,加工各种复杂型面的零件,如高精度的异形齿轮、精密螺纹环规,高精度、高对称、表面粗糙度值小的内外回转体表面	典型的机床有 JN-2、JN-8 内外螺纹加工机床
5	电火花高速小孔加工	1. 采用细管电极(大于 $\phi0.3mm$),管内冲入高压水工作液 2. 细管电极旋转 3. 穿孔速度很高(30～60mm/min)	1. 线切割预穿丝孔 2. 深径比很大的小孔,如喷嘴等	典型的机床有 D703A 电火花高速小孔加工机床
6	电火花表面强化和刻字	1. 工具相对工件移动 2. 工具在工件表面上振动,在空气中放火花	1. 模具刃口、刀具、量具刃口表面强化和镀覆 2. 电火花刻字、打印记	典型的机床有 D9105 电火花强化机床

(6) 常用名词、术语

① 极性效应　电火花加工中,相同材料的两电极被蚀除量是不同的,这和两电极与脉冲电源的极性连接有关。一般把工件接脉冲电源阳极、电极接脉冲电源负极的加工方法称为负极性加工,反之为正极性加工。放电加工中介质被击穿后对两极材料的蚀除与放电通道中的正、负离子对两极的轰击能量有关,负极性加工时带负电的电子向工件移动,而带正电的阳离子向电极移动,由于电子质量小易加速,在小脉宽加工时容易在较短的时间内获得较大的动能,而质量较大的阳离子还未充分加速介质已消电离,因此工件阳极获得的能量大于阴极电极,造成工件阳极的蚀除量大于阴极电极。快走丝一般采用中、小脉宽加工,因此一般采用负极性加工;电火花加工则相反。

② 覆盖效应　在材料放电腐蚀过程中,一个电极的电蚀产物转移到另一电极表面上,形成一定厚度的覆盖层,这种现象称为覆盖效应。在油类介质中加工时,覆盖层主要是石墨化的碳素层,其次是黏附在电极表面的金属微粒结晶层。

③ 伺服控制 电火花线切割加工过程当中，电极丝的进给速度是由材料的蚀除速度和极间放电状况的好坏决定的。伺服控制系统能自动态调节电极丝的进给速度，使电极丝根据工件的蚀除速度和极间放电状态进给或后退，保证加工顺利进行。电极丝的进给速度与材料的蚀除速度一致，此时的加工状态最好，加工效率和表面粗糙度均较好。

④ 放电间隙 放电间隙是放电发生时电极丝与工件的距离。这个间隙存在于电极工具的周围，因此侧面的间隙会影响成形尺寸，确定加工尺寸时应予考虑。

⑤ 短路 电极工具的进给速度大于材料的蚀除速度，致使电极工具与工件接触，不能正常放电，称为短路。短路使放电加工不能连续进行，严重时还会在工件表面留下明显条纹。短路发生后，伺服控制系统会做出判断并让电极工具沿原路回退，以形成放电间隙，保证加工顺利进行。

⑥ 开路 电极工具的进给速度小于材料的蚀除速度，致使电极工具与工件距离大于放电间隙，不能正常放电，称为开路。开路不但影响加工速度，还会形成二次放电，影响已加工面精度，也会使加工状态变得不稳定。开路状态可从加工电流表上反映出，即加工电流间断性回落。

⑦ 偏移 线切割加工时电极丝中心的运动轨迹与零件的轮廓有一个平行位移量，也就是说电极丝中心相对于理论轨迹要偏在一边，这就是偏移。平行位移量称为偏移量，为了保证理论轨迹的正确，偏移量等于电极丝半径与放电间隙之和。放电间隙分布如图1-13所示。

线切割加工时可分为左偏和右偏，左偏还是右偏要根据成形尺寸的需要来确定。依电极丝的前进方向，电极丝位于理论轨迹的左边即为左偏，如图1-14所示。钼丝位于理论轨迹的右边即为右偏，如图1-15所示。

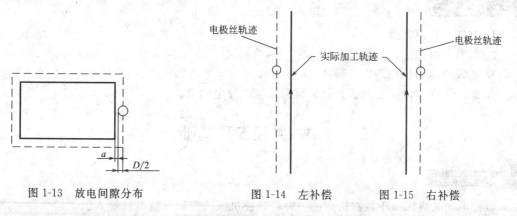

图1-13 放电间隙分布　　图1-14 左补偿　　图1-15 右补偿

⑧ 锥度 电极丝在进行二维切割的同时，还能按一定的规律进行偏摆，形成一定的倾斜角，加工出带锥度的工件或上、下形状不同的异形件。这就是所谓的四轴联动、锥度加工。

实际加工中，当加工方向确定时，电极丝的倾斜方向不同，加工出的工件锥度方向也就不同，反映在工件上就是上大还是下大。锥度也有左锥、右锥之分，依电极丝的前进方向，电极丝向左倾斜即为左锥，如图1-16所示；向右倾斜即为右锥，如图1-17所示。

⑨ 表面粗糙度（Ra） Ra是机械加工中衡量表面粗糙度的一个通用参数，其含义是工件表面微观不平度的算术平均值，单位为μm。Ra是衡量电加工表面质量的一个重要指标。

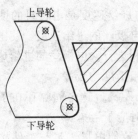

图 1-16　左锥度加工

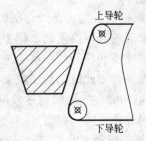

图 1-17　右锥度加工

任务实施

1. 电火花成形机床操作演示。
2. 分析电火花机床的极性特点、覆盖效应现象。
3. 分析放电间隙、表面粗糙度对零件加工质量的影响。
4. 通过故障设置短路、开路现象，并提出故障解决方案，了解电加工机床加工的条件参数。
5. 通过偏移量的设置，演示用偏移量来修正零件的加工误差。

拓展探究

1. 明确了解电加工机床操作步骤。
2. 加强电加工机床安全操作规范教育。
3. 解决电加工机床常见的故障。

巩固练习

1. 电加工有何特点？
2. 材料电腐蚀过程的机理是什么？
3. 实现放电加工的条件有哪些？
4. 解释下列述语：短路、开路、覆盖效应、放电间隙。

1.3　数控编程基础

任务描述

　　数控电加工机床属于数控机床的一种，数控机床的控制系统是按照人的"指令"去控制机床加工的。只有对数控程序有充分的了解和认识，才能避免因程序错误而产生加工废品，同时也能解决一些因自动编程解决不了的工艺性难题，简化加工步骤，缩短加工时间。因此，必须事先把要加工的图形，用机器所能接受的"语言"编排好"指令"。这项工作称为数控编程，简称编程。为了便于编程时描述机床的运动、简化程序的编制方法及保证记录数据的互换性，数控机床的坐标和运动的方向均已标准化。

相关知识点

(1) 坐标系及运动方向

　　① 坐标系的确定原则　我国原机械工业部 1982 年颁布了 JB 3052—82 标准，其中规定

的命名原则如下。

a. 刀具相对于静止工件而运动的原则 这一原则使编程人员能在不知道是刀具移近工件还是工件移近刀具的情况下，就可以依据零件图样，确定机床的加工过程。

b. 标准坐标（机床坐标）系的规定 在数控机床上，机床的动作是由数控装置来控制的，为了确定机床上的成形运动和辅助运动，必须先确定机床上运动的方向和运动的距离，就要在机床上建立一个坐标系，这个坐标系就称为机床坐标系。

标准的机床坐标系是采用右手直角笛卡儿坐标系，如图 1-18 所示。在图中，大拇指的方向为 X 轴的正方向；食指为 Y 轴的正方向；中指为 Z 轴的正方向。图中分别示出了几种机床的标准坐标系。

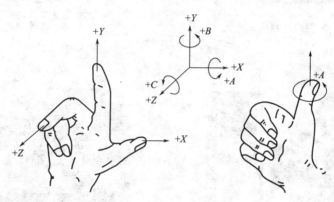

图 1-18 右手笛卡儿坐标系

② 运动方向的确定 JB/T 3051—1999 中规定：机床某一部件运动的正方向，是增大工件和刀具之间距离的方向。

a. Z 坐标的运动 Z 坐标的运动，是由传动切削力的主轴所决定，与主轴轴线平行的坐标轴即为 Z 坐标。对车床、磨床等机床主轴带动工件旋转；对于铣床、钻床、镗床等机床主轴带着刀具旋转，那么与主轴平行的坐标轴即为 Z 坐标。如果机床没有主轴（如牛头刨床、线切割机床），Z 轴垂直于工件上表面。

Z 坐标的正方向为增大工件与刀具之间距离的方向。如在钻、镗加工中，钻入和镗入工件的方向为 Z 坐标的负方向，而退出为正方向。

b. X 坐标的运动 X 坐标是水平的，它平行于工件的装夹面。这是在刀具或工件定位平面内运动的主要坐标。对于工件旋转的机床（如车床、磨床等），X 坐标的方向是在工件的径向上，且平等于横滑座。刀具离开工件旋转中心的方向为 X 坐标正方向。对于刀具旋转的机床（如铣床、镗床、钻床等），如 Z 轴是垂直的，当从刀具主轴向立柱看时，X 运动的正方向指向右，如图 1-19～图 1-21 所示；如 Z 轴（主轴）是水平的，当从主轴向工件方向看时，X 运动的正方向指向右方，如图 1-22 所示。

c. Y 坐标的运动 Y 坐标轴垂直于 X、Z 坐标轴。Y 运动的正方向根据 X 和 Z 坐标的正方向，按照右手直角笛卡儿坐标系来判断。

d. 旋转的运动 A、B 和 C A、B 和 C 相应地表示其轴线平行于 X、Y 和 Z 坐标的旋转运动。A、B 和 C 的正方向，相应地表示在 X、Y 和 Z 坐标正方向上按照右旋螺纹前进的方向。

e. 附加坐标系 如果在 X、Y 和 Z 主要坐标以外，还有平行于它们的坐标，可分别指定为 U、V、W。如果还有第三组运动，则分别指定为 P、Q 和 R。

图 1-19 数控线切割机床

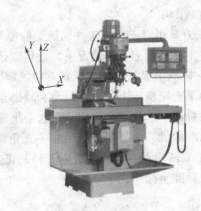

图 1-20 数控升降台铣床

图 1-21 数控电火花成型机床

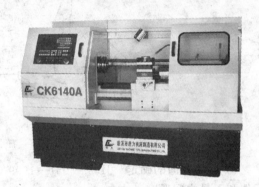

图 1-22 数控车床

f. 对于工件运动时的相反方向 对于工件运动而不是刀具运动的机床,必须将前面为刀具运动所做的规定做相反的安排。用带"+"字母,如+X,表示工件相对刀具正方向运动指令;而不带"-"的字母,如X,则表示刀具相对于工件的正向运动指令。二者表示的运动方向正好相反。对编程人员、工艺人员只考虑不带"+"的运动方向。

g. 主轴旋转运动方向 主轴的顺时针旋转运动方向(正转),是按照右旋螺纹旋入工件的方向。当前,高档的电火花成型机床已经可以选配C轴。

(2) 数控系统的 ISO 码

不同的数控系统,由于机床及系统本身的特点,为了编程的需要,都有一定的程序格式。对于不同的机床、不同的数控系统,其程序格式、程序代码意义也不尽相同。因此,编程人员在按数控程序的常规格式进行编程的同时,还必须严格按照系统说明书的格式进行编程。

① 程序的组成 一个完整的数控加工程序由程序开始部分、程序内容和程序结束三部分组成,如下所示。

O981;
T84 T86 G54 G90 G92 X15. Y0 U0 V0;   程序号(程序开始)
C007;
G01 X11. Y0;

G01 X10. Y0；
X10. Y10. ；
X－10. Y10. ；
…………
G01 X15. Y0；G04 X0；⎰　　　　　程序内容

T85 T87 M02；　　　　　　　　　　程序结束

a. 程序号　每一个存储在零件存储器中的程序都需要指定一个程序号来加以区别，这种用于区别零件加工程序的代号称为程序号。有些机床采用文件名代替程序号，用以区别加工程序的识别标记，因此同一机床中的程序号（文件名）不能重复。

b. 程序内容　程序内容是整个程序的核心，它由许多程序段组成，每个程序段由一个或多个指令构成，它表示数控机床的全部动作。

在数控电火花机床与加工中心的程序中，子程序的调用也作为主程序内容的一部分，主程序只完成主要动作，换刀、开转速、工件定位等动作，其余加工动作都由子程序来完成，数控电火花成型机应用的比较多。

c. 程序结束　程序结束通过 M 指令来实现，它必须写在程序的最后。

可以作为程序结束标记的 M 指令有 M02 和 M30，它们代表零件加工主程序的结束。为了保证最后程序段的正常执行，通常要求 M02/M30 也必须单独占一行。

此外，子程序结束有专用的结束标记，ISo 代码中用 M99 来表示子程序结束后返回主程序。

② 程序段的组成

a. 程序段基本格式　程序段是程序的基本组成部分，每个程序段由若干个数据字构成，而数据字又由表示地址的英文字母、特殊文字和数字构成，如 X30、G90 等。

程序段格式是指一个程序段中字、字符、数据的排列、书写方式和顺序。通常情况下，程序段格式有字-地址程序段格式、使用分隔符的程序段格式、固定程序段格式三种。后两种程序段格式在线切割机床中的"3B"指令中使用较多。

字-地址程序段格式如下：

N——G——X——Y——Z——F——S——T——M——LF

程序　准备　　　　　　进给　主轴　刀具　辅助　结束
段号　功能　　尺寸字　功能　功能　功能　功能　标记

例：N50 C109 G01 X30.0 Y30.0 ；

b. 程序段的组成

ⅰ. 所谓顺序号，就是加在每个程序段前的编号，可以省略。顺序号用 N 或 O 开头，后接四位十进制数，以表示各段程序的相对位置，这对查询一个特定程序很方便，使用顺序号有以下两种目的。

• 用作程序执行过程中的编号。

• 用作调用子程序时的标记编号。

注：N9140、N9141、N9142、…、N9165 是固循子程序号，用户在编程中不得使用这些顺序号，但可以调用这些固循子程序。

ⅱ. 程序段的中间部分是程序段的内容，程序内容应具备六个基本要素，即准备功能字、尺寸功能字、进给功能字、主轴功能字、刀具功能字、辅助功能字等，但并不是所有程

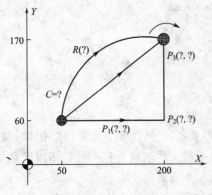

图 1-23　刀具运动轨迹

序段都必须包含所有功能字，有时一个程序段内可仅包含其中一个或几个功能字也是允许的。

例如：图 1-23 刀具运动图所示，为了将刀具从 P_1 点移到 P_3 点，必须在程序段中明确以下几点。

- 选择哪一类电极参数？
- 移动条件是多少？
- 移动的目标是哪里？
- 沿什么样的轨迹移动？
- 机床还需要哪些辅助动作？

对于图 1-23 中的直线刀具轨迹，其程序段可写成如下格式：

C107 G90 G01 X200.0 Y170.0；

ⅲ. 程序段以结束标记"CR（或 LF）"结束。实际使用时，常用符号";"或"＊"表示"CR（或 LF）"。

c. 程序的斜杠跳跃　有时，在程序段的前面有"/"符号，该符号称为斜杠跳跃符号，该程序段称为可跳跃程序段。如下列程序段：

/G01 X200.0　Y100.0；

这样的程序段，可以由操作者对程序段和执行情况进行控制。当操作机床使系统的"跳过程序段"信号生效时，程序执行时将跳过这些程序段；当"跳过程序段"信号无效时，程序段照常执行，该程序段和不加"/"符号的程序段相同。

d. 程序段注释　为了方便检查、阅读数控程序，在许多数控系统中允许对程序进行注释，注释可以作为对操作者的提示显示在荧屏上，但注释对机床动作没有丝毫影响。

程序的注释应放在程序的最后，不允许将注释插在地址和数字之间，如下例程序段所示。FANUC 系统的程序注释用"（ ）"括起来，SIEMENS 系统的程序注释则跟在";"之后。本书为了便于读者阅读，一律用";"表示程序段结束，而用"（ ）"表示程序注释。

例如：　O0000；　　　　　　　　　　（PROGRAM NAME-O0001）

　　　　G21 G17 G40 G49 G80 G90；

　　　　T01 M06；　　　　　　　　　（ 16.0 FLAT ENDMILL TOOL）

　　……

③ 准备功能 G 代码　G 代码大体上可分为两种类型。

a. 只对指令所在程序段起作用，称为非模态，如 G80、G04 等。

b. 在同组的其他代码出现前，这个代码一直有效，称为模态，如下述诸指令。

ⅰ. G90（绝对坐标指令）、G91（增量坐标指令）

G90：绝对坐标指令，即所有点的坐标值均以坐标系的零点为参考点。

刀具停留于原点，加工路线为 $P_1 \rightarrow P_2 \rightarrow P_3$，如图 1-24 所示；程序如下：

G90　G01　X 0　　Y 0；

G90　G01　X50.0　Y60.0；

　　　G01　X200.0 Y60.0；

　　　G01　X200.0 Y170.0；

G91：增量坐标指令，即当前点坐标值是以上一点为参考点得出的。

刀具停留于原点，加工路线为 $P_1 \rightarrow P_2 \rightarrow P_3$，如图 1-24 所示；程序如下：

G90 G01　X 0　　Y 0；

G91 G01　X50.0　Y60.0；　　　　(P_1)

　　G01　X150.0　Y0；　　　　　(P_2)

　　G01　X110.0　Y0；　　　　　(P_3)

ⅱ. G92（设置当前点的坐标值）　G92 代码把当前点的坐标设置成需要的值。

例如：电极停留位置如图 1-25 所示。

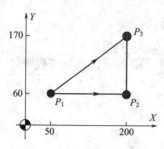

图 1-24　刀具运动轨迹

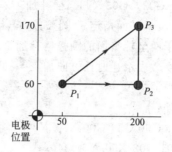

图 1-25　电极停留位置

以电极停留为原点时，设置为 G92 X0　Y0；

即把当前点的坐标设置为（0，0），即坐标原点。

以 P_1 为原点时，设置为 G92 X−50.0 Y−60.0；

即把当前点的坐标设置为（−50，−60）。

以 P_2 为原点时，设置为 G92 X−200.0 Y−60.0；

即把当前点的坐标设置为（−200，−60）。

以 P_3 为原点时，设置为 G92 X−200.0 Y−170.0；

即把当前点的坐标设置为（−200，−170）。

• 在补偿方式下，如果遇到 G92 代码，会暂时中断补偿功能，相当于撤消一次补偿，执行下一段程序时，再重新建立补偿。

• 每个程序的开头尽量要安排 G92 代码，否则可能会发生不可预测的错误。

G92 只能定义当前点在当前坐标系的坐标值，而不能定义该点在其他坐标系的坐标值。

ⅲ. G54，G55，G56，G57，G58，G59（工作坐标系 0～5）

这组代码用来选择工作坐标系，从 G54～G59 共有六个坐标系可选择，以方便编程。这组代码可以和 G92、G90、G91 等一起使用。

ⅳ. G00（定位、移动轴）

格式：G00 {轴 1}±{数据 1} {轴 2}±{数据 2}；

G00 代码为定位指令，用来快速移动轴。执行此指令后，不放电加工而移动轴到指定的位置。可以是一个轴移动，也可以两轴移动。例如：

G90 G00 X+10. Y−20.；　　　　　（电极快速移动至 X10. Y−20. mm 处）

轴标识后面的数据如果为正，"＋"号可以省略，但不能出现空格或其他字符，否则属于格式错误。这一规定也适用于其他代码。例如：

G00 X 10. YA10.；

↑　　　↑

出错，轴标识和数据间有空格或字符

V. G01（直线插补加工）

格式：G01〈轴1〉±〈数据1〉〈轴2〉±〈数据2〉；

用G01代码，可指令各轴直线插补加工，最多可以有四个轴标识及数据。例如：

C007 G90 G01 X20. Y60. ；

在参数代码为C007的加工条件下，使电极切割加工至X20. Y60. mm处。

C007 G91 G01 X20. Y60. ；

在参数代码为C007的加工条件下，使电极切割移动X+10.0mm Y-20.0mm距离。

vi. G02，G03（圆弧插补加工）

格式：〈平面指定〉〈圆弧方向〉〈终点坐标〉〈圆心坐标〉；

用于两坐标平面的圆弧插补加工。平面指定默认值为XOY平面。G02表示顺时针方向加工，G03表示逆时针方向加工。圆心坐标分别用I、J、K表示，它是圆弧起点到圆心的坐标增量值。

例如：

G17 G90 G54 G00 X10. Y20. ；

C001 G02 X50. Y60. I40. ；

G03 X80. Y30. I20. ；

I、J有一个为零时可以省略，如此例中的J0。但不能都为零、都省略，否则会出错。

vii. G20，G21（单位选择） 这组代码应放在NC程序的开头。

G20：英制，有小数点为in（1in＝25.4mm），否则为1/10000in。如0.5in可写作"0.5"或"5000"。

G21：公制，有小数点为mm，否则为μm。如1.2mm可写作"1.2"或"1200"。

1英寸＝25.4mm。

④ 常用辅助功能指令 辅助指令是用来控制机床各种辅助动作及开关状态的。如M00程序暂停、M02程序结束。

a. C×××代码 C代码用在程序中选择加工条件，格式为C×××，C和数字间不能有别的字符，数字也不能省略，不够三位请用"0"补齐，如C005。加工条件的各个参数显示在加工条件显示区域中，加工进行中可随时更改。C代码表达了一定的加工参数：面积（cm²）、安全间隙（mm）、放电间隙（mm）、加工速度（mm³/min）、损耗（％）、侧面R、底面Ra、极性、电容、高压管数、管数、脉冲间隙、脉冲宽度、伺服基准、伺服速度等参数。

b. M00程序暂停 执行含有M00指令的语句后，机床自动停止。如编程者想要在加工中使机床暂停（检验工件、调整、排屑等），使用M00指令，重新启动程序后，才能继续执行后续程序。

c. M02程序结束 执行含有M02指令的语句后，机床自动停止。机床的数控单元复位，如主轴、进给、冷却停止，表示加工结束，但该指令并不返回程序起始位置。

d. M30程序结束 执行含有M30指令的语句后，机床自动停止。机床的数控单元复位，如主轴、进给、冷却停止，表示加工结束，但该指令返回程序起始位置。

e. M98调用子程序 在加工中，往往有相同的工作步骤，将这些相同的步骤编成固定的程序，在需要的地方调用，那么整个程序将会简化和缩短。把调用固定程序的程序称为主程序；把这个固定程序称为子程序，并以程序开始的序号来定义子程序。当主程序调用子程序时只需指定它的序号，并将此子程序当做一个单段程序来对待。

主程序调用子程序的格式：

M98 P×××× L×××；

其中，P××××为要调用的子程序的序号，L×××为子程序调用次数。如果L×××省略，那么此子程序只调用一次，如果为"L0"，那么不调用此子程序。子程序最多可调用999次。

子程序的格式：

N×××× …………；（程序序号）

（程序）

M99；　　　　　　　（子程序调用结束，返回主程序）

f. M99子程序结束指令　子程序以M99作为结束标识。当执行到M99时，返回主程序，继续执行下面的程序。

在主程序调用的子程序中，还可以再调用其他子程序，它的处理和主程序调用子程序相同。这种方式称作嵌套（nesting），如图1-26所示。

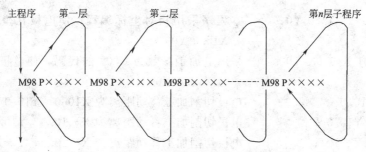

图1-26　子程序调用嵌套示意图

在数控系统中规定：n的最大值为7，即子程序嵌套最多为7层。

任务实施

(1) 解释下列零件加工的程序并绘制加工轨迹图

程序A：

G21 G90 G92 X15.0Y0；本段程序采用绝对坐标编程；定义坐标系，使电极在坐标系中位置为X15.0 Y0

C007 G01 X10.0 Y0 ；采用电加工参数为C007的代码，使电极切割加工至X10.0 Y0位置处

X10.0 Y10.0 ；使电极切割加工至X10.0 Y10.0位置处

X−10.0 Y10.0 ；使电极切割加工至X−10.0 Y10.0位置处

X−10.0 Y−10. ；使电极切割加工至X−10.0 Y−10.位置处

M00；使机床暂停加工，便于做一些辅助工作，如工件粘接、精度测量等

X10.0 Y−10. ；使电极切割加工至X10.0 Y−10.位置处

X10.0 Y0. ；使电极切割加工至X10.0 Y0.位置处

X15.0 Y0；使电极切割加工至X15.0 Y0位置处

M02；机床停止加工，程序复位

绘制加工轨迹如图 1-27 所示。

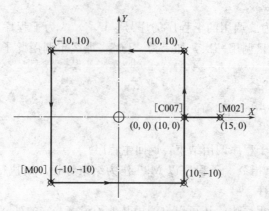

图 1-27 程序 A 加工轨迹

程序 B：

G21 G91 G92 X15.0 Y0；　　　　本程序采用相对坐标编程；使电极在坐标系中位置为
　　　　　　　　　　　　　　　　X15.0 Y0

　C007 G01 X10.0　Y0；　　　　采用电加工参数为 C007 的代码，使电极切割移动距离
　　　　　　　　　　　　　　　　为 X10.0 Y0

X10.0　Y10.0；　　　　　　　　电极切割加工移动距离为 X10.0　Y10.0

X−10.0　Y10.0；　　　　　　　电极切割加工移动距离为 X−10.0　Y10.0

X−10.0　Y−10.；　　　　　　　电极切割加工移动距离为 X−10.0　Y−10

M00；　　　　　　　　　　　　使机床暂停加工，便于做一些辅助工作，如工件粘接、
　　　　　　　　　　　　　　　　精度测量等

X10.0　Y−10.；　　　　　　　电极切割加工移动距离为 X10.0　Y−10.

X10.0　Y0.；　　　　　　　　　电极切割加工移动距离为 X10.0　Y0.

X15.0　Y0；　　　　　　　　　电极切割加工移动距离为 X15.0　Y0.

M02；　　　　　　　　　　　　机床停止加工，程序复位

绘制加工轨迹如图 1-28 所示。

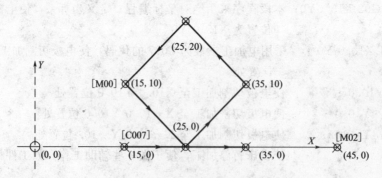

图 1-28 程序 B 加工轨迹

　　分析：通过对以上两个程序的分析，两个程序中包含了轮廓加工的基本要求，两个程序
中仅一个语句不同，例 A 采用 G90 绝对坐标编程，而例 B 采用 G91 相对坐标编程，而两个
程序的零件加工轨迹完全不同，在编程人员编程时要格外注意。

（2）根据加工轨迹图设置编程原点、电极停留位置并编写零件加工程序

① 编制如图 1-29 所示零件的加工程序，其加工轨迹如图 1-30 所示。

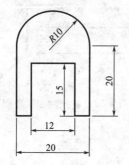

图 1-29　直线圆弧加工图

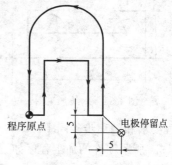

图 1-30　轨迹图

编程要求：

- 零件坐标系以零件的左下角为编程原点；
- 编程时按绝对值编程；
- 起割点在零件右下角，电极停留位置离零件图右下角（5，5）mm 处；
- 不考虑电极尺寸大小，采用逆时针切割加工。

编程步骤：

- 确定编程原点及零件起割点；
- 确定编程格式，即采绝对坐标系；
- 确定图形相交点的各坐标值；
- 考虑加工时的辅导命令；
- 编写程序：

图 1-29 所示零件的加工程序如下。

G90 G92 X25.0 Y−5.0；	程序采用绝对坐标编程；电极停留在坐标系中位置为 X25.0 Y−5.0
C007 G01 X20.0　Y0 ；	采用参数为 C007 的代码加工，使电极直线切割加工至 X20.0 Y0 处
X20.0　Y20.0 ；	电极切割加工至 X20.0　Y20.0 处
G03 X0.　Y20.0 I−10.0 J0；	电极切割加工至 X0.　Y20.0 处
G01 X0.　Y0.；	电极以圆弧方式切割，加工至 X0.　Y0 处
X4.0 Y0；	电极直线切割加工至 X4.0　Y0 处
X4.0　Y15.0．	电极直线切割加工至 X4.0　Y15.0 处
X16.0　Y15.0；	电极切割加工至 X16.0　Y15.0 处
M00	使机床暂停加工，便于做一些辅助工作，如工件粘接，精度测量等
X16.0　Y0.；	电极直线切割加工至 X16.0　Y0. 处
X20.0　Y0.；	电极直线切割加工至 X20.0　Y0. 处
M00；	使机床暂停加工，便于取出工件
X25.0　Y−5.0；	电极直线切割加工至 X25.0　Y−5.0 处
M02；	机床停止加工，程序复位

② 编制如图 1-31 所示零件的加工程序，其加工轨迹如图 1-32 所示。

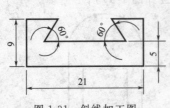

图 1-31　斜线加工图

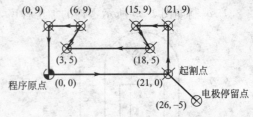

图 1-32　斜线加工轨迹图

编程要求和编程步骤同①。

图 1-31 所示零件的加工程序如下。

G90 G92 X26.0 Y−5.0;	程序采用绝对值；电极停留在坐标系中位置为 X26.0 Y−5.0
C007 G01 X21.0 Y0;	采用参数为 C007 的代码加工，使电极直线切割加工至 X21.0 Y0
X21.0 Y9.0;	电极切割加工至 X21.0 Y9.0
X15.0 Y9.0;	电极切割加工至 X15.0 Y9.0
X18.0 Y5.0;	电极切割加工至 X18.0 Y5.0
X3.0 Y5.0;	电极切割加工至 X3.0 Y5.0
X6.0 Y9.0;	电极切割加工至 X6.0 Y9.0
X0.0 Y9.0;	电极切割加工至 X0.0 Y9.0
G01 X0. Y0.;	电极切割加工至程序原点
M00;	使机床暂停加工，便于做一些辅助工作，如工件粘接、精度测量等
X21.0 Y0.;	电极切割加工至 X21.0 Y0
M00;	使机床暂停加工，取出已加工工件
X26.0 Y−5.0;	电极直线切割加工至 X26.0 Y−5.0
M02;	机床停止加工，程序复位

③ 编制如图 1-33 所示零件的加工程序，其加工轨迹如图 1-34 所示。

编程要求和编程步骤同①。

图 1-33 所示轨迹的加工程序如下。

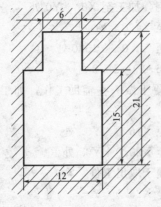

图 1-33　内轮廓加工图

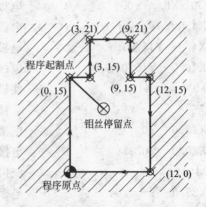

图 1-34　内轮廓加工轨迹图

G91 G92 X5.0 Y10.0；程序采用相对值编程，钼丝停留在坐标系中位置为 X5.0 Y10.0

C007 G01 X－5.0 Y5 ；采用参数为 C007 的代码加工，钼丝切割加工移动距离为 X－
　　　　　　　　　　5.0 Y5.0

X3.0 Y0.0 ；　　　　　钼丝切割加工移动距离为 X3.0 Y0.0

X0.0 Y6.0 ；　　　　　钼丝切割加工移动距离为 X0.0 Y6.0

X6.0 Y0.0 ；　　　　　钼丝切割加工移动距离为 X6.0 Y0.0

X0.0 Y－6.0 ；　　　　钼丝切割加工移动距离为 X0.0 Y－6.0

X3.0 Y0.0 ；　　　　　钼丝切割加工移动距离为 X3.0 Y0.0

X0.0 Y－15.0 ；　　　　钼丝切割加工移动距离为 X0.0 Y－15.0

X－12.0 Y0.0 ；　　　　钼丝切割加工移动距离为 X－12.0 Y0.0

M00 ；　　　　　　　　使机床暂停加工，便于做一些辅助工作，如工件粘接、精度测
　　　　　　　　　　　量等

X0.0 Y15.0 ；　　　　　钼丝切割加工移动距离为 X0.0 Y15.0

M00 ；　　　　　　　　使机床暂停加工，取出已加工工件

X5.0 Y－5.0 ；　　　　钼丝切割加工移动距离为 X5.0 Y－5.0

M02 ；　　　　　　　　机床停止加工，程序复位

 实训评估 （表1-4）

表 1-4　数控编程操作实训评分表

姓　　　名				总　得　分			
项目	序号	技术要求	配分	评分要求及标准	检测记录		得分
节点计算 （30%）	1	程序原点设定	10	不正确全扣			
	2	电极停留位置设定	10	不正确全扣			
	3	起割点设定	10	不正确全扣			
程序规范 （40%）	4	轮廓正确	20	不规范扣 2 分/处			
	5	参数设定	20	不正确扣 2 分/处			
工艺安排 （30%）	6	工件装夹	10	不正确全扣			
	7	工件变形	10	不正确全扣			
	8	程序停止及工艺停止	10	不正确全扣			

拓展探究

1. 掌握常用的 ISO 代码的含义及使用。

2. 能理解程序的含义及加工轨迹。

3. 根据零件图选择合适的加工工艺，编制程序。

巩固练习

1. 右手笛卡儿坐标系是如何规定的？

2. 何为绝对坐标系和增量坐标系？

3. C、G、M 分别表示什么含义？

4. 解释下列代码含义：G92，G90，G00，G01，G02，G03，M02。

5. 采用逆时针切割方向，按相对坐标值编制图 1-29、图 1-31 的程序。

6. 采用顺时针切割方向，按绝对坐标值编制图 1-33 程序。

1.4　数控编程实例

任务描述

　　数控电加工机床属于数控机床的一种，数控机床的控制系统是按照人的"指令"去控制机床加工的。只有对数控程序有充分的了解和认识，才能避免因程序错误而产生加工废品，同时也能解决一些因自动编程解决不了的工艺性难题，简化加工步骤，缩短加工时间。因此，必须事先把要加工的图形，用机器所能接受的"语言"编排好"指令"，这项工作称为数控编程，简称编程。为了便于编程时描述机床的运动、简化程序的编制方法及保证记录数据的互换性，数控机床的坐标和运动的方向均已标准化。

相关知识点

(1) 其他准备功能 G 代码

1) G04（停歇指令）

格式：G04 X〔数据〕；

执行完一段程序之后，暂停一段时间，再执行下一程序段。X 后面的数据即为暂停时间，单位为 s，最大值为 99999.999s。例如暂停 5.8s 的程序：

公制：G04 X5.8；或 G04 X5800；

英制：G04 X5.8；或 G04 X58000；

圆弧插补的镜像图形：

2) G20，G21（单位选择）

这组代码应放在 NC 程序的开头。

G20：英制，有小数点为 in，否则为 1/10000 in。如 0.5in 可写作"0.5"或"5000"。

G21：公制，有小数点为 mm，否则为 μm。如 1.2mm 可写作"1.2"或"1200"。

3) G40，G41，G42（补偿和取消补偿）

格式：G41 H×××；

G41 为电极左补偿，G42 为电极右补偿。它是在电极运行轨迹的前进方向上，向左（或者向右）偏移一定量，偏移量由 H×××确定。G40 为取消补偿。

① 补偿值（D，H）　较常用的是 H 代码，从 H000～H099 共有 100 个补偿码，它存于系统工程文件中，开机即自动调入内存。可通过赋值语句 H×××＝_____赋值，范围为 0～99999999。

② 补偿开始的情形　图 1-35 表示补偿建立的过程。在第 Ⅰ 段中，无补偿，电极中心轨迹与编程轨迹重合。第 Ⅱ 段中，补偿从无到有，称为补偿的初始建立段。规定这一段只能用直线插补指令，不能用圆弧插补指令，否则会出错。第 Ⅲ 段中，补偿已经建立，故称为补偿进行段。

③ 撤销补偿　撤销补偿时只能在直线段上进行，在圆弧段撤销补偿将会引起错误。撤销补偿的过程如图 1-36 所示。

正确的方式：G40 G01 X0 Y0；

错误的方式：G40 G02 X20. Y0 I10. J0;

图 1-35 补偿建立   图 1-36 撤销补偿

④ 当补偿值为零时 运动轨迹与撤销补偿一样，但补偿模式并没有被取消。

⑤ 改变补偿方向 在补偿方式下改变补偿方向时（由 G41 变为 G42，或由 G42 变为 G41），电极由第一段补偿终点插补走到下一段的补偿终点。

⑥ 补偿模式下的 G92 代码 在补偿模式下，如果程序中遇到了 G92 代码，那么补偿会暂时取消，相当于撤消一次补偿，在下一段程序执行时再把补偿值加上。

⑦ 关于过切

a. 当补偿值大于圆弧半径时，就会发生过切。

b. 当补偿值大于两线段间距的 1/2 时，也会发生过切。

c. 在某些情况下，过切有可能中断程序的执行。

4）锥度加工

电极丝在进行二维切割的同时，还能按一定的规律进行偏摆，形成一定的倾斜角，加工出带锥度的工件或上、下形状不同的异形件。这就是所谓的四轴联动、锥度加工。

为了执行锥度加工，必须确定并输入三个数据：上导丝轮与工作台面的距离、下导丝轮与工作台面的距离及工件厚度。否则，即使程序中设定了锥度加工也无法正确执行。请在"参数"方式的"机床"子界面中输入这三个参数。对加工面的定义：与编程尺寸一致的面称为主程序面，把另一有尺寸要求的面称为副程序面。

在实际加工中，当加工方向确定时，电极丝的倾斜方向不同，加工出的工件锥度方向也就不同，反映在工件上就是上大还是下大。锥度也有左锥、右锥之分，依电极丝的前进方向，电极丝向左倾斜即为左锥，如图 1-37 所示；向右倾斜即为右锥，如图 1-38 所示。

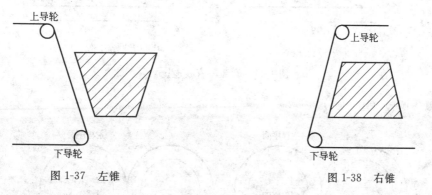

图 1-37 左锥   图 1-38 右锥

① 锥度加工的设定输入格式

G52 A2.5 G01 X0 Y5.…………（电极丝右倾 2.5 度）

G51 A1.5 G01 X0 Y5.…………（电极丝左倾 1.5 度）

② 锥度加工的开始与结束 锥度加工开始和结束时的动作，如图 3-39 所示。与补偿的加入和撤销一样，锥度加工也必须以直线插补起止，而不能用圆弧指令开始和终止。

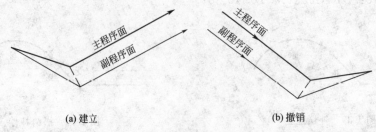

(a) 建立   (b) 撤销

图 1-39 锥度建立与撤销

③ 锥度加工的连接 在锥度加工中，当副程序面的两曲线没有交点时，程序将自动在副程序面加入过渡圆弧处理，如图 1-40～图 1-42 所示。

a. 直线—圆弧（图 1-40）。

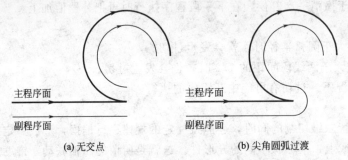

(a) 无交点   (b) 尖角圆弧过渡

图 1-40 直线—圆弧连接

b. 圆弧—直线（图 1-41）。

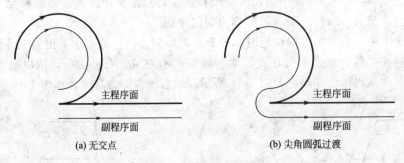

(a) 无交点   (b) 尖角圆弧过渡

图 1-41 圆弧—直线连接

c. 圆弧—圆弧（图 1-42）。

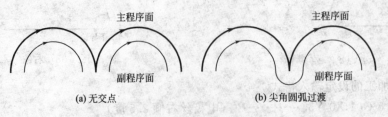

(a) 无交点   (b) 尖角圆弧过渡

图 1-42 圆弧—圆弧连接

④ 锥度和转角 R 在锥度加工中，可以在主程序面和副程序面分别加入圆弧过渡。方法是：在该程序段加入转角 R 指令，用 $R1$ 设定主程序面的过渡圆弧半径，用 $R2$ 设定副程

序面的过渡圆弧半径。格式如下：

G01 X＿ Y＿ R1＿ R2＿ ；

G02 X＿ Y＿ I＿ J＿ R1＿ R2＿ ；

G03 X＿ Y＿ I＿ J＿ R1＿ R2＿ ；

转角 R 指令只在补偿状态（G41，G42）和锥度状态（G51，G52）下有效，如补偿和锥度都处于取消状态（G40，G50），则 R 无效。

a. 锥度加工加入圆弧过渡如图 1-43 所示。

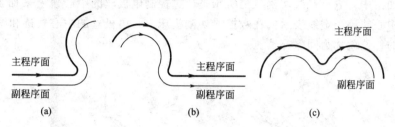

图 1-43 锥度加工加入圆弧过渡

b. 如果 $R1＝R2$，则工件的上、下面插入同一圆弧，因而成斜圆柱状，如图 1-44 所示。

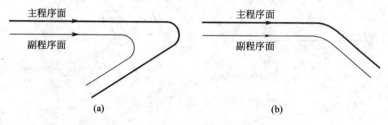

图 1-44 工件上、下面插入同一圆弧

（2）机床控制辅助功能指令

辅助指令是用来控制机床各种辅助动作及开关状态的，如运丝机构的转与停、冷却液的开与关等。

① T84 打开液泵　执行含有 T84 指令的语句后，机床液泵自动打开。

② T85 关闭液泵　执行含有 T85 指令的语句后，机床液泵自动关闭。

③ T86 启动运丝机构　执行含有 T86 指令的语句后，机床运丝机构开启，为线切割机床放电加工做好准备。

④ T87 关闭运丝机构　执行含有 T87 指令的语句后，机床运丝机构停止，线切割机床停止放电加工。

（3）有公差尺寸的编程计算法

根据大量的统计表明，加工后的实际尺寸大部分是在公差带的中值附近。因此，对标注有公差的尺寸，应采用中差尺寸编程。中差尺寸的计算公式为：

$$中差尺寸＝基本尺寸＋（上偏差＋下偏差）/2$$

【例 1-1】 槽 $45^{+0.04}_{+0.02}$ 的尺寸公差尺寸为

$$45+\left(\frac{0.04+0.02}{2}\right)=45.03\text{mm}$$

【例 1-2】 半径为 $20^{\,0}_{-0.02}$ 的中差尺寸为

$$20 + \left(\frac{0 - 0.02}{2}\right) = 19.99\text{mm}$$

【例 1-3】 直径为 $\phi 36_{-0.24}^{0}$ 的中差尺寸为

$$36 + \left(\frac{0 - 0.24}{2}\right) = 35.88\text{mm}$$

其半径的中差尺寸为 $35.88/2 = 17.94\text{mm}$

(4) 间隙补偿问题

在实际加工中，电火花线切割数控机床是通过控制电极丝的中心轨迹来加工的，图1-45所示电极丝中心轨迹用虚线表示。在数控线切割机床上，电极丝的中心轨迹和图纸上工件轮廓之间差别的补偿就称为间隙补偿。

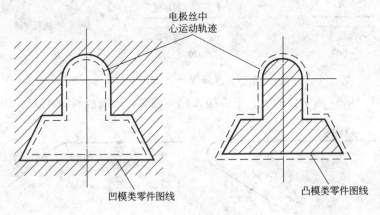

图 1-45 电极丝中心轨迹

加工凸模时，电极丝中心轨迹应在所加工图形的外面；加工凹模时，电极丝中心轨迹应在图形的里面。所加工工件图形与电极丝中心轨迹间的距离，在圆弧的半径方向和线段垂直方向都等于间隙补偿量 f。

间隙补偿量的算法：加工冲模的凸、凹模时，应考虑电极丝半径 $r_{丝}$、电极丝和工件之间的单边放电间隙 $\delta_{电}$ 及凸模和凹模间的单边配合间隙 $\delta_{配}$。当加工冲孔模具时（即冲后要求工件保证孔的尺寸），凸模尺寸由孔的尺寸确定。因 $\delta_{配}$ 在凹模上扣除，故凸模的间隙补偿量 $f_{凸} = r_{丝} + \delta_{电}$，凹模的间隙补偿量 $f_{凹} = r_{丝} + \delta_{电} - \delta_{配}$。当加工落料模时（即冲后要求保证冲下的工件尺寸），凹模尺寸由工件的尺寸确定。因 $\delta_{配}$ 在凹模上扣除，故凸模的间隙补偿量 $f_{凸} = r_{丝} + \delta_{电} - \delta_{配}$，凹模的间隙补偿量 $f_{凹} = r_{丝} + \delta_{电}$。

间隙补偿量的编程实例：编制如图 1-46 所示加工零件的凹模程序，此模具是落料模（钼丝直径为 $\phi 0.18\text{mm}$，穿丝点为零件对称中心点）。

① 确定间隙补偿量　因该模具是落料模，冲下零件的尺寸由凹模决定，模具配合间隙在凸模上扣除，故凹模的间隙补偿量为：

$$f_{凹} = r_{丝} + \delta_{电} = 0.09 + 0.01 = 0.10\text{mm}$$

② 计算编程节点　图 1-47 中虚线表示电极丝中心轨迹，此图对 X 轴上下对称，对 Y 轴左右对称。因此，只要计算第一象限内的节点，其余三个象限相应的点均可相应地得到。圆心 O_1 的坐标为 $(0,0)$，虚线交点 a 的坐标为：$X_a = 5 + f_{凹} = 5 + 0.10 = 5.10\text{mm}$，$Y_a = 3 - f_{凹} = 2.9$；$X_b = 5 + f_{凹} = 5 + 0.10 = 5.10\text{mm}$，$Y_b = 5 - 2f_{凹} = 4.8$。根据对称原理可得其余各点对 O 点的坐标。

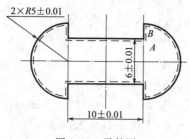

图 1-46 零件图

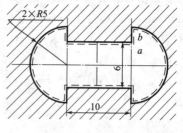

图 1-47 凹模零件图

任务实施

（1）分析下列线切割机床加工零件的程序，绘制零件图及加工轨迹图。

1）有偏移量、无锥度阴模加工

H000＝0   H001＝100；

H005＝0；

T84 T86 G54 G90 G92 X0 Y0 U0 V0；

C007；

G01 X9.Y0；G04 X0＋H005；

G41 H000；

C001；

G41 H000；

G01 X10.Y0 G04 X0＋H005；

G41 H001；

X10.Y10.；G04 X0＋H005；

X－10.Y10.；G04 X0＋H005；

X-10.Y－10.；G04 X0＋H005；

X10.Y－10.；G04 X0＋H005；

X10.Y0；G04 X0＋H005；

G40 H000 G01 X9.Y0；

M00；

C007；

G01 X0 Y0；G04 X0＋H005；

T85 T87 M02；

分析工艺：

① 零件坐标系以零件内型腔中心为编程原点，也是零件穿丝孔所在位置；

② 编程时按绝对值编程，采用逆时针切割加工；

③ 暂停时间参数 H005 为零，单边放电间隙为 0.01mm，钼丝直径为 0.18mm，偏移量参数 H001 取 0.10mm。

零件图如图 1-48 所示，加工轨迹图如图 1-49 所示。

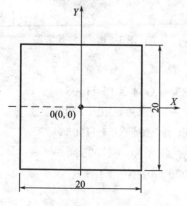

图 1-48 四方零件图

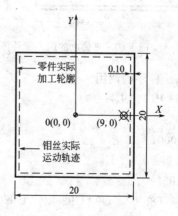

图 1-49 四方加工轨迹图

2）有偏移量、有锥度阳模加工

H000＝0　　　H001＝100；H005＝0；

T84 T86 G54 G90 G92 X15. Y0 U0 V0；

C007；

G01 X12. Y0；G04 X0＋H005；

G41 H000；

G51 A0；

C009；

G41 H000；

G51 A0；

M00；

C007；

G01 X15. Y0；G04 X0＋H005；

G01 X10. Y0；G04 X0＋H005；

G41 H001；

G51 A1. ；

X10. Y－10. ；G04 X0＋H005；

X－10. Y－10. ；G04 X0＋H005；

X－10. Y10. ；G04 X0＋H005；

X10. Y10. ；G04 X0＋H005；

X10. Y0；G04 X0＋H005；

G40 H000 G50 A0 G01 X11. Y0；

T85 T87 M02；

（锥度角为1°）

分析工艺：

① 零件坐标系以零件中心为编程原点，穿丝孔位于（15，0）位置，起割点位于（12，0）位置；

② 编程时按绝对值编程，采用逆时针切割加工；

③ 此零件加工采用左锥度加工，锥度角为1°；

④ 暂停时间参数 H005 为零，单边放电间隙为0.01mm，钼丝直径为0.18mm偏移量参数 H001 取0.10mm。

零件图如图1-50所示，零件效果图如图1-51所示。

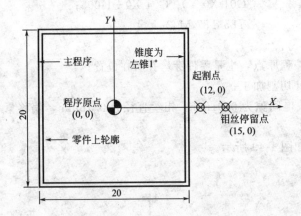

图1-50　带锥度的四方零件图

图1-51　零件效果图

3）子程序的调用

M98 P1000 L4；

M02；

N1000；

H000＝0　　　H001＝100；

H005＝0；

T84 T86 G54 G90 G92 X0 Y0 U0 V0；

C007；

X5. Y－5. ；G04 X0＋H005；

X－5. Y－5. ；G04 X0＋H005；

X－5. Y5. ；G04 X0＋H005；

X0 Y5. ；G04 X0＋H005；

G40 H000 G01 X0 Y4. ；

M00；

C007；

G01 X0 Y4.；G04 X0＋H005；

G42 H000；

C002；

G42 H000；

G01 X0 Y5.；G04 X0＋H005；

G42 H001；

X5.Y5.；G04 X0＋H005；

G01 X0 Y0；G04 X0＋H005；

T85 T87；

M00；

G00 X20.Y0；

M00；

M99；

分析工艺：

① 暂停时间参数 H005 为零，单边放电间隙为 0.01mm，钼丝直径为 0.18mm，偏移量参数 H001 取 0.10mm；

② 零件以第一个型腔的中心为编程原点，穿丝孔位于（0，0）位置，起割点位于（4，0）位置；

③ 编程时按绝对值编程，采用逆时针切割加工；

④ 此型腔在 X 轴正向排列，调用 4 次，腔型间距 20mm。

零件图如图 1-52 所示，零件效果图如图 1-53 所示。

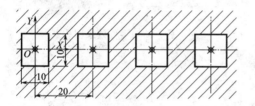

图 1-52　四方零件图

图 1-53　零件效果图

4）子程序嵌套运用（图 3.47）

M98 P2000 L2；

M02；

N2000；

M98 P1000 L4；

G00 X－90.Y－20.；

M00；

M99；

N1000；

H000＝0　　H001＝100；

H005＝0；

T84 T86 G54 G90 G92 X0 Y0 U0 V0；

C007；

G01 X0 Y4.；G04 X0＋H005；

G42 H000；

C002；

G42 H000；

G01 X0 Y5.；G04 X0＋H005；

分析工艺：

G42 H001；

X5.Y5.；G04 X0＋H005；

X5.Y－5.；G04 X0＋H005；

X－5.Y－5.；G04 X0＋H005；

X－5.Y5.；G04 X0＋H005；

X0 Y5.；G04 X0＋H005；

G40 H000 G01 X0 Y4.；

M00；

C007；

G01 X0 Y0；G04 X0＋H005；

T85 T87；

M00；

G00 X20.Y0；

M00；

M99；

；

（：The Cuting length＝45.mm）；

① 暂停时间参数 H005 为零，单边放电间隙为 0.01mm，钼丝直径为 0.18mm，偏移量参数 H001 取 0.10mm；

② 零件以第一个型腔的中心为编程原点，穿丝孔位于（0，0）位置，起割点位于（4，0）位置；

③ 编程时按绝对值编程，采用逆时针切割加工；

④ 此程序型腔加工在 X 轴正向调用 4 次，腔型间距 20mm，然后其作这一子程序在 Y 轴负方向调用 2 次，间距 20mm。

零件图如图 1-54 所示，零件效果图如图 1-55 所示。

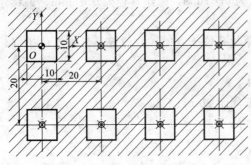

图 1-54 零件图

图 1-55 零件效果图

(2) 根据零件图编制加工程序

1）直线圆弧加工

零件图如图 1-56 所示，零件效果如图 1-57 所示。

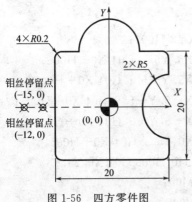

图 1-56 四方零件图

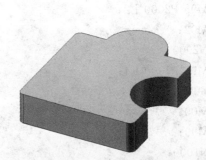

图 1-57 零件效果图

工艺要求：

① 暂停时间参数 H005 为零，单边放电间隙为 0.01mm，钼丝直径为 0.18mm，偏移量参数 H001 取 0.10mm；

② 零件坐标系以零件中心为编程原点，穿丝孔位于（−15，0）位置，起割点位于（−12，0）位置；

③ 编程时按绝对值编程，采用逆时针切割加工。

程序如下：

H000＝0   H001＝100；   G01 X10. Y−5.；G04 X0＋H005；

H005＝0；   G02 X＋10. Y＋5. I0 J＋5.；G04 X0＋H005；

T84 T86 G54 G90 G92 X−15.Y0 U0 V0；

C007；

G01 X−12.Y0；G04 X0+H005；

G42 H000；

C009；

G42 H000；

G01 X−10.Y0；G04 X0+H005；

G42 H001；

X−10.Y−9.8；G04 X0+H005；

G03 X−9.8 Y−10.I+0.2 J0；G04 X0+H005；

G01 X9.8 Y−10.；G04 X0+H005；

G03 X10.Y−9.8 I0 J0.2；G04 X0+H005；

G01 X+10.Y+9.8；G04 X0+H005；

G03 X+9.8 Y+10.I−0.2 J0；G04 X0+H005；

G01 X+5.Y+10.；G04 X0+H005；

G03 X−5.Y10.I−5.J0；G04 X0+H005；

G01 X−9.8 Y10.；G04 X0+H005；

G03 X−10.Y9.8 I0 J−0.2；G04 X0+H005；

G01 X−10.Y0；G04 X0+H005；

G40 H000 G01 X−11.Y0；

M00；

C007；

G01 X−15.Y0；G04 X0+H005；

T85 T87 M02；

2）部分锥度加工

零件图如图 1-58 所示，零件效果图如图 1-59 所示。

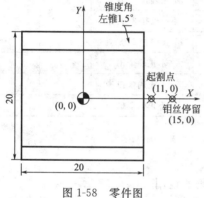

图 1-58　零件图

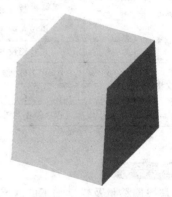

图 1-59　零件效果图

工艺要求

① 零件坐标系以零件中心为编程原点，穿丝孔位于（15，0）位置，起割点位于（11，0）位置；

② 编程时按绝对值编程，采用逆时针切割加工；

③ 此零件加工采用左锥度加工，锥度角为 1°；

④ 暂停时间参数 H005 为 0；单边放电间隙为 0.01mm，钼丝直径为 0.18mm，偏移量参数 H001 取 0.10mm。

程序如下：

H000＝0　　　H001＝110；

H005＝0；

T84 T86 G54 G90 G92 X15.Y0 U0 V0；

C007；

G01 X11.Y0；G04 X0+H005；

G42 H000；

G52 A0；

C003；

X−10.Y10.；G04 X0+H005；

A0；

X−10.Y−10.；G04 X0+H005；

A0.5；

X10.Y−10.；G04 X0+H005；

A0；

X10.Y0；G04 X0+H005；

G40 H000 G50 A0 G01 X11.Y0；

G01 X10. Y0；G42 H001；
G42 H001；
G52 A0；
X10. Y10.；G04 X0＋H005；
A1. 5；

M00；
C007；
G01 X15. Y0；G04 X0＋H005；
T85 T87 M02；
（：The Cuting length＝85. mm）；

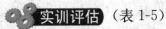 **实训评估** （表 1-5）

表 1-5 数控编程操作实训评分表

姓名				总得分			
项目	序号	技术要求	配分	评分要求及标准	检测记录	得分	
节点计算 （30%）	1	程序原点设定	10	不正确全扣			
	2	电极停留位置设定	10	不正确全扣			
	3	起割点设定	10	不正确全扣			
程序规范 （40%）	4	轮廓正确	10	不规范扣2分/处			
	5	参数设定	10	不正确扣2分/处			
	6	电极参数选择	10	不正确扣2分/处			
	7	补偿设置	10	不正确扣2分/处			
工艺安排 （30%）	8	工件装夹	10	不正确全扣			
	9	工件变形	10	不正确全扣			
	10	程序停止及工艺停止	10	不正确全扣			

拓展探究

1. 掌握偏移量及锥度加工的含义，以及 ISO 代码的运用。

2. 在加工程序中合理安排加工工艺。

3. 根据电极参数及机床参数能更改机床自动生成的程序。

4. 根据零件图选择合适的加工方法，编制程序。

巩固练习

1. 解释下列代码的含义：
G21、G41、G40、G51、M98、M99。

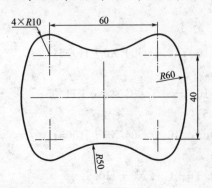

图 1-60

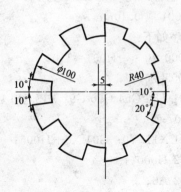

图 1-61

2. 编制下列阳模的加工程序。

3. 编制如图 1-62、图 1-63 和图 1-64 所示配合件的加工程序。

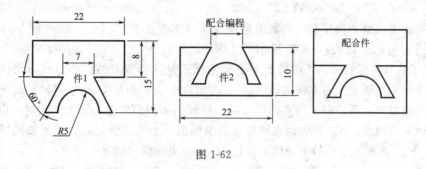

图 1-62

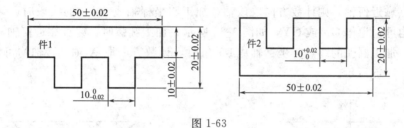

图 1-63

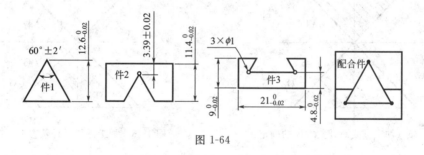

图 1-64

1.5　3B 加工指令代码及编程

任务描述

　　线切削机床除了使用 ISo 代码外，还使用 3B、4B 和 EIA 等指令代码，使用较多的是 3B 格式，慢走丝多采用 4B 格式。本课题将主要介绍 3B 格式的指令编程。

相关知识点

　　3B 代码编程格式是数控电火花线切割机床上最常用的程序格式，在该程序格式中无间隙补偿，但可通过机床的数控装置或一些自动编程软件，自动实现间隙补偿。具体格式见表 1-6。

表 1-6　3B 程序格式表

B	X	B	Y	B	J	G	Z
分隔符号	X 坐标值	分隔符号	Y 坐标值	分隔符号	计数长度	计数方向	加工指令

表1-6中，B为分隔符号，它的作用是将X、Y、J数码分开来；X、Y为增量（相对）坐标值；J为加工线段的计数长度；G为加工线段的计数方向；Z为加工指令。

例如：B1000B2000B2000GYL2。

有的系统要求整个程序有一些辅助指令T84（工作液开）、T85（工作液关）；T86（贮丝筒开）、T87（贮丝筒关）；停机符M02（程序结束）。

① 坐标系与坐标值X、Y的确定　平面坐标系是这样规定的：面对机床操作台，工作台平面为坐标系平面，左右方向为X轴，且右方向为正；前后方向为Y轴，前方为正。编程时，采用相对坐标系，即坐标系的原点随程序段的不同而变化。加工直线时，以该直线的起点为坐标系的原点，X、Y取该直线终点的坐标值；加工圆弧时，以该圆弧的圆心为坐标原点，X、Y取该圆弧起点的坐标值，单位为μm。坐标值的负号不写。

② 计数方向G的确定　不管加工圆弧还是直线，计数方向均按终点的位置来确定。加工直线时，终点靠近何轴，则计数方向取该轴；加工与坐标轴成45°角的线段时，计数方向取X轴、Y轴均可，记作GX或GY，如图1-65所示；加工圆弧时，终点靠近何轴，则计数方向取另一轴；加工圆弧的终点与坐标轴成45°角时，计数方向取X轴、Y轴均可，记作GX或GY，如图1-66所示。

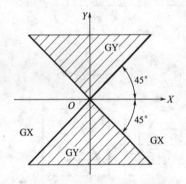

图1-65　加工直线时计数方向的确定

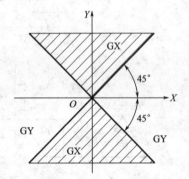

图1-66　加工圆弧时计数方向的确定

③ 计数长度的确定　计数长度是在计数方向的基础上确定的。计数长度是被加工的直线或圆弧在计数方向坐标轴上的绝对值总和，其单位为μm。

例如：在图1-67中所示中，加工直线OA时计数方向为X轴，计数长度为OB，数值等于A点的X坐标值；在图1-68中加工半径为500的圆弧$\overparen{MN}$时，计数方向为X轴，计数长度为$500×3=1500$，即$\overparen{MN}$中三段圆弧在X轴上投影的绝对值总和。

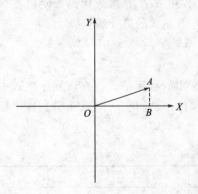

图1-67　加工直线时计数长度的确定

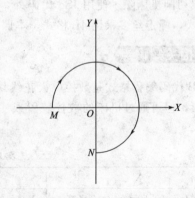

图1-68　加工圆弧时计数长度的确定

④ 加工指令 Z 的确定　加工直线有四种加工指令：L1、L2、L3、L4，如图 1-69 所示。当直线在第 Ⅰ 象限（包括 X 轴而不包括 Y 轴）时，加工指令记作 L1；当处于第 Ⅱ 象限（包括 Y 轴而不包括 X 轴）时，记作 L2；L3、L4 依次类推。

加工顺时针圆弧时有四种加工指令：SR1、SR2、SR3、SR4，如图 1-70 所示。当圆弧的起点在第 Ⅰ 象限（包括 Y 轴而不包括 X 轴）时，加工指令记作 SR1；当处于第 Ⅱ 象限（包括 X 轴而不包括 Y 轴）时，记作 SR2；SR3、SR4 依次类推。

加工逆时针圆弧时有四种加工指令：NR1、NR2、NR3、NR4，如图 1-70 所示。当圆弧的起点在第 Ⅰ 象限（包括 X 轴而不包括 Y 轴）时，加工指令记作 NR1；当处于第 Ⅱ 象限（包括 Y 轴而不包括 X 轴）时，记作 NR2；NR3、NR4 依次类推。

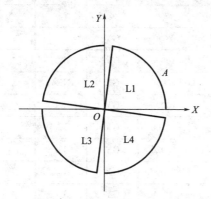

图 1-69　加工直线时指令范围

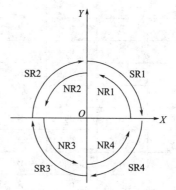

图 1-70　加工圆弧时指令范围

任务实施

(1) 如图 1-71 所示典型零件图，按 3B 格式编写该零件的线切割加工程序。

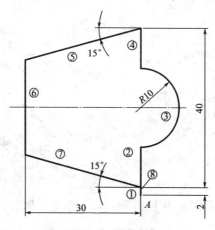

图 1-71　零件图

① 确定加工路线　起始点为 A，加工路线按照图中所标的 ①→②→③→④→⑤→⑥→⑦→⑧ 段的顺序进行。① 段为切入，⑧ 为切出，②~⑦ 段为程序零件轮廓。

② 分别计算各段曲线的增量值。

$\Delta X_1 = 0$，$\Delta Y_1 = 2\text{mm}$；

$\Delta X_2 = 0$，$\Delta Y_2 = 10\text{mm}$；

$\Delta X_3 = 0$，$\Delta Y_3 = 20$mm；

$\Delta X_4 = 0$，$\Delta Y_4 = 10$mm；

$\Delta X_5 = 30$mm，$\Delta Y_5 = 30\tan15° = 8.04$mm；

$\Delta X_6 = 0$，$\Delta Y_6 = 40 - 2Y_5 = 23.92$mm

$\Delta X_7 = 30$mm，$\Delta Y_7 = 30\tan15° = 8.04$mm；

$\Delta X_8 = 0$，$\Delta Y_8 = 2$mm。

③ 按 3B 格式编写程序清单，程序如表 1-7 所示。

表 1-7 程序清单一

序号	B	X	B	Y	B	J	G	Z	备注
1	T	84	T	86					
2	B	0	B	2000	B	2000	GY	L2	
3	B	10000	B	10000	B	10000	GY	L2	
4	B	0	B	10000	B	20000	GX	NR4	
5	B	0	B	10000	B	10000	GY	L2	
6	B	30000	B	8040	B	30000	GX	L3	
7	B	0	B	23920	B	23920	GY	L4	
8	B	30000	B	8040	B	30000	GX	L4	
9	B	0	B	2000	B	2000	GY	L4	
10	T	85	T	86					
11	M	02							结束语句

(2) 编制加工图 1-72 所示零件的凹模程序，此模具是落料模（钼丝直径为 $\phi0.18$mm，穿丝点为零件对称中心点）。

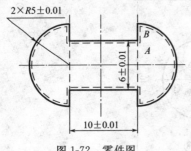

图 1-72 零件图

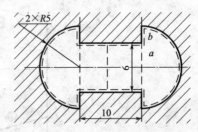

图 1-73 凹模零件图

因是落料模，零件的编程图如图 1-73 所示，编程程序如表 1-8 所示。

表 1-8 程序清单二

序号	B	X	B	Y	B	J	G	Z	备注
1	T	84	T	86					
2	B	0	B	2900	B	2900	GY	L4	
3	B	5100	B		B	5100	GX	L3	
4	B	0	B	2000	B	2000	GY	L4	

序号	B	X	B	Y	B	J	G	Z	备注
5	B	100	B	4900	B	9800	GX	SR3	
6	B	0	B	2000	B	2000	GY	L4	
7	B	5100	B		B	5100	GX	L1	
8	B	5100	B		B	5100	GX	L1	
9	B	0	B	2000	B	2000	GY	L2	
10	B	100	B	4900	B	9800	GX	SR1	
11	B	0	B	2000	B	2000	GY	L2	
12	B	5100	B		B	5100	GX	L3	
13	B	0	B	2900	B	2900	GY	L2	
14	T	85	T	86					
15	M	02							结束语句

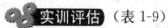 **实训评估**（表1-9）

表1-9 数控编程操作实训评分表

姓名				总得分			
项目	序号	技术要求	配分	评分要求及标准	检测记录	得分	
节点计算 （30%）	1	程序原点设定	10	不正确全扣			
	2	电极停留位置设定	10	不正确全扣			
	3	起割点设定	10	不正确全扣			
程序规范 （40%）	4	轮廓正确	20	不规范扣2分/处			
	5	参数设定	20	不正确扣2分/处			
工艺安排 （30%）	6	工件装夹	10	不正确全扣			
	7	工件变形	10	不正确全扣			
	8	程序停止及工艺停止	10	不正确全扣			

拓展探究

随着科学技术的发展，及数控电加工设备的升级，3B指令虽然应用不是很多，但部分机床还是采用其编程格式，所以掌握一点3B指令的编程还是非常必要的。

巩固练习

1. 3B指令的格式如何？其字母分别代表了什么含义？

2. 一个外接圆半径为$R10mm$的正六边形零件的加工程序（钼丝直径为$0.18mm$，单边放电隙为$0.01mm$，穿丝点为其外接圆的圆心）。

3. 用 3B 指令编写图 1-74 的程序。

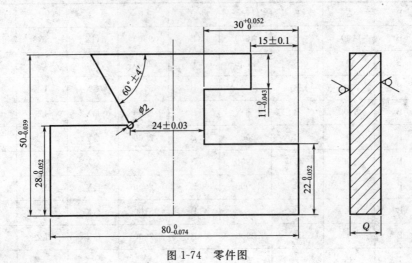

图 1-74 零件图

课题二　YH 软件绘图及编程

学习目的

1. 了解 YH 软件的基本作用及功能。

2. 通过对 YH 软件绘图功能的操作，能熟练进行文档的排版及编辑。

3. 能结合相关的"数控机床的安全文明操作规程"知识、线切割加工工艺对加工参数进行设置和修改，生成线切割加工程序。

技能要求

1. 能进行零件图的绘制及修改。

2. 能进行线切割加工参数设置。

3. 能按工艺要求生成正确的线切割加工程序。

2.1　YH 软件启动及主菜单功能介绍

任务描述

该任务主要是熟悉 YH 软件的常用命令。具体进行如何打开和关闭 YH 软件，应用 YH 软件进行文档的新建和管理，以便在以后的学习中能熟练操作。

相关知识点

(1) YH 的启动

启动 YH 软件通常有三种方式，选用其中任一种方式均能进入 YH 绘图软件。

① 双击或点击右键选择 Windows 系统桌面上的 YH 软件的快捷图标，如图 2-1 所示，即可打开软件。

② 找到 YH 软件的安装地址，然后打开 YH 文件夹下的 YH.EXE（图 2-2）的可执行文件，双击此文件图标即可启动 YH 绘图软件。

YH

图 2-1　桌面上的 YH 快捷图标

YH.EXE

图 2-2　YH 文件夹中的 YH.EXE 文件

(2) YH 的界面

认识 YH 的操作界面，是入门学习的第一步，只有熟悉 YH 软件的操作界面，才能在今后的学习过程中操作自如。启动 YH 软件后，进入 YH 提示界面，如图 2-3 所示。

图 2-3 YH 软件提示界面

图 2-4 绘图主界面

点击任意键，进入系统的主界面，如图 2-4 所示。

主界面包括四大部分：绘图功能区、状态栏和图表菜单和下拉菜单。

1）绘图功能区

绘图功能区是用户进行绘图设计的主要工作区域，它占据了屏幕的大部分面积，中央区有一个直角坐标系，在绘图区用鼠标或键盘输入的点，均以该坐标系为基准的绝对值，两坐标轴的交点即为原点（0，0）。

在绘图过程中，如果图形不在绘图区中间，只要点击鼠标右键，鼠标指向的位置会移向绘图功能区的中央。

2）状态栏

状态栏主要用来显示输入图号、比例系数、粒度、光标位置以及公英制的切换、绘图步骤的回退等。

3）图表菜单

图表菜单用 20 个图标表示。其功能分别为（自上而下）：点、线、圆、切圆（线）、椭圆、抛物线、双曲线、渐开线、摆线、螺线、列表曲线、函数方程、齿轮、过渡圆、辅助圆、辅助线，共 16 种绘图控制图标；剪除、询问、清理、重画四个编辑控制图标。

4）下拉菜单

下拉菜单分别为文件、编辑、编程和杂项四个按钮。在每个按钮下，均可弹出一个子功能菜单。

① 图段　屏幕上相连通的线段（线或圆）称作图段。

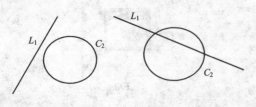

图 2-5 图线说明

② 线段　某条直线或圆弧。

③ 粒度　作图时参数对话框内数值的基本变化量（粒度为 0.5 时，作圆时半径的取值依次为 8.0，8.5，9.0，9.5……）。

④ 元素　点、线、圆。

⑤ 无效线段　非工件轮廓线段。

⑥ 光标选择　将光标移到指定位置，再按一下命令键。

线段图段说明举例如图 2-5 所示。

L_1、C_2 单独处理时，分别为线段；L_1、C_2 相连时，可作为一图段。

各菜单的功能见表 2-1。

表 2-1　菜单功能表

文件		编辑		编程	杂项
新图		镜像	水平轴	切割编程	有效区
读盘	图形		垂直轴	四轴合成	交点标记
	代码		原点		点号显示
	AutoCAD		任意线		大圆弧设定
打印		旋转	图段自身旋转		打印机设定
挂起			图段复制旋转		
拼接			线段复身旋转		
删除		等分	等角复制		
退出			等距复制		
			不等角复制		
		平移	坐标轴平移		
			图段自身平移		
			线段自身平移		
			图段复制平移		
			线段复制平移		
		近镜			
		工件放大			

（3）文件主菜单（图 2-6）

1）新图

清除全部屏幕图形和数据，坐标复原。好比给张白纸重新画图。

2）读盘

从当前系统设定的数据盘上读入文件。在该功能下可以读入图形、3B 代码、AUTO-CAD 的 DXF 类型文件。

图 2-6　文档下拉菜单

图 2-7　3B 参数的选择对话框

① 图形文件的读入

a. 方法一：将光标移到图号输入框内，轻按命令键。待框内出现一黑色底线时，用大键盘输入文件名（不超过 8 个字符），回车键退出。系统自动从磁盘上读入指定的图形文件。

b. 方法二：直接选择【读盘】功能，并选择"图形"，系统将自动搜索当前磁盘上的数据文件，并将找到的文件名显示在随即弹出的数据窗内，用光标轻点所需要的文件名（该选中的文件名将出现亮条），然后再轻点数据窗左上角的小方钮，文件即可自动读入。

② 3B 代码文件的读入　选择 3B 代码方式，在弹出的数据输入框中，键入代码文件名。文件名应该用全称，如果该文件不在当前数据盘上，在键入的文件名前，还应加上相应的盘号。代码文件读入后，屏幕上出现如图 2-7 所示的 3B 参数的选择对话框。

其中"删除辅线"表示是否要去除代码的引线段；"图形闭合"表示图形是否封闭。用光标点取左边的小方块，块中的字母显示"N"或"Y"，表示"否"或"是"。

③ DXF 文件的读入　选择 DXF 文件方式，在弹出的数据输入框中，键入代码文件名。文件名应该用全称，如果该文件不在当前数据盘上，在键入的文件名前，还应加上相应的盘号。

本系统要求 DXF 文件中的平面轮廓画在 0 层上。

3）存盘

将当前图形保存到指定文件中。

方法：将光标移到图号输入框内，轻按命令键。待框内出现一黑色底线时，用键盘输入文件名（不超过 8 个字符），回车键退出。系统将自动把屏幕图形写入当前的数据盘上。若文件名已存在（文件多次存盘），可直接选择【存盘】项。

若该文件名已在盘上使用，系统将提示是否用当前数据重写。选择"YES"表示用当前数据覆盖，否则撤消该操作。

4）打印

将当前屏幕图形或图形数据打印输出。图形打印是以屏幕拷贝的方法，将屏幕上的图形打印。数据打印是打印当前图形的数学特征值（圆：圆心，半径，弧段；直线：起，终点，斜度，弦长等）。

选择后，屏幕提示"打印机就绪"，检查打印机是否处在接收信号打印状态，点取【OK】即开始打印。

5）挂起

将当前图形数据暂存于数据盘，屏幕复位，并在上方显示一暂存标志"s"。用光标轻点该标志，可将暂存图形取出并显于屏幕。由"挂起"取出的图形与屏幕上已存在的图形不做自动求交处理。但是，在需要时，可用点图标下的方法做求交处理。

方法：

① 选取点图标。

② 将光标移至需求交点的线段上（光标成手指形），按一下命令键，系统将自动计算该线段与屏幕上其他线段的交点，并将求出的交点以'十'标出。

③ 在需求交的两条线段间做一条连接线（光标从手形到手形），系统自动算出其交点。

注意：步骤②、③任选一。

6）拼接

拼接将指定文件中的图形同当前屏幕显示图形合并，并且自动求出两个图形的全部交点。

方法：

① 选取【文件】-【拼接】功能。

② 在随即弹出的参数对话框内，选择欲拼入的文件（将选择的文件名点亮），按参数对话框左上角的小方块，自动完成拼接。

7) 删除

删除数据盘文档中指定的文件。方法：在弹出的参数对话框内，选取需删除的文件（该文件名点亮），再按撤消钮退出即可。

8) 退出

退出 YH 编程系统，回到 DOS。

(4) YH 常用图表命令认识

YH 常用图表命令包括：

 绘制点命令； ⊏ 绘制直线命令； ◎ 绘制圆命令； ▬ 绘制辅助直线命令； O 绘制辅助圆命令； ✂ 剪除命令； ✄ 清理命令； ✎ 重画命令。

1) 点输入

方法一：在点图标状态下（光标放在该图标上，轻按命令键，使之变色），将光标移至绘图窗，屏幕下方的坐标提示行将显示光标当前 X-Y 数值。移至需要的位置，轻按鼠标命令键。屏幕上将跳出标有当前光标位置的参数对话框。这时可对光标位置做进一步的修改（将光标移至需要修改的数据框内，点一下命令键。数据框内出现一黑线，同时浮现小键盘。然后，用光标在小键盘的数字上轻按命令键，输入所需要的数据。也可直接用大键盘输入，以回车键结束）。完成后，以【YES】退出。

方法二：在点图标状态下，将光标移至键盘命令框，在命令框下方将出现一输入框。然后用键盘按格式【X 坐标，Y 坐标】（回车），即完成了点数据的输入（方括号、逗号不能忘）。

屏幕将用"＋"显示当前输入点的位置。

方法三：＊线间自动求交（参见【挂起】功能）。

2) 直线输入

将光标移到直线图标内，轻点命令键，该图标变成深色，表示进入直线图标状态。在此状态下，可输入各种直线。

① 绘图输入

a. 点斜式（已知一点和斜角）　在直线图标状态下，将光标移至指定点（依据屏幕右下方的光标位置；若该点为另一直线的端点，或某一交点，或为点方式下已输入的指定点，光标移到该点位置时，将变成"X"形）。按下命令键（不能放），继续移动光标，同时观察弹出的参数对话框内斜角一栏，当其数值（指该直线与 X 轴正方向间的夹角）与标定角度一致时，释放命令键。直线输入后，如果参数有误差，可用光标选择参数对话框内的对应项（深色框内），轻点命令键后，用屏幕上出现的小键盘输入数据，并以"↵"键结束。参数全部无误后，按【YES】钮退出。

注意：在深色参数框内的数据输入允许有四则运算，例如，20×175/15－12。以下同（乘法用"＊"号，除法用"/'号）。

b. 二点式（已知二点） 在直线图标状态下，将光标移至指定点（若该点为新点，依据光标位置值，否则移动光标到指定点，光标呈"X"形）。按下命令键后（不能放），移动光标到另一定点（光标呈"X"形或到指定坐标）释放命令键。参数全部无误后，按【YES】钮退出。

c. 圆斜式（已知一定圆和直线的斜角） 在直线图标状态下，在所需直线的近似位置作一直线（任取起点）使得角度为指定值。选择【编辑】按钮中的【平移】→【线段自身平移】项。光标成"田"形。将光标移到该直线上（呈手指形）后，按下命令键（不能放），同时移动光标。此时该直线将跟随光标移动，在弹出的参数对话框内显示当前的移动距离。将直线移向定圆，当该直线变红色时，表示已与定圆相切，释放命令键。若输入正确，可按参数对话框中的【YES】钮退出。若无其他线段需要移动，可将"田"光标放回工具包，表示退出自身平移状态（平移相切时以线段变红为准，不要用眼睛估算。平移完成后如出现红黄叠影，用光标点一下【重画】图标即可）。

d. 平行线（已知一直线和相隔距离） 选择【编辑】按钮中的【平移】→【线段复制平移】项。将光标移至该直线上（光标成手指型）。按下命令键（不能放），同时移动光标。屏幕上将出现一条深色的平行线，在弹出的参数对话框内显示当前的平移距离，移至指定距离时（或者，用光标点取参数对话框，待出现黑色底线时，直接用键盘输入平移量），释放命令键。若确认，可按参数对话框的【YES】钮退出。若无其他线段需要复制移动，可将光标放回工具包，表示退出复制平移状态。

e. 公切线（参见后面的直线/切圆功能）

② 键盘输入 在直线图标状态下，将光标移至键盘命令框，出现数据输入框后可按以下三种格式输入：

a. 二点式【X1，Y1】，【X2，Y2】（回车）；

b. 点斜式：【X，Y】，角度（°）（回车）；

c. 法线式：【法向距离】，法径角度（回车）。

直线即自动生成。

③ 直线延伸 在直线图标状态下，将光标移到需延伸的线段上，光标呈手指形后，按调整键（鼠标右边钮），该直线即向两端伸延。

3) ⊚圆输入

将光标移到圆图标内，轻点命令键，该图标成深色，表示进入圆图标状态。在此状态下，可输入各种圆。

① 绘图输入

a. 标定圆（已知圆心，半径） 在圆图标状态下，将光标移至圆心位置（根据光标位置值，或光标到达指定点时变成"X"形），按下命令键（不能放），同时移动光标，在弹出的参数对话框内将显示当前圆的半径，屏幕上绘出对应的圆（当光标远离圆心时，半径变大；当光标靠近圆心时，半径变小）。至指定半径时，释放命令键，定圆输入完成。若输入精度不够，可用光标选择相应的深色参数框，用屏幕小键盘输入数据。参数确认后，按【YES】钮退出。

b. 单切圆 已知圆心，并过一点在圆图标状态下，将光标移至圆心位置，光标呈手指形后按下命令键（不能放），同时移动光标至另一点位置，待光标成"X"时释放命令键。若确认无误，按参数对话框中的【YES】钮退出。

c. 单切圆 已知圆心，并与另一圆或直线相切。在圆图标状态下，将光标移到圆心位置，按下命令键（不能放），同时移动光标，在屏幕上画出的圆弧逼近另一定圆或定线，待该圆弧成红色时（即相切），释放命令键。确认无误或修正后，按【YES】钮退出。

d. 二切、三切圆 参见切线/切圆功能。

② 键盘输入 在圆图标状态下，将光标移至键盘命令框，出现输入框后可按以下格式输入：【X0，Y0】，半径（回车）。

③ 弧段变圆 在圆图标状态下，将光标移到圆弧上（光标成手指形），按调整键（鼠标右边钮），该弧段即变成整圆。

4）⭕ 辅助圆输入

方法同普通圆输入，它仅起定位作用。在图纸上，非工件轮廓的圆弧都应以辅助圆作出。区别在于辅助圆弧段不参与切割，能被清理图标一下清除。

5）➖ 辅助线输入

方法同普通直线输入，仅起定位作用。在图纸上，非工件轮廓的直线都应以辅助线作出。注意：辅助圆/辅助线的输入应遵循"即画即用"的原则，一旦用过删除功能，系统会自动将所有辅助圆/线删除。

6）✂ 删除线段

方法一：选择删除图标，屏幕左下角出现工具包图标，移动鼠标，可从工具包中取出剪刀形光标。将光标移至需删除的线段上，光标呈手指形，该线段变红色。此时按命令键删除该线段；按调整键以交替方式删除同一线上的各段（同一线上以交点分段）。完成后，将剪刀形光标放回工具包，轻点命令键退出。

方法二：将光标移入键盘命令框，在弹出的数据框中，直接键入需删除的线段号，该线段即删除。若需删除某一点，可在点号前加上字母"P"。

7）✂ 清理

光标选择清理图标：

① 点取命令键，系统自动删除辅助线和任何不闭合的线段。

② 用调整键选取，删除辅助线，保留不闭合线段。

8）🖌 重画

光标移入该图标：

① 点取命令键，系统重新绘出全部图形（不改变任何数据，相当于重新描绘图形）。

② 点取调整键，进入任意作图方式（以折线方式画任意图形）。此时系统模仿数字化仪的功能可在屏幕上画出任意图形。光标呈大十字形，连按两次命令键得到一条直线段，移动光标到下一点，再按两次，连续作得到由连续不断的拆线段组成的图形（对于闭合图形，最后一段闭合线需用两点直线将其封闭）。

③ 直线变圆功能，在任意作图方式下（调整键进入），将光标移到需变圆的线段上（光标成手指形），按下命令键并移动光标，使该线段变成需要的弧形为止。

9）▦ 退格

系统主屏幕左上角出现房子形的黄色记忆包时，用光标轻点该标记，系统将撤消前一动作（记忆包成红色时，表示不可恢复状态）。

任务实施

(1) YH 界面熟悉, 应用文档命令

1) 打开 YH 软件

点击 YH 可执行文件或快捷图标打开 YH 软件。

2) 熟悉 YH 软件界面

进行 YH 软件界面操作, 如图 2-8 所示。

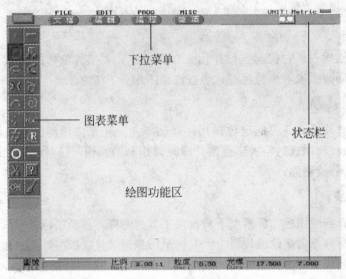

图 2-8 YH 界面

3) 熟悉 YH 下拉菜单命令

进行 YH 下拉菜单命令, 如图 2-9 所示。

(a) 文档下拉菜单

(c) 编程下拉菜单

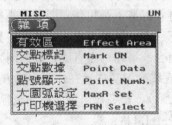

(b) 编辑下拉菜单

(d) 杂项下拉菜单

图 2-9 下拉菜单

4）建立文件

建立文件名1016的YH文件，图形中是一个半径为15mm的圆。

① 点击新图命令，如图2-10所示。

② 点击图号对话框，输入1016文件名，如图2-11所示。

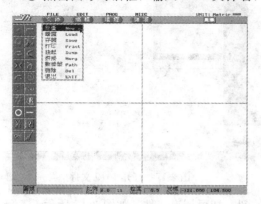

图2-10 新图命令

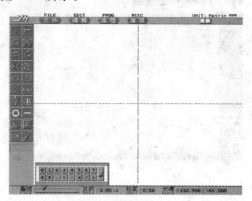

图2-11 输入文件名

③ 点击圆绘制命令图标，然后在绘图区拉出一个圆，如图2-12所示。

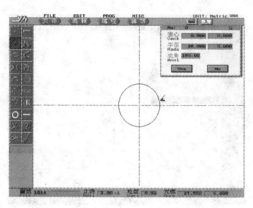

图2-12 左键点击拉出一个圆

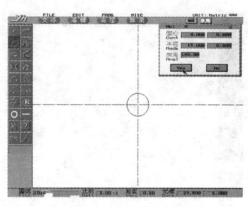

图2-13 输入图圆参数

④ 输入图圆的参数，如图2-13所示。

⑤ 点击存盘命令，如图2-14所示。出现文件重写提醒的界面如图2-15所示。

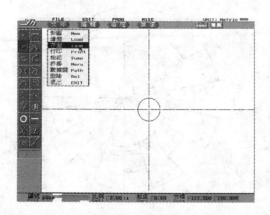

图2-14 存盘命令

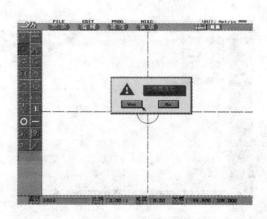

图2-15 文件重写提醒

5）调出已绘图形

① 点击文件下拉菜单下的读盘命令并选择文件类型，如图 2-16 所示。

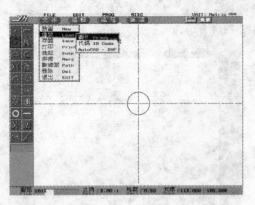

图 2-16　选择图形类型

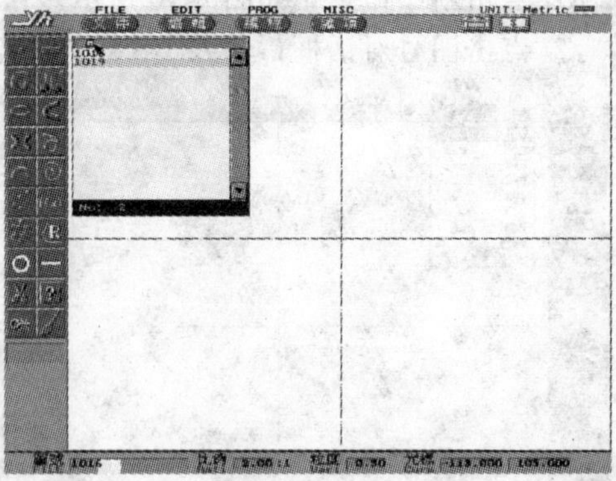

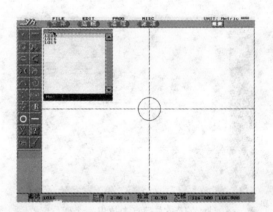

图 2-17　打开 1019 文件

② 选择要读取的文件名，点击关闭对话框按钮，即可调出文件，如图 2-17 所示。

6）删除指定文件

① 点击删除下拉菜单，如图 2-18 所示。

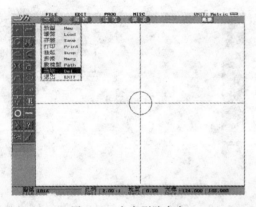

图 2-18　点击删除命令

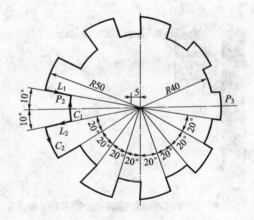

图 2-19　删除 1222 文件

② 选择被删除文件，点击关闭按钮，即可删除文件，如图 2-19 所示。

7）退出 YH 绘图软件，如图 2-20 所示。

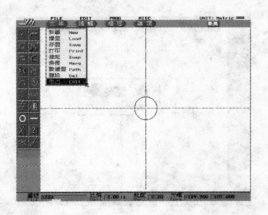

图 2-20　退出 YH 命令

图 2-21　偏心轮

（2）偏心轮绘制与编程

该工件由 9 个同形的槽和 2 个圆组成，C_1 的圆心在坐标原点，C_2 为偏心圆，如图 2-21 所示。

首先输入 C_1。将光标移至绘制圆图标，轻按一下命令键，该图标呈深色。然后将光标移至绘图窗内。此时，屏幕下方提示行内的光标位置框显示光标当前坐标。将光标移至坐标原点（有些误差无妨，稍后可以修改），按下命令键（注意：命令键不能释放），屏幕上将弹出如图 2-22 所示的参数对话框。

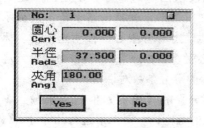

图 2-22　参数对话框

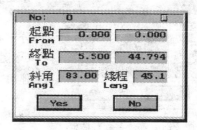

图 2-23　直线参数对话框

参数对话框的顶端有两个记号，No：0 表示当前输入的是第 0 条线段。右边的方形小按钮为放弃控制钮。圆心栏显示的是当前圆心坐标 (X,Y)，半径的两个框分别为半径和允许误差，夹角指的是圆心与坐标原点间连线的角度。圆心找到后，接下来确定半径。按住命令键移动光标（此时鼠标的命令键不能释放），屏幕上将画出半径随着光标移动而变化的圆，当光标远离圆心时，半径变大；当光标靠近圆心时，半径变小。参数对话框的半径框内同时显示当前的半径值。移动光标直至半径显示为 40 时，释放命令键，该圆参数就输入完毕。若由于移动位置不正确，参数有误，可将光标移至需要修改的数据框内（深色背框），按一下命令键，屏幕上即刻将浮现一数字小键盘。用光标箭头选择相应的数值，选定后按一下命令键，就输入一位数字，输入错误，可以用小键盘上的退格键【←】删除。输入完毕后，选择回车键【↵】结束。

注意：出现小键盘时，也可直接用大键盘输入。下同。

参数全部正确无误后，可用光标的命令键按一下【YES】钮，该圆就输入完成。

下面输入两条槽的轮廓直线，将光标移至直线图标，按命令键，该图标转为深色背景，再将光标移至坐标原点，此时光标变成"X"状，表示此点已与第一个圆的圆心重合，按下鼠标命令键，屏幕上将弹出如图 2-23 所示的直线参数对话框。

按下命令键（不能放），移动光标，屏幕将画出一条随光标移动而变化的直线，参数的变化反应在参数对话框的各对应框内。该例的直线 L_1 关键尺寸是斜角＝170°（斜角指的是直线与 X 轴正方向的夹角，逆时针方向为正，顺时针为负），只要拉出一条角度等于 170° 的直线就可以（注意：这里弦长应大于 55，否则将无法与外圆相交）。角度至确定值时，释放命令键，直线输入完成。同理，可用光标对需要进一步修改的参数做修改，全部数据确认后，按【YES】按钮退出。

第二条直线槽边线 L_2 是 L_1 关于水平轴的镜像线，可以利用系统的镜像变换做出。将光标移至编辑按钮，按一下命令键，屏幕上将弹出编辑功能菜单，选择【镜像】又将弹出有四种镜像变换选择的二级菜单。选择【水平轴】（这里所说的选择，均指将光标移至对应菜单项内，再轻按一下命令键）屏幕上将画出直线 L_1 的水平镜像线 L_2。

画出的这两条直线被圆分隔，圆内的两段直线是无效线段，因此可以先将其删去。将光标移至剪除图标（剪刀形图标）内，按命令键，图标窗的左下角出现工具包图符。从图符内取出一把剪刀形光标，移至需要删除的线段上。该线段变红，控制台中发出"嘟"声，此时可按下命令键（注意：光标不能动），就可将该线段删除。删除两段直线后，由于屏幕显示的误差，图形上可能会有遗留的痕迹而略有模糊。此时，可用光标选择重画图标 ◢，图标变深色，光标移入屏幕中，系统重新清理、绘制屏幕。

该工件其余的 8 条槽轮廓实际是第一条槽的等角复制，选择编辑菜单中的等分项，取等角复制，再选择图段（因为这时等分复制的不是一条线段）。光标将变成"田"形，屏幕的右上角出现提示【等分中心】，意指需要确定等分中心。移动光标至坐标原点（本图形的等分中心就在坐标原点），轻按命令键。屏幕上弹出如图 2-24 所示的等分参数对话框。

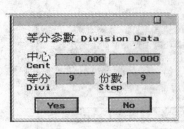

图 2-24　等分参数对话框

用光标在【等分】和【份数】框内分别输入 9 和 9（【等分】指在 360° 的范围内，对图形进行几等分；【份数】指实际的图形上有几个等分数）。参数确认无误后，按【认可】退出。屏幕的右上角将出现提示【等分体】。提示用户选定需等分处理的图段，将光标移到已画图形的任意处，光标变成手指形时，轻按命令键，屏幕上将自动画出其余的 8 条槽廓。

最后输入偏心圆 C_2。输入的方法同第一条圆弧 C_1（若在等分处理前作 C_2，屏幕上将复制出 9 个与 C_2 同形的圆）。鼠标使用不熟练时用光标找 C_2 的圆心坐标比较困难，输入圆 C_2 较简单的方法是用参数输入方式。方法是：光标在圆图标上轻点命令键，移动光标至键盘命令框内，在弹出的输入框上用大键盘按格式输入：【-5,0】，50（回车）即得到圆 C_2。为提高输入速度，对于圆心和半径都确定的圆可用此方法输入。

图形全部输入完毕。但是屏幕上有不少无效的线段，对于两条圆弧上的无效段，可以利用系统中提供的交替删除功能快速地删除。将剪刀形光标移至欲删去的任一圆弧段上，该圆弧段变红时按调整键，系统将按交替（一隔一）的方式自动删除圆周上的无效圆弧段。连续两次使用交替删除功能，可以删去两条圆弧上的无效圆弧段。余下的无效直线段，可以用清理图标 ⋈ 功能解决。在此功能下，系统能自动将非闭合的线段一次性除去。光标在图标 ⋈ 上轻点命令键，图标变色，把光标移入屏幕即可。（注：用 ⋈ 清理时，所需清理的图形必须闭合。）

用 ⋈ 清理后，屏幕上将显示完整的工件图形。可以将此图形存盘，以备后用。方法：先将光标移至图号框内，轻按命令键。框内将出现黑色底线，此时可以用键盘输入图号——不超过 8 个符号，以回车符结束。该图形就以指定的图号自动存盘（存盘前一定要把数据盘插入驱动器 A 中，并关上小门）。须注意这里存的是图形，不是代码。

用光标在编程按钮上轻点命令键，弹出菜单，在【切割编程】上轻点命令键，屏幕左下角出现工具包图符，从工具包图符中可取出丝架状光标，屏幕右上方显示"丝孔"，提示用户选择穿孔位置。位置选定后，按下命令键，再移动光标（命令键不能释放），拉出一条连线，使之移到要切割的首条线段上（移到交点处光标变成"X"形，在线段上为手指形），释放命令键。该点处出现一指示牌"▲"，屏幕上出现如图 2-25 所示的加工参数设定对话框。

此时，可对孔位及补偿量、平滑（尖角处过渡圆半径）做相应的修改。【YES】认可后，参数对话框消失，出现如图 2-26 所示的路径选择对话框。

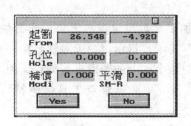

图 2-25　加工参数对话框

图 2-26　路径选择对话框

路径选择对话框中的红色指示牌处是起割点，左右线段表示工件图形上起割点处的左右各一线段，分别在窗边用序号代表（C 表示圆弧，L 表示直线，数字表示该线段做出时的序号：0～n）。窗中"＋"表示放大钮，"－"表示缩小钮，根据需要用光标每点一下就放大或缩小一次。选择路径时，可直接用光标在序号上轻点命令键，序号变黑底白字，光标轻点"认可"即完成路径选择。当无法辨别所列的序号表示哪一线段时，可用光标直接指向窗中图形的对应线段上，光标呈手指形，同时出现该线段的序号，轻点命令键，它所对应线段的序号自动变黑色。路径选定后光标轻点"认可"。"路径选择对话框"即消失，同时火花沿着所选择的路径方向进行模拟切割，到"OK"结束。如工件图形上有交叉路径，火花自动停在交叉处，屏幕上再次弹出"路径选择对话框"。同前所述，再选择正确的路径直至"OK"。系统自动把没切割到的线段删除，形成一个完整的闭合图形。

火花图符走遍全路径后，屏幕右上角出现如图 2-27 所示的加工开关设定对话框，其中有五项选择：加工方向、锥度设定、旋转跳步、平移跳步和特殊补偿。

图 2-27　加工开关设定对话框

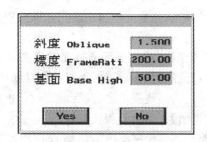

图 2-28　锥度参数对话框

加工方向有左右向两个三角形，分别代表逆/顺时针方向，红底黄色三角为系统自动判断方向（特别注意：系统自动判断方向一定要和火花模拟走的方向一致，否则得到的程序代码上所加的补偿量正负相反）。若系统自动判断方向与火花模拟切割方向相反，可用命令键重新设定：将光标移到正确的方向位，点一下命令键，使之成为红底黄色三角。

锥度设定：加工的工件有锥度，要进行锥度设定。光标按"锥度设定"的"ON"钮，使之变蓝色，出现如图 2-28 所示的锥度参数对话框，对话框中有斜度、标度、基面三项参数输入框，分别输入相应的数据。

斜度：钼丝的倾斜角度，有正负方向。工件上小下大为负；上大下小为正。

标度：上下导轮中心间的距离或旋转中心至上导轮中心的距离（或对应的折算量），单位为 mm。

基面：在十字拖板式机床中，由于下导轮的中心不在工件切口面上，需对切口坐标进行修正。基面为下导轮（或旋转）中心到工件下平面间的距离。

设置：斜度＝1.5，标度＝200，基面＝50。

本例无跳步和特殊补偿设定，可直接用光标轻点加工参数设定窗右上角的小方块"■"按钮，退出参数对话框。屏幕右上角显示红色"丝孔"提示，提示用户可对屏幕中的其他图形再次进行穿孔、切割编程。系统将以跳步模的形式对两个以上的图形进行编程。因本例无此要求，可将丝架形光标直接放回屏幕左下角的工具包（用光标轻点工具包图符），完成编程。

退出切割编程阶段，系统即把生成的输出代码反编译，并在屏幕上用亮白色绘出对应线段。若编码无误，两种绘图的线段应重合（或错开补偿量）。本例的代码反译出两个形状相同的图形，与黄色图形基本重合的是 X-Y 平面的代码图形，另一个是 U-V 平面的代码图形。随后，屏幕上出现输出菜单。

菜单中有代码打印、代码显示、代码存盘、三维造型和退出。

【代码打印】：通过打印机打印程序代码。

【代码显示】：显示自动生成的 ISO 代码，以便核对。在参数对话框右则，有两个上下翻页按钮，可用于观察在当前窗内无法显示的代码。光标在两个按钮中间的灰色框上，按下命令键，同时移动光标，可将参数对话框移到屏幕的任意位置上。用光标选取参数对话框左上方的撤销钮"■"，可退出显示状态。

【代码存盘】：在驱动器中插入数据盘，光标点取"代码存盘"，在"文件名输入框"中输入文件名，回车完成代码存盘（此处存盘保存的是代码程序，可在 YH 控制系统中读入调用）。

【三维造型】：光标点取"三维造型"，屏幕上出现工件厚度输入框，提示用户输入工件的实际厚度。输入厚度数据后，屏幕上显示出图形的三维造型，同时显示 X-Y 面为基准面（红色）的加工长度和加工面积，以利用户计算费用。光标回到工具包中轻点命令键，退回菜单中。

【送控制台】：光标选择此功能时，系统自动把当前编好的程序送入"YH 控制系统"中，进行控制操作。同时编程系统自动把图形"挂起"保存。若控制系统正处于加工或模拟状态时，将出现提示"控制台忙"，禁止代码送入。

【退出】：退出编程状态。

至此，一个完整的工件编程过程结束，即可进行实际加工。光标点取屏幕左上角的【YH】对话框切换标志，系统在屏幕左下角弹出一对话框，显示控制台当前的坐标值和当前代码段号。该对话框的右下方有一标记【CON】，若用光标点取该【CON】，即返回控制屏幕，同时把 YH 编程屏幕上的图形"挂起保存"。若点取该弹出对话框左上角的【－】标记，将关闭该对话框。

拓展探究

1. 熟悉电加工参数对工件质量的影响。

2. 总结 YH 软件的作图技巧。

3. 如何进行 YH 绘图命令的检索。

巩固练习

1. YH 软件常用的下接命令有哪几大类?
2. 如何打开 AutoCAD 绘制的文件?
3. 绘制一个半径为 30mm 的圆,并取文件名为 BY30。

2.2 YH 软件图表命令及其使用

任务描述

该任务主要描述综合运用 YH 绘图命令,进行图形绘制及修改编辑。

相关知识点

(1) 图表命令认识

图表命令包括: ⟲绘制椭圆命令; ⟩(绘制双曲线命令; ⌒绘制摆线命令; 绘制列表曲线命令; 绘制齿轮命令; 绘制线线或切圆命令; 绘制抛物线命令; 绘制渐开线命令; 绘制螺旋线命令; f(x)绘制任意方程曲线命令; Ⓡ切线、切圆命令; ?查询命令。

(2) 系统的全部图标命令介绍

1) 切线、切圆输入

将光标移到切线/圆图标,点击命令键,该图标成深色,即进入切线/圆状态。在该图标状态下可以输入公切线和各种切圆。切圆的种类有过两点、过一点且与一线(圆)相切、两线(圆)相切、三点圆等二切圆和三切圆。

① 二圆公切线 将光标移到任一圆的任意位置上,待光标呈手指形时,按下命令键(不能放),再移动光标至另一圆周上,光标呈手指形后释放。在两圆之间出现一条深色连线,再将光标(已呈"田"形)移至该连线上,光标变成手指形时轻点命令键(一按就放),即完成公切线输入。生成的公切线与所画的连线相似(由于二个圆共可生成四条不同的公切线,所以连线的位置应当与实际需要的切线相似,系统就可准确地生成所需的公切线)。

② 点圆切线 将光标移到与所需切线相连的点上,光标呈"X"形时按下命令键(不能放)。再移动光标至圆周上的任意处,至光标变成手指形后释放。在相连的点和圆之间出现一条深色线,再将光标(已成"田"形)移至该连线上,光标变成手指形时轻点命令键就完成了点圆切线输入。

③ 二切圆 首先在相切的两个元素(线-线、圆-圆、线-圆、点-线、点-圆、点-点)间作一条连线。光标移到第一个元素上,光标成手指形(线或圆上)或"X"形(点上)时,按下命令键(不能释放),再移动光标到第二个元素上(以光标变形为准)后,释放命令键。在相切的两个元素间,出现深色连线。将"田"形光标移至该连线上(光标变成手指形),按下命令键并移动光标(注意:命令键不能释放)。屏幕上将画出切圆,并弹出能显示半径变化

值的参数对话框；当半径跳到需要的值时释放命令键，这就完成了切圆输入。用光标点取半径数据框，可用键盘直接输入半径值（注：圆心修改无效，它由半径确定后自动计算得到）。

④ 外包二切圆 首先在相切的两个元素间作一条连线（方法同上节）。然后，将光标移入欲包入的圆内，轻点命令键，该圆内出现一个红色小圈，表示该圆将在生成的切圆内部。将光标移到出现的深色连线上，按下命令键后再移动光标，直至所需的半径后释放。若半径数据不对，可用键盘直接输入（方法同上）。

⑤ 三切圆 首先按二切圆输入，移动光标时该切圆随着变动（半径增大或减少），在变化的切圆接近第三个元素（线或圆）时，该切圆变红色。此时释放命令键，系统自动计算并生成三切圆。若无法生成三切圆，系统会提示。

⑥ 外包三切圆 在作好连线、作二切圆之前，将光标移入需外包的圆内，点取命令键，使之有一红色小圆标志；再将光标移到连线上，光标成手指形后，按下命令键，并移动光标，使生成的切圆接近第三个元素（圆或直线）；待该切圆成红色时，释放命令键，系统自动生成外包三切圆。

若三切圆的三个相切元素都是圆，并且有外包圆时，连线的作法应满足以下要求：假定作连线的两个圆的圆心有一条连心线，应大体判断所要求的三切圆的圆心在该连心线的哪一侧，然后将连线作在该连心线的三切圆圆心侧。

⑦ 三点圆 按二切圆方式在已知的两点间作一连线（光标从"X"形到"X"形），再把光标放在第三点上（光标成"X"形），轻点命令键，三点圆即自动生成。

2）非圆曲线输入

光标点取椭圆、双曲线、抛物线、摆线、螺线、渐开线、齿轮、列表点、函数方程图标时，系统进入非圆曲线输入方式。

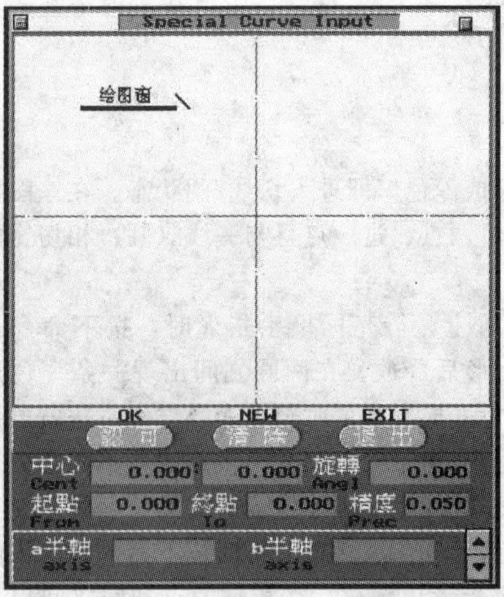

在非圆曲线输入方式下屏幕上将跳出如图2-29所示的非圆曲线参数对话框。

该对话框由四部分组成。

绘图窗：用来显示各种标准化的曲线。

命令按钮：有三个命令按钮：认可、清除、退出。

变换参数对话框：其中，中心坐标为该专用曲线对话框中显示的图形中心返回到主屏幕上的坐标。旋转角度为从专用对话框返回的曲线在主屏幕上的旋转角度（单位：°）。起点、终点为当前输入曲线的起、终点坐标（X-Y或角度）。拟合精度为非圆曲线的拟合精度（单位：mm）。

标准参数对话框：各种特殊曲线的参数输入。

图 2-29 非圆曲线参数对话框

在专用窗的上边有两个方形标志。右边的是放弃按钮，它的功能与圆、直线等曲线输入时参数对话框上的标志相同，表示放弃当前的输入，返回主屏幕。左边的是键盘切换标志，它能选择性地采用鼠标（屏幕）键盘或大键盘输入。

① 非圆曲线的偏移量 有些工件要求其特殊曲线有一个偏移量。在特殊曲线的参数输入认可后，可以在屏幕上弹出的偏移量提示下，用键盘输入。

偏移量的符号根据工件形状确定，偏向曲线中心方向为"一"反之取"＋"。若无须偏移，直接按回车键即可。

②　椭圆输入　在椭圆图标状态下，屏幕弹出椭圆输入窗。光标移至 a 半轴边的深色框上轻点命令键，框内出现一条黑线，同时弹出小键盘。用光标把 a 半轴参数输入（也可直接用大键盘输入，以下同），再输入 b 半轴参数。屏幕上显示相应的椭圆图形，按【认可】确认，即在绘图窗内画出标准椭圆图形。根据实际图纸尺寸，可以设置对应的中心和旋转角度。中心是指椭圆中心在实际图纸上的坐标值；旋转是指椭圆在实际图纸上的旋转角度。

该专用参数对话框上的其他参数对椭圆无效。参数设置完成后，按【退出】钮，返回主对话框，若要撤销本次输入，可用光标点取放弃按钮。

③　抛物线输入　抛物线采用标准方程 $Y=K\sqrt{X}$，并且只取第一象限的图形。在标准参数对话框口输入的系数 K 为折算成标准方程后的系数。

起点、终点为自变量 X 的取值区间（单位：mm）。按【认可】，得第一象限图形。若图形无误，设定中心及旋转角度后，按【退出】钮返回主屏幕。

④　双曲线输入　双曲线输入对话框下键入 a、b 半轴系数。起、终点输入自变量 X 的区间（X 必须 $\geqslant a$ 半轴）。图形取第一象限部分。参数输入后按【认可】，若对话框中显示的图形无误，设定中心及旋转角度后，以【退出】返回主屏。

⑤　渐开线输入　在标准参数对话框口下，输入基圆半径（渐开线的生成圆半径），起、终点为角度值。参数输入后按【认可】，若图形无误，设定中心及旋转角度后，以【退出】返回主屏。

⑥　摆线输入　标准参数对话框口下，输入动圆、基圆半径（内摆线时，动圆半径取负值，普通摆线基圆半径取 0 值）、系数（系数大于 1 为长幅，小于 1 为短幅摆线），起、终点为角度值。按【认可】，若图形无误，设定中心及旋转角度后，以【退出】返回主屏。

注：摆线的方程及参数的意义可参见数学手册。

⑦　螺线输入　标准参数对话框口下输入以下参数。

顶升系数：（起点极径-终点极径）/（起点角-终点角）。

始角：起始角度。

始径：起始极径。起、终点为角度取值范围。参数输入后按【认可】，若图形无误，设定中心及旋转角度后，以【退出】返回主屏。

⑧　列表曲线　进入列表曲线状态前，应在驱动器中放入数据盘，系统能自动将键入的数据点存盘保护。

标准参数对话框上共有四个可控制输入部分。第一框为坐标轴系选择，用光标轻点该框，可交替地选取 XY 坐标或极坐极。在 X-Y 坐标系下，输入 X-Y 值。在极坐极轴系下，输入极径 r 和极角 a。点号部分，可用来选择对某个特定数据进行输入、修改（例如修改第 102 个坐标点）。参数对话框右边的两个上下三角按钮可以控制输入（编辑）点号的递增和递减。起、终点分别为列表曲线起、终点处的方向角（一般可取 0，由系统自动计算得到）。按【认可】，在随之弹出的拟合方式选择中，选取"圆弧"或"直线"，绘图对话框即出现拟合曲线。若图形无误，设定中心及旋转角度后，以【退出】返回主屏。

列表曲线有自动记忆功能，对输入的点自动存盘。这样对点数很多的列表曲线，可以先按次序输入前面一部分的点，然后【认可】、【拟合】、【退出】，系统自动存盘。开机重新进入，把前次存盘的软盘插入，进入列表曲线参数对话框，窗内显示前次输入的点。依次输入后面部分的点（如第一次输入到 105 点，第二次光标直接轻点序号框，输入 106，然后依次输入余下的数据），以完成整个列表曲线。

输入新的图形时，先按【清除】钮，把点清除，再依次输入新的点。

⑨ 任意方程输入　参数框中可以输入任意数值表达式（必须符合计算机语言的一般语法规则，乘法用"*"，除法用"/"，幂用"^"等）。常用的数学函数有：sin，cos，tan（tg），atan（tg^{-1}），log（ln），Exp（ex），sqrt（$\sqrt{}$）等。

直角坐标方程，自变量用 x 表示；极坐标方程，用 t；参数方程用 t；xy 联立参数方程式用";"分隔，参数用 t。方程式输入后，应设置相应自变量的区间，然后按【认可】。若图形无误，设定中心及旋转角度后，以【退出】返回主屏。

例如：以参数方式输入椭圆，a 半轴＝20，b 半轴＝10，取第一象限部分。用光标点取参数输入框，出现黑色底线后，用键盘输入：20 * SIN（3.1416/180 * T）；10 * COS（3.1416/180 * T）（回车），然后输入：起点 0，终点 90，输入完成后，点取【认可】按钮。

⑩ 齿轮输入　在参数对话框下，输入模数、齿数、压力角、变位系数。【认可】后，对话框中出现基圆半径、齿顶圆半径、齿根圆半径、渐开线起始角、径向距等参数，其中除基圆外都可修改。修改方法：光标点取该数据，出现一条横线，输入所需的数据。按【认可】钮后，对话框生成单齿，并询问齿数。选取生成齿轮的实际齿数后（系统生成的第一个齿在 Y 轴正方向上，余下的齿以逆时针方向旋转生成），设定中心及旋转角度，再以【退出】返回主屏。

3）过渡圆输入

将光标移至两线段交点处（光标成"X"形），按下命令键（不能释放），再拉出光标后（任意两线段的交点处可以生成四个不同的过渡圆，为明确起见，可将其分成四个区域，只要将光标从所需圆弧的区域拉出，就能生成满足要求的过渡圆弧）释放命令键。屏幕上提示"R＝"，用键盘键入需要的 R 值系统随即绘出指定的过渡圆弧。过渡圆的半径超出该相交线段中任一线段的有效范围时，过渡圆无法生成。

4）？查询

方法一：在该图标状态下，光标移至线段上（呈手指形）按命令键，将显示该线段的参数（此时可对该线段数据进行修改）。移到交点处（成"X"形）显示交点的坐标，及与该交点相关连的线号。

以【认可】钮退出，按【撤消】钮时，将删除整个线段。

方法二：将光标移入键盘命令框，在弹出的数据框中，直接键入需查询的线段号，该线段会变红色。此功能可用于查找线段。注意：系统在各种曲线的参数对话框口内一般显示 7位有效数字，若希望观察其 7 位以上的精度，可将光标移至对应的数据框内，按调整键（鼠标右按钮），系统将以 10 位有效数字显示。

（3）菜单认识及功能介绍

1）编辑按钮

① 镜像　根据菜单选择，可将屏幕图形关于水平轴、垂直轴、原点或任意直线做对称复制。

指定线段的对称处理：光标点取需对称处理的线段（光标成手指形）。

指定图段的对称处理：光标点取需对称处理的图段（光标成"X"形）。

全部图形的对称处理：光标在屏幕空白区时，点取命令键。

任意直线作镜像线的方法：在屏幕右上角出现"镜像线"提示时，将光标移到作为镜像的直线上（光标成手形），点击命令键，系统自动做出关于该直线的镜像。

② 旋转　在该菜单下，可作图段自身旋转、线段自身旋转、图段复制旋转、线段复制旋转。

注意：图段表示相连的线段。

方法：进入旋转方式后，屏幕右上角显示"旋转中心"，提示选择图形的旋转中心。用光标选定旋转中心位置后，点击命令键，屏幕右上角提示为"转体"。将光标移至需做旋转处理的图（线）段上（光标成手形），按下命令键（不能释放）并移动鼠标，图段（线）将随光标绕着旋转中心旋转，参数对话框显示当前旋转角度，当旋转角度至指定值时释放命令键，处理完成。此时仍可对旋转中心及旋转角度做进一步的修改，确认后【认可】退出，完成一次旋转。屏幕提示"继续"，可进行下一次旋转。如将光标放回工具包，退出旋转方式。

③ 等分　根据需要可对图形（图段或线段）做等角复制、等距复制或非等角复制。

方法：进入等分模块后，屏幕提示选择"等分中心"，用光标选定等分中心位置后，点击命令键，随后屏幕上出现如图 2-30 所示的等分参数对话框。

输入等分数和份数（等分：图形在 360 度范围内的等分数；份数：实际图形的份数），输入后的数据也可修改。按【认可】退出后，屏幕提示"等分体"，将光标移至需等分处理的图（线）段上任意处，光标呈手指形，轻按命令键，系统即自动做等分处理，并显示等分图形。

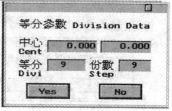

图 2-30　等分参数对话框

等距复制：输入间隔的距离和份数。

非等角复制：屏幕上弹出非等角参数对话框，依次用大键盘输入以逆时针方向的各相对旋转角度后，按【OK】钮，屏幕显示"中心"，用光标输入等分中心，弹出参数对话框后，按【认可】退出。屏幕提示"等分体"，光标移至需等分的图段或线段上任意处，光标呈手指形时轻点命令键，完成复制。

④ 平移　对图形系统的坐标轴或图（线）段做自身（复制）平移处理。

a. 图（线）段平移　进入平移模块后，屏幕提示"平移体"，将光标移至需平移处理的图（线）段上，当光标成手指形后按下命令键并移动鼠标，图形将随其移动，参数对话框内显示当前平移距离，至需要距离时释放命令键，参数对话框内的距离数据可用小键盘再修改。

b. 坐标轴平移　光标呈"+"字箭头，屏幕右上角提示"坐标中心"，将光标移至需要成为坐标中心的坐标点处，轻点命令键，自动完成坐标系的移动。完成一次平移后，屏幕显示"继续"，可继续进行平移；光标放回工具包结束平移方式。

c. 显示图形中心平移　若需要将屏幕上某一位置移动到屏幕中央，可将光标移到该处，再轻点调整键，系统自动将该处移到屏幕中央。

⑤ 近镜　可对图形的局部做放大观察。

方法：光标移至需观察局部的左上角。按下命令键（不能放），然后向右下角拉开，屏幕上将绘出一白色方框，至适当位置后（需放大部分已进入框内），释放命令键，屏幕上即开出一对话框，显示放大的局部图形。屏幕下边比例参数框中显示实际放大比例。用光标选取近镜窗左上角的"撤消"标志，可退出局部放大窗，恢复原图形。

注意：围起的区域越小，放大倍数越大。在近镜窗中可以多次"近镜"放大。

⑥ 工件放大　可对图形的坐标数据缩放处理。根据需要，在弹出的参数对话框内键入合适的缩放系数即可。缩放系数为任意数。

注意：由于对图形交点坐标数据进行缩放处理，得到的图形为非等距缩放。如是关于 X、Y 轴对称的图形，放大处理后基本形状不变。

2）编程按钮

在该模块下对工件图形轮廓做模拟切割。具体使用方法参见前面的实例。

用光标选择编程按钮，取【切割编程】。屏幕左下角出现的工具包图符中可取出丝架状光标，屏幕右上方显示"穿丝孔"，提示用户选择穿孔位置。位置选定后，按下命令键并移动光标（命令键不释放）至切割的首条线段上（移到交点处光标变成"X"形，在线段上为手指形），释放命令键。该点处出现一指示牌"▲"，屏幕上出现如图 2-31 所示的加工参数对话框。

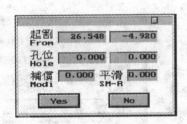

图 2-31　加工参数对话框

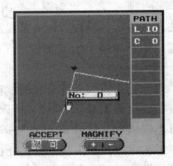

图 2-32　路径选择对话框

此时，可对孔位、起割点、补偿量、平滑（尖角处过渡圆半径）做相应的修改及选择，代码统一为 ISO 格式。按【YES】认可后，参数对话框消失，出现如图 2-32 所示的路径选择对话框。

注意：起割点的选择，具有自动求交功能。例如，起割点选在某一圆周上，将引线连到该圆上（光标成手指形），出现加工参数对话框后，用光标点取起割点坐标的数据框（深色框），根据具体要求，只要输入 X 或 Y 坐标中的一个，另一个值系统会自动求出。

"路径选择对话框"中的红色指示牌处代表起割点，左右线段是工件图形上起割点处的相邻线段，分别在对话框右侧用序号代表（C 表示圆弧，L 表示直线，数字表示该线段作出时的序号：$0\sim n$）。对话框下部的"＋"表示放大钮，"－"表示缩小钮，用光标每点一下就放大或缩小一次。选择路径时，可直接用光标在右边的序号上轻点命令键，使之变为黑色。若无法辨别序号表示哪一线段时，可用光标移到指示牌两端的线段上，光标呈手指形，同时显示该线段的序号，此时轻点命令键，它所对应的线段的序号自动变黑色，表明路径已选定。路径选定后光标轻点【认可】钮，火花图形就沿着所选择的路径进行模拟切割，到终点时，显示"OK"结束。如果工件图形轮廓上有叉道，火花自动停在叉道处，并自动弹出"路径选择对话框"，供人工选择正确的路径，继续选择切割直至出现"OK"。

火花图符走遍全路径后，屏幕右上方出现"加工开关设定对话框"，其中有五项设定：加工方向、锥度设定、旋转跳步、平移跳步和特殊补偿。

加工方向：加工方向设定项有左右两个方向三角形，分别代表逆/顺时针方向切割，红底黄色三角为系统自动判断方向（特别注意：系统自动判断方向一定要和模拟火花走的方向一致，否则得到的程序代码上所加的补偿量正负相反。若系统自动判断方向和火花模拟方向相反，进行锥度切割时，所加锥度的正负方向也相反）。若系统自动判断方向与火花模拟切割的方向相反，可用命令键重新设定：将光标移到正确的方向位（以火花方向为准），点一下命令键，使之成为红底黄色三角。

锥度设定：加工有锥度的工件，要进行锥度设定。光标点取"锥度设定"项的【ON】钮，使之变蓝色，屏幕弹出锥度参数对话框。参数对话框中有斜度、线架、基面三项参数输入框，应分别输入相应的数据。斜度：钼丝的倾斜角度，有正负方向（正角度为上大下小的倒锥，负角度为正锥）。线架：上下导轮中心间的距离，单位为 mm。基面：下导轮中心到工件下平面间的距离。若以工件上平面为基准面，输入的基面数据应该是下导轮中心到工件下平面间的距离再加上工件的厚度。参数输入后按【YES】钮退出。

旋转跳步：光标按"旋转跳步"项的【ON】钮，使之变蓝色，即出现"旋转跳步参数对话框"，其中有"中心"、"等分"、"步数"三项选择。"中心"为旋转中心坐标。"等分"为在 360°平面中的等分数。"步数"表示以逆时针方向取的份数（包括本身一步）。选定后按【YES】退出。

平移跳步：光标点取"平移跳步"项的【ON】钮，使之变蓝色，即出现"平移跳步参数对话框"，其中有"距离"和"步数"两项选择。"距离"：以原图形为中心，平移图形与原图形在 X 轴和 Y 轴间的相对距离（有正负）。"步数"：共有几个相同的图形（包括原图形）。输入参数后，以【YES】退出。

特殊补偿：在该功能下，可对工件轮廓上的任意部分（按切割方向的顺序）设定不同的补偿量（最大不超过 30 种补偿量）。

方法：光标按"特殊补偿"项的【ON】钮，使之变蓝色，可从工具包图符中取出"田"形光标，屏幕右上角出现红色提示"起始段"，把光标移到需要特殊补偿的工件轮廓的首段，光标变手指形，并且出现该段的路径号，点一下命令键；屏幕提示改为"终止段"，再将光标移到相同补偿量的尾段上（光标成手指形），点一下命令键，系统将提示输入该区段的补偿量，键入补偿量后，该特殊补偿段处理完毕。屏幕再次提示"起始段"，用同样的方法可依次处理其他的区段（注意：起始段和结束段可在同一线段上，也可在不同的线段上，但是，终止段的段号必须大于等于起始段的段号，换句话说，必须顺着火花方向顺序设定）。全部区段的补偿量设定完，把光标放回工具包，按命令键退出"特殊补偿"状态。

加工设定完成后，在"加工开关设定对话框"中，有设定的以蓝色【ON】表示，无设定的以灰色【OFF】表示。光标轻点参数对话框右上角的撤销钮，退出参数对话框。屏幕右上角显示红色"丝孔"提示，提示用户可对屏幕中的其他图形再次进行穿孔、切割编程，系统将以跳步模的方式对两个以上的图形进行编程。全部图形编程完成后，将丝架形光标放回屏幕左下角的工具包（用光标轻点工具包图符），即退出编程状态。

退出编程状态后，系统即把生成的输出代码反编译，并且在屏幕上绘出亮白色的线段。若编码无误，两种颜色的线段应重合（或错开一个补偿量或锥度偏出量）。

注意：设有锥度的图形代码反译出两个形状相同而颜色不同的图形，与黄色图形基本重合的是 X-Y 平面的代码图形，另一个是 U-V 平面的代码图形。

编程完成后，进入输出菜单，其中有代码打印、代码显示、代码存盘、三维造型和送控制台等选择。

【代码打印】：通过打印机打印程序代码。

【代码显示】：在弹出的参数对话框中显示生成的 ISO 代码，以便核对。在参数对话框右侧，有两个上下翻页按钮，可用于观察在当前窗内无法显示的代码。光标在两个按钮中间的灰色框上，按下命令键，同时移动光标，可将参数对话框移到屏幕的任意位置上。用光标选取参数对话框左上方的撤销钮，可退出显示状态。

【代码存盘】：在驱动器中插入数据盘，光标点取"代码存盘"，在弹出的"文件"输入框中输入文件名，以回车完成代码存盘。

【三维造型】：光标点取"三维造型"，屏幕上出现工件厚度输入框，提示用户输入工件的实际厚度。输入厚度数据后，屏幕上显示出图形的三维造型轮廓，同时显示以 X-Y 平面为基准面（红色）的加工长度和加工面积，以利用户计算费用。光标回到工具包中轻点命令键，退回菜单。

【送控制台】：光标选择此功能时，系统自动把当前编好程序的图形送入"YH 控制系统"，并转入控制界面。同时编程系统自动把当前屏幕上的图形"挂起"保存。

若控制系统正处于加工或模拟状态时，将出现提示"控制台忙"。

【串行口】：系统将当前编制好的代码，从 RS232 口中送出（可直接送入配置 RS232 口的控制台，如 YHB 单片机控制器）。

【退出】：退出编程状态。

3）四轴合成

光标选择此功能后，出现如图 2-33 所示的四轴合成对话框。对话框中左上角的按钮为撤销钮，对话框中左右各有一个显示窗，左边为 X-Y 轴平面的图形显示窗，右边为 U-V 轴平面的图形显示窗。图形显示窗下方有文件输入框，光标点取此框，弹出"文件选择"窗，用光标选择所需合成的文件名后退出，该文件的图形即显示在对话框中。在每个显示窗下都表明所合成的图形轴面、文件名、代码条数（两图形的代码条数必须相同）。设置线架高度、工件厚度、基面距离、标度。以上参数均以 mm 为单位，应注意工件厚度加上基面距离应小于等于线架高度；一般情况下，标度即为线架高度（对于非

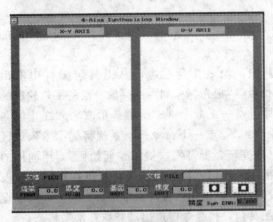

图 2-33　四轴合成对话框

UM 单位步距的机床，标度为偏出量的折算值）。对话框右下角有两个选择图标：内圆外方形表示上下异形合成，内外方形表示上下同形合成（主要用于斜齿轮一类工件的合成），根据需要点取对应的图标后，在 X-Y 轴面窗显示出合成后的图形（注意：屏幕画出的合成图形是上下线架的运动轨迹，该图形与工件的实际形状相差很大，如要观察工件的实际形状，可到控制屏幕，用三维功能描绘）。合成后屏幕弹出输出菜单，可进行存盘、送控制台、打印等操作。

四轴合成编程的必要条件：上下两面的程序条数相同、丝孔坐标相同、补偿量相同、加工走向相同。

例如，X-Y 轴面为圆形，U-V 轴面为五角星形的四轴合成。

首先画出等角五角星（过程略）；然后，对图形进行【切割编程】，设定起割点为 ＋Y 轴

上的顶点，设置丝孔坐标、补偿量和切割方向；编程完成后代码存盘，即完成了U-V面图形的编程。

下面对X-Y平面的圆编程。选择"新图"清理屏幕，画一圆心在坐标原点的圆。由于五角星有10条线段，为能与五角星的每个端点协调，应将圆分成10段。以原点为起点作一条斜角为90°的辅助线（在Y轴上），该辅助线与圆有一交点。对辅助线10等分，得10条辅助线，这些辅助线将圆分成了10段。光标直接选择【切割编程】，起割点选在该圆在+Y轴的交点上（光标成"X"形），丝孔坐标、补偿量、切割方向和五角星保持一致，编程后选择"代码存盘"，再退出编程。

光标选择【编程】—【4-轴合成】，进入合成显示窗。光标在X-Y轴面显示窗下的文件名输入框中轻点命令键，在文件名选择窗中用光标点亮圆的代码文件名，按退出钮即显示圆的代码图形和它的代码条数。同样把五角星显示在U-V轴面的显示窗中，它的代码条数应该与圆的代码数相同。设置线架、厚度、基面、标度后，点取上下异形图标，即自动完成四轴合成。

4) 杂项按钮

① 有效区　可将屏幕上的无效线段快速删去。

方法：光标移到屏幕上有效区域（需保存）的左上角，按下命令键并向右下角移动，待有效区域全部进入该方框时，释放命令键，系统将自动地把框外的线段删去。

② 交点标记/消隐　将屏幕上图形的交点用'＋'号标出，或消隐。每选择一次，交点交替地显示或消隐。

③ 交点数据　显示交点坐标数据和位置。

数据显示时，在弹出的参数对话框右侧，有两个上下翻页按钮，可用于观察在当前窗内无法显示的数据。光标在两个按钮中间位置时，按下命令键，同时移动光标，可将参数对话框移到屏幕的任意位置上。用光标选取参数对话框左上方的撤销钮，可退出显示状态。

④ 点号显示　在屏幕上的交点处，显示对应的点号。点号顺序根据画图得到交点的先后排列。

⑤ 大圆弧设定　设定系统圆弧最大加工半径和拟合精度，圆弧最大加工半径设定后，系统对于超过最大加工圆弧的圆，将在指定的精度内自动用小圆弧拟合。

大圆弧及拟合精度的设定方法：光标点取大圆弧设定窗中的数据框（深色），出现黑色底线后，用键盘输入数据。

⑥ 打印机选择　设置选定打印机的图形打印代码（打印代码无须设置）。

方法：用光标点亮与所使用的打印机相近似的打印机型号，退出选择窗。

5) 英制尺寸图形的编程

如图纸上的图形尺寸标注的是英寸，光标轻点屏幕右上角的"UNIT：METRIC"钮（英制/公制切换钮），"UNIT"转为"INCHES"，按图纸上的尺寸画出图形。图形全部画出后，光标再点取"UNIT"钮，使其复原为"METRIC"，图形自动转换成公制。

任务实施

【例2-1】　绘制如图2-34所示图形。

根据工件图形，先画圆C_1、C_2。由于是定圆，可采用键盘命令输入，在圆图标的状态下，把光标移入键盘命令框。在弹出的输入框中按格式输入：

[0,0]，40（回车）

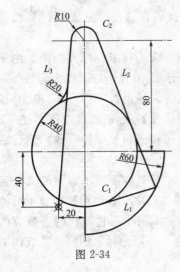

图 2-34

[0,80]，10（回车）

C_1 和 C_2 完成后，作圆 C_2 的切线 L_3 和圆 C_1、C_2 间的公切线 L_2。

选择点图标（光标移入点图标，轻点命令键），将光标移入键盘命令框，键入：

[−20，−40]（回车）

屏幕上作出一点。光标点取切线图标。将光标移到点 [−20，−40] 上，光标呈 "X" 形后，按下命令键（不能放），移动光标，拉出一条蓝色连线至圆 C_2 左侧圆周上，待光标成手指形后，释放命令键；光标成 "田" 字形，再移动光标至该深色连线上，光标成手指形时轻点命令键，即生成切线 L_3。将光标移到圆 C_1 上，按下命令键，再移 C_2 上，生成一条蓝色连线，用光标点取该连线，即完成切线 L_2。

在辅助圆图标状态下作辅助圆，在键盘命令框中，键入：[0,0]，60

屏幕画出该辅助圆。延长直线 L_2，使之与辅助圆相交。方法：在直线图标状态下，光标移至直线 L_2 上，呈手指形时，轻点调整键（鼠标右边钮），L_2 向两边延长，延长的 L_2 与辅助圆得一交点。利用该交点，可作与 C_1 的切线 L_1。

再选择切线图标，光标移到此交点上，按下命令后，光标移到圆 C_2 上再释放命令键。用光标点取作出的深色连线，完成切线 L_1。最后作过渡圆 $R20$。方法：在过渡圆图标状态下，光标移至交点处，呈手指形时，按下命令键（不能放），同时向左上方拉出一条引线后，释放命令键，用弹出的小键盘输入 "20（回车）"，即得过渡圆。

画完后进行清理、剪除（注意：对于复杂图形，要边画边清除。）：光标在清理图标上轻点命令键，移入主屏幕，系统自动清除非闭合线段和辅助圆。然后光标在剪刀形图标上轻点一下，从屏幕左下方出现的工具包中取出剪刀形光标，移至不要的线段上，使它变红，光标呈手指形时，轻点命令键就能剪除。

修剪完成后，可进行切割编程，以下略。

【例 2-2】 绘制如图 2-35 所示图形。

在圆图标状态下，用键盘命令输入框输入圆 C_1、C_2。格式：

[0,0]，50（回车）

[50,0]，6（回车）

用剪刀形光标剪除圆 C_2 在圆 C_1 内的圆弧段。光标回工具包。其他小圆弧有两种方法输入。

方法一：光标选择 "编辑" — "旋转" — "线段复制旋转"，出现工具包，光标呈 "田" 形，屏幕右上角提示 "中心"。光标移至旋转中心（即原点）上轻点命令键确认。屏幕右上角又提示 "转体"，把光标移至圆 C_2 圆弧上，呈手指形，按下命令键（不能放），向上移动光标，光标处出现蓝色圆弧段，同时屏幕上弹出旋转参数对话框（注意 "角度"）。移动光标，使角度值为 "30"，释放命令键。若角度不对可以修改，按【YES】

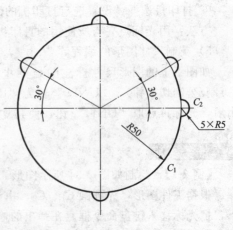

图 2-35

退出。蓝色圆弧成黄色圆弧，完成复制。屏幕右上角又提示"转体"，光标再移至小圆弧 C_2 上，把其余三个圆弧旋转复制。完成后光标回工具包。

方法二：光标选择"编辑"—"等分"—"不等角复制"—"线段"，弹出非等角参数对话框，依次用大键盘输入小圆弧之间的相对角度：30、60、60、120（每个数据应用回车键认可），点击【OK】钮退出。

光标呈"田"形，提示"中心"，光标移至中心位置上轻点一下，出现等分参数对话框，查看参数无误按【YES】退出。提示"等分体"，光标移至小圆弧的任意处，呈手指形时轻点命令键，即完成复制。

修剪清理。取出剪刀形光标，移至圆 C_1 不要的圆弧上，当弧段变红、光标呈手指形时，按调整键，即交替剪去圆 C_1 上的无用圆弧。图形完成。

【例 2-3】 绘制如图 2-36 所示图形。

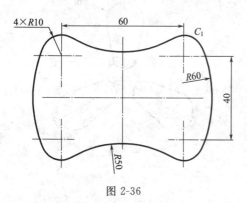

图 2-36

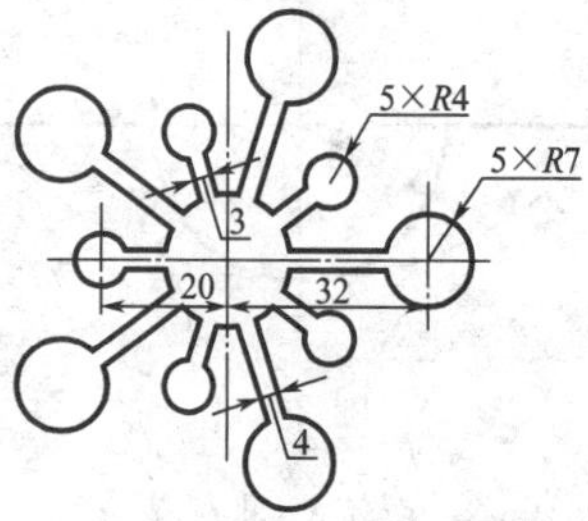

图 2-37

用键盘命令框输入圆 C_1：[30,20]，10（回车）。

光标选择"编辑"—"镜像"—"水平轴镜像"。

光标选择"编辑"—"镜像"—"垂直轴镜像"，得四个小圆。

作外公切圆：在切线切圆状态下，光标移至第二象限圆的右侧圆周上，呈手指形，按下命令键移动光标，拉出一条连线至第一象限的圆的左侧圆周上，也呈手指形，释放命令键。此时光标呈"田"形，移至连线上呈手指形，按下命令键（不能放）向上移动，在弹出的参数对话框中看半径的变化。当半径为"50"时释放命令键，如有错误可修改，【YES】退出，得公切圆。取出剪刀光标把公切圆的上半部剪除。作外包切圆：在切圆状态下，光标在第二、第三象限的小圆间拉条连线，光标呈"田"形。

光标移至两个小圆内各点击一下命令键，打上两个小红圆圈，然后把光标移至连线上呈手指形，按下命令键向右移动，使半径变化至"50"，释放命令键，【YES】退出。

取出剪刀光标把包切圆的右半边剪除。两次镜像把另外两段圆弧对称出来。取出剪刀光标把小圆弧上的无效段剪除。完成图形。

【例 2-4】 绘制如图 2-37 所示图形。

用键盘命令框输入在 X 轴上的三个圆，格式：

[0,0]，10（回车）

[−20,0]，4（回车）

[32,0]，7（回车）

在两圆间拉两条平行于 X 轴的直线：$y=1.5$，$y=2$。

注意：直线的起点、终点在圆内，不要出界，便于非闭合线段的清除。

光标选择"编辑"—"镜像"—"水平轴镜像",得两条直线。用清理功能清除非闭合线段。

光标选择"编辑"—"等分"—"等角复制",光标呈"田"形,点击原点,出现参数对话框,将"等分"和"份数"都设为"5",完成后按【YES】退出。

光标移到等分体上,呈手指形时轻点命令键,得等分图形。

用剪刀光标按调整键交替剪去圆 $R10$ 内的无效圆弧段。完成图形。

【例 2-5】 绘制如图 2-38 所示图形。

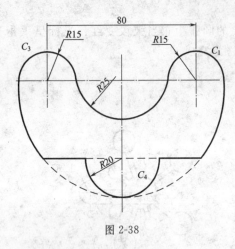

图 2-38

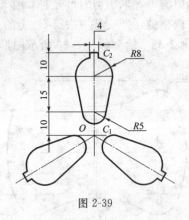

图 2-39

用键盘命令框输入圆 C_1、C_3、C_4。

格式:[40,0],15
　　　[−40,0],15
　　　[0,−40],20

作外三切圆:在切圆状态下,在圆 C_3、C_4 间拉条连线,光标移到连线上按下命令键同时移动光标,使其向圆 C_1 靠近,当切圆变红时释放命令键,即生成三切圆。

作包三切圆:在圆 C_3 与 C_4 的右倾作条连线。然后光标在圆 C_3、C_4 内分别轻点命令键,两圆内出现红圆圈。光标再移到连线上,按下命令键同时移动光标向 C_1 靠近,当和 C_1 的包切圆变红时,释放命令键,生成包三切圆。

作一条 $y=-40$ 的水平直线,清理和剪除即完成图形。

【例 2-6】 绘制如图 2-39 所示图形。

作圆 C_1、C_2。在两圆间作一条公切线。如图形小看不清楚,可改大【比例】放大图形。方法:光标点取【比例】深色框,弹出小键盘后,输入相当的比例值,大小以图形看得清且不出界为宜(【比例】为显示比例,实际图形的大小由输入的尺寸决定)。

在圆 C_2 上拉一条"$x=-2$"的垂直线和"$y=35$"的水平线。光标选择"编辑"—"镜像"—"垂直轴镜像"得对称线。清理剪除完成一个型腔的输入(其余两个形框用跳步模设定的办法)。

光标选择"编程"—"闭合圆段切割",光标成丝架状,定穿孔位,拉出引线、模拟切割,完成编程后光标回工具包。

在弹出的菜单中,选择"跳步模设定",再选"旋转",屏幕弹出跳步模参数对话框。输入:中心(0,0),等分"3",步数"3"。按【YES】退出。光标自动返回菜单,选择"退出"项,跳步模设定完成。

【例 2-7】　绘制如图 2-40 所示图形。

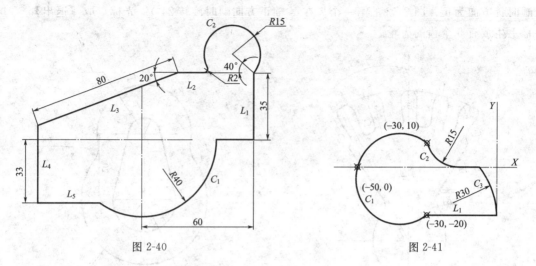

图 2-40　　　　　　　　　　　　图 2-41

首先，输入定圆 C_1：[0，0]，40

然后，在直线图标状态下，在圆 C_1 的右半部作水平线"$y=0$"和垂直线 L_1"$x=60$"。再作水平线 L_2"$y=35$"。直线 L_2 和 C_1、L_1 相交。

光标在 L_2 和 C_1 的交点上呈"X"形，按下命令键作直线 L_3，使斜角为"200"，线程为"80"。过 L_3 的另一端点作垂直线 L_4。随后作水平线 L_5"$Y=-35$"，它与 L_4、C_1 相交。

在 L_2 和 L_1 的交点处作一条辅助线，使斜角为"140"，线程为"15"。这样辅助线的另一端点即为圆 C_2 的圆心，作半径为 15 的圆 C_2。

清理剪除完成图形。

【例 2-8】　绘制如图 2-41 所示图形。

用键盘命令框输入三点：

[-30，10]

[-50，0]

[-30，-20]

作三点圆，方法：在切线状态下，光标在任意两点间拉条连线，光标再移到第三点上轻点命令键，即成三点圆。

以点（-30，-20）为圆心作圆 C_3。

过点（-30，-20）作水平线 L_1：$y=-20$。

再作与 X 轴重合的水平线 $y=0$。

用剪刀光标清除无用线段。

作过点（-30，10）和直线 $y=0$ 相切的切圆 $R=15$。

清理剪除完成图形。

【例 2-9】　绘制如图 2-42 所示图形。

光标选择齿轮图标后移入屏幕中，出现齿轮输入窗。光标点取模数深色框，键入模数"1"、齿数"30"、变位系数"0.2"，压力角自动定在 20°（如需要可修改）。光标点取【认可】，对话框显示基圆、齿顶圆和齿根圆半径、径向系数。这些数据除基圆半径外，都可修改（非标齿轮）。修改的方法：用光标点取需修改的参数，待出现底线后，即可键入新的参数。确认后，可按【认可】钮，显示屏上生成单齿，并询问有效齿数，输入齿数"5"。光标再点取旋转框，输入"－24"（系统生成的第一个齿在 Y 轴的正方向上，逆时针方向为正，顺时针方向为负。图 2-42 的第一个齿在 Y 轴正方向顺时旋转 $24°$）。光标点取【退出】。在屏幕上生成有 5 个齿的齿轮。

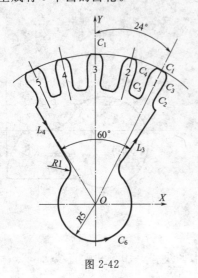

图 2-42

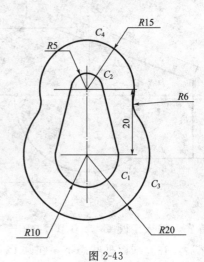

图 2-43

作圆 C_6。再过原点作直线 L_3、L_4，斜角分别为"60"、"120"，过两交点作两过渡圆"$R=1$"。

清理剪除，完成图形。

【例 2-10】 绘制如图 2-43 所示图形。

作内腔：作圆 C_1、C_2，再作两圆公切线，完成后剪除无关线段。

光标选择"文件"—"挂起"，图形消失，在屏幕右上角出现"S"标志，图形已暂时贮存在"S"中。

作外腔：作圆 C_3、C_4，在两圆交点处作过渡圆"$R=6$"，删除多余线段。

光标移至"S"上，轻点命令键，"S"消失，图形内腔回原，即完成图形。

【切割编程】：先在图形内腔内穿孔拉线，切割编程，再把丝架光标移到图形外，穿孔拉线切割编程，完成复合模的编程。

【例 2-11】 绘制如图 2-44 所示图形。

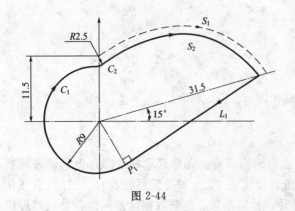

图 2-44

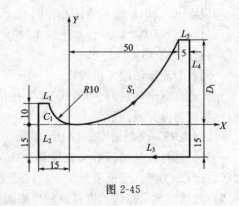

图 2-45

光标轻点螺线图标，光标移入屏幕中，显出螺线输入窗。输入系数"－20/75"，始角"15"，始径"31.5"，起点"15"，终点"90"。按【认可】，屏幕询问偏移量时，输入

"—2.5"（向中心偏移为负）。对话框生成螺线。确认后按【退出】。

输入圆 C_1：[0,0]，9

圆 $R2.5$：[0,11.5]，2.5　从原点拉条辅助线，斜角为"15"，和螺线相交得一交点。从该交点作点到圆 C_1 的切线 L_1。

清理剪除，完成图形。

【例 2-12】　绘制如图 2-45 所示图形。

该工件轮廓曲线 S 为函数方程：$Y=12.5 \times 3.1416 \times (X/50)^{3.521}$

光标轻点 $f(x)$ 图标，光标移入屏幕后，现出函数方程输入窗。光标在曲线方程深色框轻点上下，出现一条黑线，用大键盘输入方程。输入格式：

$12.5 * 3.1416 * (X/50)^3.521$（回车）

输入起点"0"、终点"50"（起点终点为 X 的取值区间）。光标点取【认可】，对话框询问偏移时，输入"0"后按回车。屏幕右上角提示"稍候"，稍候出现曲线，中心和旋转都设为 0，光标直接按【退出】，曲线显示在主屏幕上。

输入圆 C_1：[0,10]，10（回车）

根据图形尺寸分别画出直线 L_1、L_2、L_3、L_4、L_5。

清理剪除，完成图形。

【例 2-13】　绘制图 2-46 所示图形。

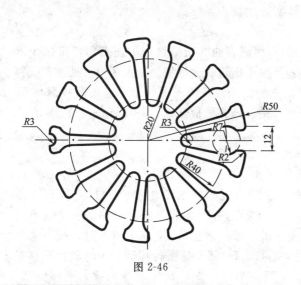

图 2-46

图 2-47

根据图形输入三定圆，格式：

[0，—20]，3

[0，—40]，7

[0，0]，50

在两小圆间拉条公切线。随后，作垂直线"$x=2.5$"，该直线分别与半径为 7 的小圆、$R=50$ 的大圆相交。

光标选择"编辑"—"镜像"—"垂直轴"，得对称线。

清理剪除。

光标选择"编辑"—"等分"—"等角复制"—"图段"，屏幕提示"等分中心"，光标移至原点轻点命令键，屏幕弹出等分参数对话框。在参数对话框中输入等分"13"，份数

"13"。然后按【YES】退出，屏幕提示"等分体"，光标在图形上任意处（光标呈手指形），轻点命令键，即完成等分复制。取出剪刀形光标，移至无效弧段上，使之变红，光标呈手指形，轻点调整键，交替剪去无效弧段。完成图形。

【例 2-14】 绘制 2-47 所示图形。

点取列表曲线图标。光标移入屏幕后，出现列表曲线输入窗（注意：在进入本状态时，系统的数据盘要在可存盘状态下，即在 A 驱动器或 C 盘上）。

光标移至【XY坐标】（灰色框）上轻点命令键，变成【极坐标】方式输入状态。根据图形从起点到终点依次输入极径 r 和极角 α。如用现有的小键盘不方便，可改为大键盘输入。方法：光标移至对话框左上角的键盘切换钮上轻点一下，该钮旋转 90°，小键盘消失，在 a 框内出现一条黑线，此时可用大键盘连续输入数据。每个数据以回车键认可，一个数据输入后，黑线自动跳入下一框。一行数据输入，序号自动加一。全部数据输入后，再输入曲线的起、终点处的方向角（可键入 0）。按【认可】后，屏幕询问拟合方式，选择【圆弧】，稍候出现曲线。光标点取【退出】。

在输入数据点时，如键入错误，可把光标移至对话框右下角的上下三角上，按命令键，系统向前翻或向后翻，直至出错的点号，重新输入正确的 α、r 值。如数据输入的中途要关机，则光标直接按【认可】，任意选择一种拟合方式，再按【退出】，关机。系统能自动记忆输入的点。下一次进入时，插入数据盘，在列表曲线对话框可看到原来的点，顺序输入余下的点。如上次输入到 51 点，下一次进入从 52 点开始输入。

作圆 C_1 和垂直线 L_1：X＝5。

光标选择"编辑""近镜"，移动光标至 L_1 和例表曲线交点区域的左上角，按命令键（不能放），往右下方拉出一框后释放命令键，屏幕上出现放大区域。放大区中可见该曲线和 L_1 不直交。可以延长圆弧，使得与 L_1 相交。方法：光标在圆图标状态下，光标移到和 L_1 最邻近的曲线圆弧上，光标呈手指形时，按调整键，该弧段成全圆，并且与 L_1 相交。

剪刀光标剪除无用段。在交点处作过渡圆 R0.5。

清理，完成图形。

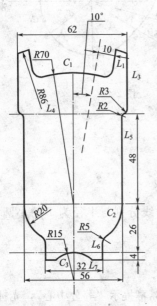

图 2-48

【例 2-15】 绘制如图 2-48 所示图形。

过原点作两条互相垂直的直线 L_1：斜角＝80，线程大于 90；L_2 斜角＝340。光标选择"编辑"—"平移"—"线段自身平移"，光标呈"田"形，移至 L_1 上呈手指形时，按下命令键（不能放）并向右拉，L_1 随光标平行移动，同时跳出平移参数对话框。当平移距离为"20"时，释放命令键，平移完成。屏幕提示"继续"，同样把直线 L_2 向上平移"86"。L_1 和 L_2 相交一点。

以 L_1 和 L_2 的交点为圆心作半径为 8 的辅助圆，得径距为 8 的交点。从该交点处作垂直线 L_3。以原点为圆心，作圆 C_1。用剪刀光标剪除在 C_1 内的 L_1 线段。

在圆 C_1 内作平行线 L_4（Y＝48），使得和 L_3 相交，作垂直线 L_5（X＝28）和 L_4 相交，作水平线 L_7（Y＝－30）和圆 C_1 相交，作垂直线 L_6（X＝16）和 L_7 相交。

作圆 C_3：[0，－41]，15

和圆 C_2：[8，0]，20

清理剪除，作过渡圆。

光标选择"编辑"—"镜像"—"垂直轴"，得对称图形。

清理剪除，完成图形。

【例2-16】　绘制如图2-49所示图形。

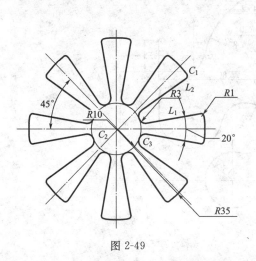

图2-49

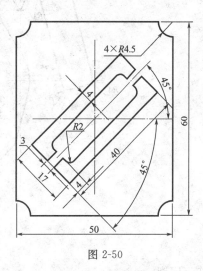

图2-50

作圆 C_1 和辅助圆 C_2。过原点作直线 L_1：斜角为10°；L_2：斜角为35°。

光标选择"编辑"—"近镜"，取出近镜光标，放大"C_3"的区域。在切圆状态下作三切圆 C_3。方法：在辅助圆 C_2 和直线 L_2 间拉条短连线，光标移到该连线上呈手指形，按下命令键移动光标，出现二切圆，把切圆慢慢往直线 L_1 靠。这时会发现切圆怎么也靠不到直线，不是没靠上，就是一下跳出界。这是因为屏幕显示粒度过大造成的问题。屏幕下方的粒度"0.5"，表示以0.5为单位距离变动显示。所以先要把粒度改小，例如0.2，再作三切圆。

改小粒度必须在比例扩大时才能进行，同时要符合公式：

$$比例数×粒度数>1$$

用光标点取粒度框，出现深色底线时，键入新的粒度。重作三切圆，清理剪除。

光标选择"编辑"—"等分"—"等角复制"，中心为原点，等分为8，份数为8，参数输入后，按【YES】退出。光标在等分体的任意处轻点一下，完成复制。

用交替剪的功能剪除圆周上无效的圆弧段。

切割编程，在编程参数中把平滑定为"1"，这样在原图形上就不用加过渡圆"R_1"。

【例2-17】　绘制如图2-50所示图形。

将内图形放正看，按平行于 X 轴、Y 轴方向作出图形。把内图形的两个分体用任一直线段连成一体（该任意线段仅仅用来将两分体"连成"一个图段，以便可利用系统的图段旋转功能），利用图段自身旋转功能，将其旋转45°（如单独旋转两分体中的任一个，该转体会和另一个分体相交）。将连接两分体的线段剪除。

光标选择"文件"→"挂起"，把画好的图暂存"S"中。作外框图形。完成后光标轻点"S"取出内图，两部分合成完成全部图形。在闭合图段切割状态下分三次切割编程。

【例2-18】　绘制如图2-51所示图形。

本图比较复杂，操作不熟练时要按一定方向一步步画，熟练时可先把圆一起作出，再作点、线，连接起即成图形。

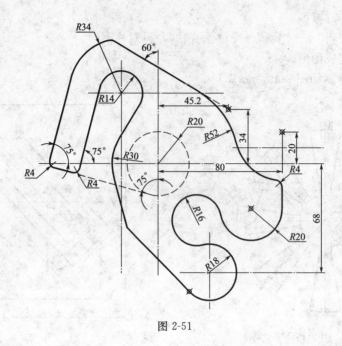

图 2-51

作三定圆：

[0,0]，30

[-24,44]，14

[-24,44]，36

作圆"R14"和"R30"的公切线。

作辅助圆"[0,0]，20"。在屏幕左下方作直线"斜角=165°"，光标选择"编辑"→"平移"→"线段自身平移"，平移该直线使之与辅助圆相切。同样，通过线段自身平移、线段复制平移得两条斜角为75°的直线。

输入点：[-20,-40]

[20,-80]

[33,-68]

输入圆：[60,-28]，20，光标在点[33,-68]上呈"X"形时，按下命令键把光标向点[20,-80]移动，至点[20,-80]上呈"X"时释放命令键成圆。

作点到圆R30、点到圆R14的切线，作切圆R16。

用剪刀光标剪除无用线段。

作垂直线"X=80"。输入点[45.2,36]。以原点为圆心作过点[45.2,36]的圆，方法同圆R。过点[45.2,36]作直线"斜角为150°"。以点[80,20]为圆心，拉圆R和大圆R相切。

清理剪除，作过渡圆，清理完成图形。

拓展探究

1. YH软件相比于其他CAD软件功能不是很强大，但由于其界面简单，占用硬件资源少，在工控机上应用还是比较广泛。

2. 学生要根据不同CAD软件的特点进行绘图，能在不同的CAD软件间进行图档的打开和共享。

 巩固练习

1. 学生独立完成书中例题。

2. 绘制下列图形（图 2-52～图 2-55）并进行线切割编程。

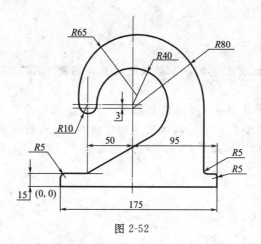

图 2-52

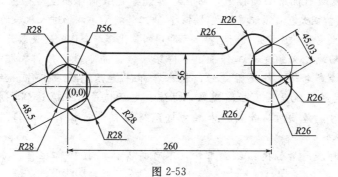

图 2-53

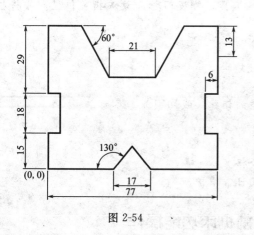

图 2-54

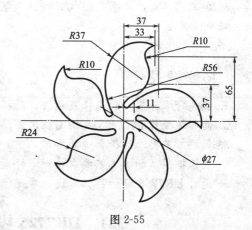

图 2-55

课题三　DK7725 线切割机床编程与操作

学习目的

1. 了解 DK7725 线切割机床的基本结构及功能，利用 DK7725 线切割机床的性能进行零件的加工。

2. 理解 ISO 代码及 3B 指令，并能结合相关的"数控机床的安全文明操作规程"知识进行程序的编写及修改。了解线切割加工工艺，并对加工参数进行设置和修改。

3. 能对 DK7725 线切割机床进行日常的保养及维护，对 DK7725 线切割机床进行简单的排故操作。

安全规范

1. DK7725 线切割机床必须接地，防止电器设备绝缘损坏而发生触电。

2. 训练场地严禁烟火，必须配置灭火器材；防止工作液等导电物进入机床的电器部分，一旦发生因电器短路造成火灾时，应首先切断电源，立即用四氯化碳等合适的灭火器灭火，不准用水灭火。

3. 进入操作场地，必须穿好工作服，不得穿凉鞋、高跟鞋、短裤、裙子进入操作场地。

4. 操作前，检查电气元件是否完好，机床各部件是否能正常工作，丝杠与丝杠螺母连接是否有松动，运丝系统是否有短路现象，电流、电压值是否正常达到要求。

5. 进行操作时，必须听从安排，未经允许不得擅自进行操作，不得进行系统参数的设置，改变加工模式。

6. 机床运行时，严禁触摸钼丝、工件，不可将身体的任何部位伸入加工区域，防止触电或划伤人员。

7. 加工完毕后，必须关闭机床电源，收拾好工具，将废旧物品放入指定位置，并将机床、场地清理干净。

技能要求

1. 能进行零件基准的选择及校正，选择合适的钼丝及线切割加工参数。
2. 能熟练操作 DK7725 线切割机床。
3. 能按工艺要求选择合适的加工工艺。
4. 能根据图纸加工工艺要求检测零件是否合格。
5. 能对 DK7725 线切割机床进行常规保养及日常维护。

3.1　DK7725 线切割机床功能操作

任务描述

该任务主要涉及 DK7725 线切割机功能的基本操作。因此，在操作过程中须掌握线切割机床的开机、关机、程序调用及调试、控制台的手动操作等知识。在进行机床操作时，要严格按照文明操作规则操作机床，在装夹工件时，要注意避免钼丝与工件接触；加工避免钼丝与导时发生干涉加工。

在加工过程中，密切注意加工条件对加工表面及尺寸精度的影响。因此，在加工前了解电加工参数对加工质量起的影响因素，并在加工过程中避免频繁改变参数影响加工质量，获得较高的零件质量。

相关知识点

(1) 数控电火花线切割加工机床的型号示例

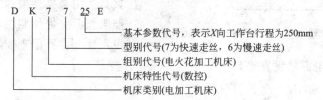

(2) 数控电火花线切割加工机床的基本组成

数控电火花线切割加工机床主要由控制柜（图 3-1）和机床主机（图 3-2）两大部分构成。

图 3-1　快走丝线切割机床控制柜

图 3-2　快走丝线切割机床主机

1）控制柜

控制柜中装有脉冲电源控制系统、伺服控制系统和自动编程系统；能进行电加工参数设置、自动编程和对机床坐标工作台的运动进行数字控制。

2）机床主机

DK7725 线切割机床控制部分主要由 X、Y 轴（有的带 U、V 轴）、床身、工作台、冷却系统、防水罩、夹具、照明光源、丝架、运丝机构、控制盒等部分构成。图 3-3 为快走丝线切割机床主机示意图。

① 床身　用来安装工作台、丝架及运丝机构等部件。

② 坐标工作台　用来安装被加工的工件，其运动分别由两个步进电机控制。

③ 运丝机构　用来控制电极丝与工件之间产生相对运动，由运丝装置、活动导轮、固定导轮、张紧轮等构成。

④ 丝架　与运丝机构一起构成电极丝的运动系统，它的功能主要是对电极丝起支撑作

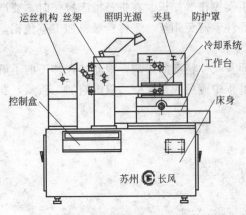

图 3-3 DK7725 线切割机床主机构成图

用。丝架上部装有控制两个方向的步进电机，能使电极丝工作部分与工作台平面保持一定的几何角度，以满足各种工件（如带锥工件）加工的需要。

⑤ 冷却系统　用来提供有一定绝缘性能的工作介质——工作液，同时可对工件和电极丝进行冷却。

⑥ 防水罩　主要防止工作液溅出，并能保护操作者避免与工件、钼丝接触。

⑦ 夹具　用来夹持被加工的工件。

⑧ 照明光源　提供照明光源。

⑨ 控制盒　主要用来控制钼丝的运转、冷却液的开关、脉冲电源的设置等。

(3) 脉冲电源

1）DK7725E 型线切割机床脉冲电源简介

机床电气柜脉冲电源操作面板简介，如图 3-4 所示。

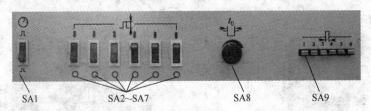

图 3-4　DK7725E 型线切割机床脉冲电源操作面板

SA1—电压幅值选择；SA2～SA7—功率管选择；SA8—脉冲间隔调节；SA9—脉冲宽度选择

2）脉冲电源参数简介

① SA1 幅值电压　幅值电压选择开关 SA1 用于选择空载脉冲电压幅值，开关按至"下部"位置，电压为 75V 左右，按至"上部"位置，则电压为 100V 左右。

② SA2～SA7 功率管调节钮　功率管个数选择开关 SA2～SA7 可控制参加工作的功率管个数，如六个开关均接通，六个功率管同时工作，这时峰值电流最大。如五个开关全部关闭，只有一个功率管工作，此时峰值电流最小。每个开关控制一个功率管。

③ SA8 脉冲间隙　改变脉冲间隔 SA8 调节电位器 RP1 阻值，可改变输出矩形脉冲波形的脉冲间隔 t_0，即能改变加工电流的平均值。电位器旋置最左，脉冲间隔最小，加工电流的平均值最大。

④ SA9 脉冲宽度　脉冲宽度选择开关 SA9 共分六挡，从左边开始往右边分别如下。

第一挡：5μs　　　　第二挡：15μs　　　　第三挡：30μs
第四挡：50μs　　　　第五挡：80μs　　　　第六挡：120μs

(4) DK7725E 型线切割机床电柜控制钮

机床电源控制由电柜电源开关（图 3-5）和主机电源控制开关（图 3-6）分别控制，同时可在电柜电压表（图 3-7）上观察到。各组件功能介绍如下。

① 电压表　电压幅值指示。

② 急停按钮　按下此键，机床运丝、水泵电机全停，脉冲电源输出切断。

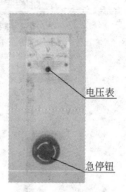

图 3-5　电柜电源开关　　　　图 3-6　主机电源控制开关　　　图 3-7　电柜电压表

③ 电柜电源分离钮　按下此键，电柜电源断开。

④ 电源锁　控制电源闭合及断开按钮的使用。

⑤ 电柜电源闭合钮　按下此键，电柜电源闭合。

⑥ 主机电源分离钮　按下此键，全部电源断开。

⑦ 主机电源闭合钮　按下此键，主机电源闭合。

(5) 主机控制盒

主机控制盒（图 3-8）上各按钮主要对钼丝运转、冷却液开关、脉冲电源形式进行操作

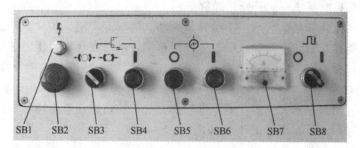

图 3-8　主机控制盒操作面板

控制。各组件功能介绍如下。

① SB1 电源指示灯　提供电源通断信号。

② SB2 急停按钮　按下此键，机床运丝、水泵电机全停，脉冲电源输出切断。

③ SB3 丝筒旋转开关　丝筒旋转打开或关闭。

④ SB4 丝筒电源开关　打开丝筒电源。

⑤ SB5 停止冷却液　关闭冷却液泵。

⑥ SB6 打开冷却液　打开冷却液泵。

⑦ SB7 电流表　显示电流状态。

⑧ SB8 脉冲选择开关　选择波形形式。

(6) 线切割机床控制系统

DK7725E 型线切割机床配有 CNC-10A 自动编程和控制系统，如图 3-9 所示。

1）系统的启动与退出

在计算机桌面上双击 YH 图标，即可进入 CNC-10A 控制系统。按"Ctrl＋Q"退出控

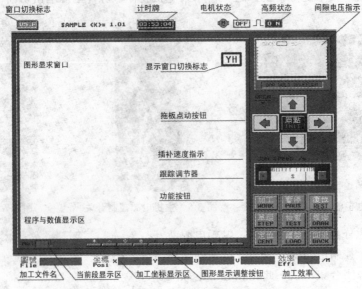

图 3-9　CNC-10A 控制系统主界面

制系统。

2）CNC-10A 控制系统界面示意图

图 3-9 为 CNC-10A 控制系统界面。

3）CNC-10A 控制系统功能及操作详解

本系统所有的操作按钮、状态、图形显示全部在屏幕上实现。各种操作命令均利用鼠标按键完成。鼠标器操作时，可移动鼠标器，使屏幕上显示的箭状光标指向选定的屏幕按钮或位置，然后点击鼠标器左键，即可选择相应的功能。现将各种控制功能介绍如下（参见图3-9）。

［显示窗口］：用来显示加工工件的图形轮廓、加工轨迹或相对坐标、加工代码。

［显示窗口切换标志］：用轨迹球点取该标志（或按"F10"键），可改变显示窗口的内容。系统进入时，首先显示图形，以后每点取一次该标志，依次显示"相对坐标"、"加工代码"、"图形"等，其中相对坐标方式，以大号字体显示当前加工代码的相对坐标。

［间隙电压指示］：显示放电间隙的平均电压波形（也可以设定为指针式电压表方式）。在波形显示方式下，指示器两边各有一条 10 等分线段，空载间隙电压定为 100%（即满幅值），等分线段下端的黄色线段指示间隙短路电压的位置。波形显示的上方有两个指示标志：短路回退标志"BACK"，该标志变红色，表示短路；短路率指示，表示间隙电压在设定短路值以下的百分比。

［电机开关状态］：在电机标志右边有状态指示标志 ON（红色）或 OFF（黄色）。ON状态，表示电机上电锁定（进给）；OFF 状态为电机释放。用光标点取该标志可改变电机状态（或用数字小键盘区的"Home"键）。

［高频开关状态］：在脉冲波形图符右侧有高频电压指示标志。ON（红色）、OFF（黄色）表示高频的开启与关闭；用光标点该标志可改变高频状态（或用数字小键盘区的"PgUp"键）。在高频开启状态下，间隙电压指示将显示电压波形。

［拖板点动按钮］：屏幕右中部有上下左右向四个箭标按钮，可用来控制机床点动运行。若电机为"ON"状态，光标点取这四个按钮可以控制机床按设定参数做 X、Y 或 U、V 方

向点动或定长走步。在电机失电状态"OFF"下，点取移动按钮，仅用作坐标计数。

[原点]：用光标点取该按钮（或按"I"键）进入回原点功能。若电机为 ON 状态，系统将控制拖板和丝架回到加工起点（包括"U-V"坐标），返回时取最短路径；若电机为 OFF 状态，光标返回坐标系原点。

[加工]：工件安装完毕，程序准备就绪后（已模拟无误），可进入加工。用光标点取该按钮（或按"W"键），系统进入自动加工方式。首先自动打开电机和高频，然后进行插补加工。此时应注意屏幕上间隙电压指示器的间隙电压波形（平均波形）和加工电流。若加工电流过小且不稳定，可用光标点取跟踪调节器的'＋'按钮（或"End"键），加强跟踪效果。反之，若频繁地出现短路等跟踪过快现象，可点取跟踪调节器'－'按钮（或"Page Down"键），至加工电流、间隙电压波形、加工速度平稳。在加工状态下，屏幕下方显示当前插补的 X-Y、U-V 绝对坐标值，显示窗口绘出加工工件的插补轨迹。显示窗下方的显示器调节按钮可调整插补图形的大小和位置，或者开启/关闭局部观察窗。点取显示切换标志，可选择图形/相对坐标显示方式。

[暂停]：用光标点取该按钮（或按"P"键或数字小键盘取的"Del"键），系统将终止当前的功能（如加工、单段、控制、定位、回退）。

[复位]：用光标点取该按钮（或按"R"键）将终止当前一切工作，消除数据和图形，关闭高频和电机。

[单段]：用光标点取该按钮（或按"S"键），系统自动打开电机、高频，进入插补工作状态，加工至当前代码段结束时，系统自动关闭高频，停止运行。再按 [单段]，继续进行下段加工。

[检查]：用光标点取该按钮（或按"T"键），系统以插补方式运行一步，若电机处于 ON 状态，机床拖板将做响应的一步动作，在此方式下可检查系统插补及机床的功能是否正常。

[模拟]：模拟检查功能可检验代码及插补的正确性。在电机失电状态下（OFF 状态），系统以每秒 2500 步的速度快速插补，并在屏幕上显示其轨迹及坐标。若在电机锁定状态下（ON 状态），机床空走插补，拖板将随之动作，可检查机床控制联动的精度及正确性。"模拟"操作方法如下。

① 读入加工程序。

② 根据需要选择电机状态后，按 [模拟] 钮（或"D"键），即进入模拟检查状态。

屏幕下方显示当前插补的 X-Y、U-V 坐标值（绝对坐标），若需要观察相对坐标，可用光标点取显示窗右上角的 [显示切换标志]（或"F10"键），系统将以大号字体显示，再点取 [显示切换标志]，将交替地处于图形/相对坐标显示方式，点取显示调节按钮最左边的局部观察钮（或"F1"键），可在显示窗口的左上角打开一局部观察窗，在观察窗内显示放大 10 倍的插补轨迹。若需中止模拟过程，可按 [暂停] 钮。

[定位]：系统可依据机床参数设定，自动定中心及 ±X、±Y 四个端面。

① 选择定位方式的步骤如下。

a. 用光标点取屏幕右中处的参数窗标志 [OPEN]（或按"O"键），屏幕上将弹出参数设定窗，可见其中有 [定位 LOCATION　XOY] 一项。

b. 将光标移至"XOY"处轻点左键，将依次显示为 XOY、XMAX、XMIN、YMAX、YMIN。

c. 选定合适的定位方式后，用光标点取参数设定窗左下角的"CLOSE"标志。

② 定位：光标点取电机状态标志，使其成为"ON"（原为"ON"可省略）。按［定位］钮（或"C"键），系统将根据选定的方式自动进行对中心、定端面的操作。在钼丝遇到工件某一端面时，屏幕会在相应位置显示一条亮线。按［暂停］钮可中止定位操作。

［读盘］：将存有加工代码文件的软盘插入软驱中，用光标点取该按钮（或按"L"键），屏幕将出现磁盘上存储全部代码文件名的数据窗。用光标指向需读取的文件名，轻点左键，该文件名背景变成黄色；然后用光标点取该数据窗左上角的"□"（撤消）钮，系统自动读入选定的代码文件，并快速绘出图形。该数据窗的右边有上下两个三角标志"△"按钮，可用来向前或向后翻页，当代码文件不在第一页中显示时，可用翻页来选择。

［回退］：系统具有自动/手动回退功能。在加工或单段加工中，一旦出现高频短路现象，系统即自动停止插补，若在设定的控制时间内（由机床参数设置），短路达到设定的次数，系统将自动回退。若在设定的控制时间内，短路仍不能消除，系统将自动切断高频，停机。

在系统静止状态（非［加工］或［单段］），按下［回退］钮（或按"B"键），系统做回退运行，回退至当前段结束时，自动停止；若再按该按钮，继续前一段的回退。

［跟踪调节器］：该调节器用来调节跟踪的速度和稳定性，调节器中间红色指针表示调节量的大小；表针向左移动，位跟踪加强（加速）；向右移动，位跟踪减弱（减速）。指针表两侧有两个按钮，"＋"按钮（或"Eed"键）加速，"－"按钮（或"PgDn"键）减速；调节器上方英文字母 JOB SPEED/S 后面的数字量表示加工的瞬时速度。单位为步/s。

［段号显示］：此处显示当前加工的代码段号，也可用光标点取该处，在弹出屏幕小键盘后，键入需要起割的段号（注意：锥度切割时，不能任意设置段号）。

［局部观察窗］：点击该按钮（或"F1"键），可在显示窗口的左上方打开一局部窗口，其中将显示放大 10 倍的当前插补轨迹；再按该按钮时，局部窗关闭。

［图形显示调整按钮］：这六个按钮有双重功能，在图形显示状态时，其功能依次如下。

"＋"或 F2 键：图形放大 1.2 倍。

"－"或 F3 键：图形缩小 0.8 倍。

"←"或 F4 键：图形向左移动 20 单位。

"→"或 F5 键：图形向右移动 20 单位。

"↑"或 F6 键：图形向上移动 20 单位。

"↓"或 F7 键：图形向下移动 20 单位。

［坐标显示］：屏幕下方"坐标"部分显示 X、Y、U、V 的绝对坐标值。

［效率］：此处显示加工的效率，单位为 mm/min；系统每加工完一条代码，即自动统计所用的时间，并求出效率。

［YH 窗口切换］：光标点取该标志或按"ESC"键，系统转换到绘图式编程屏幕。

［图形显示的缩放及移动］：在图形显示窗下有小按钮，从最左边算起分别为对称加工、平移加工、旋转加工和局部放大窗开启/关闭（仅在模拟或加工态下有效），其余依次为放大、缩小、左移、右移、上移、下移，可根据需要选用这些功能，调整在显示窗口中图形的大小及位置。

具体操作可用轨迹球点取相应的按钮，或从局部放大起直接按 F1、F2、F3、F4、F5、F6、F7 键。

［代码的显示、编辑、存盘和倒置］：用光标点取显示窗右上角的［显示切换标志］（或"F10"键），显示窗依次为图形显示、相对坐标显示、代码显示（模拟、加工、单段工作时

不能进入代码显示方式）。

在代码显示状态下用光标点取任一有效代码行，该行即点亮，系统进入编辑状态，显示调节功能钮上的标记符号变成：S、I、D、Q、↑、↓，各键的功能变换成：

S——代码存盘　　　　　　　　I——代码倒置（倒走代码变换）

D——删除当前行（点亮行）　　Q——退出编辑态

↑——向上翻页　　　　　　　　↓——向下翻页

在编辑状态下可对当前点亮行进行输入、删除操作（键盘输入数据）。编辑结束后，按"Q"键退出，返回图形显示状态。

［记时牌功能］：系统在［加工］、［模拟］、［单段］工作时，自动打开"记时牌"。终止插补运行，记时自动停止。用光标点取"记时牌"，或按"O"键可将"记时牌"清零。

［倒切割处理］：读入代码后，点取［显示窗口切换标志］或按"F10"键，直至显示加工代码。用光标在任一行代码处轻点一下，该行点亮。窗口下面的图形显示调整按钮标志转成 S、I、D、Q 等；按"I"钮，系统自动将代码倒置（上下异形件代码无此功能）；按"Q"键退出，窗口返回图形显示。在右上角出现倒走标志"V"，表示代码已倒置，［加工］、［单段］、［模拟］以倒置方式工作。

［断丝处理］：加工遇到断丝时，可按［原点］（或按"I"键）拖板将自动返回原点，锥度丝架也将自动回直（注：断丝后切不可关闭电机，否则即将无法正确返回原点）。若工件加工已将近结束，可将代码倒置后，再行切割（反向切割）。

任务实施

钼丝安装及调整

① 将钼丝盘安装在钼丝支架上，并压紧钼丝盘，如图 3-10 所示。

图 3-10　钼丝盘安装　　　　　　　　　　　图 3-11　丝筒手柄装丝

② 利用手柄或丝筒电机控制，旋转钼丝筒，将钼丝盘内的丝装入丝筒上，如图 3-11 和图 3-12 所示。

③ 钼丝紧丝，如图 3-13 所示。

④ 将丝筒上的丝按如图 3-14 所示位置装入各导轮中。上、下导轮穿丝示意如图 3-15 和图 3-16 所示。

⑤ 调节丝筒的行程，使丝筒上丝能最大利用，如图 3-17 所示。

⑥ 安装并校正标准块。

⑦ 标准块水平校正，如图 3-18 所示。

⑧ 标准块 X 向校正，如图 3-19 所示。

图 3-12　丝筒电机装丝

图 3-13　钼丝紧丝

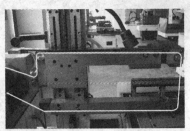

图 3-14　穿丝示意图

图 3-15　上导轮穿丝示意图

图 3-16　下导轮穿丝示意图

左行程调节钮　　　　右行程调节钮

图 3-17　丝筒的行程调节

图 3-18　标准块水平校正

图 3-19　标准块 X 向校正

⑨ 标准块 Y 向校正，如图 3-20 所示。

⑩ 目测钼丝，调节 U-V 轴，使钼丝处于竖直状态，如图 3-21 所示。U-V 轴电机的位置如图 3-22 所示。

图 3-20　标准块 Y 向校正

图 3-21　钼丝竖直度目测

U 轴步进电机旋钮

V 轴步进电机旋钮

图 3-22　U-V 轴电机位置

⑪ 钼丝 X-U 轴垂直调整。调节 U 轴步进电机，使钼丝与工件右表面均匀放电，如图 3-23 所示。

⑫ 钼丝 Y-V 轴垂直调整。调节 V 轴步进电机，使钼丝与工件前表面均匀放电，如图 3-24所示。

图 3-23 钼丝 X-U 轴垂直调整

图 3-24 钼丝 Y-V 轴垂直调整

 实训评估 （表 3-1）

表 3-1 钼丝安装及校正实训评分表

姓名					总得分		
项目	序号	技术要求	配分	评分要求及标准	检测记录	得分
丝筒上丝(20%)	1	上丝正确(不断丝、不压丝)	10	不正确全扣		
	2	操作熟练	10	不熟练酌扣		
穿丝(40%)	3	钼丝装入导轮中	10	不正确全扣		
	4	丝筒行程调整	20	不正确全扣		
	5	紧丝	10	不正确全扣		
钼丝校正(30%)	6	标准块安装	10	不正确全扣		
	7	钼丝垂直度校正	20	不正确全扣		
	8	安全及文明操作	10	酌扣		

拓展探究

线切割快走丝机床在加工过程中，钼丝的质量及钼丝的松紧程度对加工质量起主要的影响作用，特别是钼丝的松紧程度对钼丝的断丝影响非常大，故在加工前对钼丝的调整要特别注意。

巩固练习

1. 解释 DK7725E 型线切割机床脉冲电源操作面板控制钮的作用。
2. 解释 CNC-10A 控制系统主界面各按钮的作用。
3. 进行 DK7725E 型线切割机床丝筒上丝及钼丝校正。

3.2 线切割快走丝切割工艺基础

任务描述

本课题主要描述线切割快走丝机床的加工特点及加工范畴。

相关知识点

(1) 快走丝线切割机床工作原理及特点

其工作原理是利用工具电极对工件进行脉冲放电时产生的电腐蚀现象来进行加工。电火花线切割加工不需要制作成形电极，而是用运动着的金属丝作电极，利用电极丝和工件的相对运动切割出各种形状的工件，若使电极丝相对于工件进行有规律的倾斜运动，还可以切割出带锥度的工件。

与成形机比较，电火花线切割机的特点如下。

① 不需要制造成形电极，工件材料的预加工量小。

② 能方便地加工出复杂形状的工件、小孔、窄缝等。

③ 脉冲电源的加工电流小，脉冲宽度较窄，属中、精加工范畴，一般采用负极性加工，即脉冲电源的正极接工件，负极接电极丝。

④ 由于电极丝是运动着的长金属丝，单位长度电极损耗较小，所以对切割面积不大的工件，因电极损耗带来的误差较小。

⑤ 只对工件进行平面轮廓加工，故材料的蚀除量小，余料还可利用。

⑥ 工作液选用乳化液，而不是煤油，成本低又安全。

(2) 常用材料及热处理和其切割性能

1) 碳素工具钢

常用牌号有 T7、T8、T10A、T12A。特点是淬火硬度高，淬火后表面约为 HRC62，有一定的耐磨性，成本较低。但其淬透性较差，淬火变形大，因而在线切割加工前要经热处理预加工，以消除内应力。碳素工具钢以 T10 应用最广泛，一般用于制造尺寸不大、形状简单、受轻负荷的冷冲模零件。

碳素工具钢由于含碳量高，加之淬火后切割中易变形，其切割性能不是很好，切割进度较之合金工具钢稍慢，切割表面偏黑，切割表面的均匀性较差，易出现短路条纹。如热处理不当，加工中会出现开裂。

2) 合金工具钢

① 低合金工具钢　常用牌号有 9Mn2V、MnCrWV、CrWMn、9CrWMn、GCr15。其特点是淬透性、耐磨性、淬火变形均比碳素工具钢好。CrWMn 钢为典型的低合金钢，除了其韧性稍差外，基本具备了低合金工具钢的优点。低合金工具钢常用来制造形状复杂、变形要求小的各种中、小型冲模、型腔模的型腔、型芯。

低合金工具钢有良好的切割加工性能，其加工速度、表面质量均较好。

② 高合金工具钢　常用牌号有 Cr12、Cr12MoV、Cr4W2MoV、W18Cr4V 等。其特点是具有高的淬透性、耐磨性、热处理变形小，能承受较大的冲击负荷。Cr12、Cr12MoV 广泛用于制造承载大、冲次多、工件形状复杂的模具。Cr4W2MoV、W18Cr4V 用于制造形状复杂的冷冲、冷挤模。

高合金工具钢具有良好的线切割加工性能，加工速度高，加工表面光亮、均匀，有较小的表面粗糙度。

3) 优质碳素结构钢

常用牌号 20 钢、45 钢。其中 20 钢经表面渗碳淬火，可获得较高的表面硬度和芯部的韧性。适用于冷挤法制造形状复杂的型腔模。45 钢具有较高的强度，经调质处理有较好的综合力学性能，可进行表面或整体淬火以提高硬度，常用于制造塑料模和压铸模。

碳素结构钢的线切割性能一般，淬火件的切割性能较未淬火件好，加工速度较合金工具钢稍慢，表面粗糙度较差。

4）硬质合金

常用硬质合金有 YG 和 YT 两类。其硬度高，结构稳定，变形小，常用来制造各种复杂的模具和刀具。

硬质合金线切割加工速度较低，但表面粗糙度好。由于线切割加工时使用水质工作液，其表面会产生显微裂纹的变质层。

5）紫铜

紫铜就是纯铜，具有良好的导电性、导热性、耐腐蚀和塑性。模具制造行业常用紫铜制作电极，这类电极往往形状复杂，精度要求高，需用线切割来加工。

紫铜的线切割加工速度较低，是合金工具钢的 50%～60%，表面粗糙度较大，放电间隙也较大，但其切割稳定性较好。

6）石墨

石墨完全是由碳元素组成的，具有导电性和耐腐蚀性，因而也可制作电极。

石墨的线切割性能很差，效率只有合金工具钢的 20%～30%。其放电间隙小，不易排屑，加工时易短路，属不易加工材料。

7）铝

铝质量轻又具有金属的强度，常用来制作一些结构件，在机械上也可作连接件等。

铝的线切割加工性能良好，切割速度是合金工具钢的 2～3 倍，加工后表面光亮，表面粗糙度一般。铝在高温下表面极易形成不导电的氧化膜，因而线切割加工时放电停歇时间相对要小才能保证高速加工。

（3）工件的装夹、找正

1）快走丝线切割的装夹特点

① 由于快走丝切割的加工作用力小，不像金属切削机床要承受很大的切削力，因而其装夹夹紧力要求不大，有的地方还可用磁力夹具定位。

② 快走丝切割的工作液是靠高速运行的丝带入切缝的，不像慢走丝那样要进行高压冲水，因此对切缝周围的材料余量没有要求，便于装夹。

③ 线切割是一种贯通加工方法，因而工件装夹后被切割区域要悬空于工作台的有效切割区域，因此一般采用悬臂支撑或桥式支撑方式装夹。

2）工件装夹的一般要求

① 工件的定位面要有良好的精度，一般以磨削加工过的面定位为好，棱边倒钝，孔口倒角。

② 切入点要导电，热处理件切入处要去积盐及氧化皮。

③ 热处理件要充分回火去应力，平磨件要充分退磁。

④ 工件装夹的位置应利于工件找正，并应与机床的行程相适应，夹紧螺钉高度要合适，避免干涉到加工过程。上导轮要压得较低。

⑤ 对工件的夹紧力要均匀，不得使工件变形和翘起。

⑥ 批量生产时，最好采用专用夹具，以利提高生产率。

⑦ 加工精度要求较高时，工件装夹后，必须拉表找平行、垂直。

3）常见的工件装夹方法

① 悬臂式支撑　工件直接装夹在台面上或桥式夹具的一个刃口上，如图 3-25 所示。悬臂式支撑通用性强，装夹方便，但容易出现上仰或倾斜，一般只在工件精度要求不高的情况下使用，如果由于加工部位所限只能采用此装夹方法而加工又有垂直要求时，要拉表找正工件上表面。

② 垂直刃口支撑　工件装在具有垂直刃口的夹具上，如图 3-26 所示，此种方法装夹后工件也能悬伸出一角便于加工。装夹精度和稳定性较悬伸式为好，也便于拉表找正，装夹时夹紧点注意对准刃口。

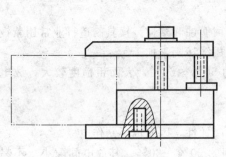

图 3-25　悬臂式支撑

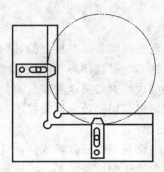

图 3-26　垂直刃口支撑

③ 桥式支撑方式　此种装夹方式是快走线切割最常用的装夹方法，如图 3-27 所示，适用于装夹各类工件，特别是方形工件，装夹后稳定。只要工件上、下表面平行，装夹力均匀，工件表面即能保证与台面平行。桥的侧面也可作定位面使用，拉表找正桥的侧面与工作台 X 方向平行，工件如果有较好的定位侧面，与桥的侧面靠紧即可保证工件与 X 方向平行。

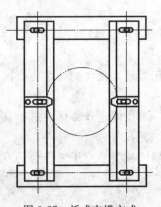

图 3-27　桥式支撑方式

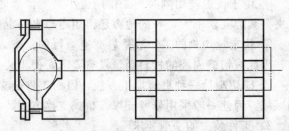

图 3-28　V 形夹具装夹方式

④ V 形夹具装夹方式　此种装夹方式适合于圆形工件的装夹，工件母线要求与端面垂直，如图 3-28 所示。如果切割薄壁零件，注意装夹力要小，以防变形。V 形夹具拉开跨距，为了减小接触面，中间凹下，两端接触，可装夹轴类零件。

⑤ 板式支撑方式　加工某些外周边已无装夹余量或装夹余量很小、中间有孔的零件，可在底面加一托板，用胶粘固或螺栓压紧，使工件与托板连成一体，且保证导电良好，加工时连托板一块切割。如图 3-29 所示。

⑥ 分度夹具装夹

a. 轴向安装的分度夹具，如小孔机上弹簧夹头的切割，要求沿轴向切两个垂直的窄槽，即可采用专用的轴向安装的分度夹具，见图 3-30。分度夹具安装于工作台上，三爪内装一检棒，拉表跟工作台的 X 或 Y 方向找平行，工件安装于三爪上，旋转找正外圆和端面，找中心后切完第一个槽，旋转分度夹具旋钮，转动 $90°$，切另一槽。

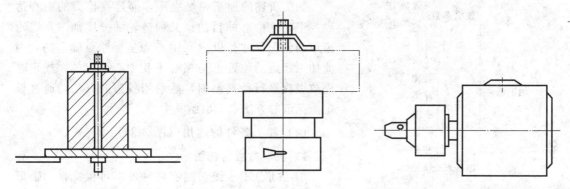

图 3-29　板式支撑方式　　　图 3-30　轴向安装的分度夹具　　　图 3-31　端面安装的分度夹具

b. 如加工中心上链轮的切割，其外圆尺寸已超过工作台行程，不能一次装夹切割，即可采用分齿加工的方法。如图 3-31 所示，工件安装在分度夹具的端面上，通过心轴定位在夹具的锥孔中，一次加工 2~3 齿，通过连续分度完成一个零件的加工。

c. 工件的找正。工件找正的目的是为了保证切割型腔与工件外形或型腔与型腔之间有一个正确的位置关系，与外形的位置关系可通过找外形或找工艺孔的中心来确定，工艺孔在钻床上已精确地加工出，型腔与型腔之间的位置关系是靠定位移动的步距来保证的，但要注意穿丝孔小时位置精度不能太差，以保证移至下一个型腔加工的穿丝位置时能顺利穿丝。找正的实质是为了确定加工起点，而一般情况下型腔与外形或型腔之间的位置参考点就是加工起点，常选在对称中心处。

ⅰ. 找边的方法　如图 3-32 所示，在距工件左端距离为 a、距工件上端为 b 处加工一型腔。找正方法如下：首先用试切放电的方法与工件左边试切放电，记下此时刻度盘的示数，用同样的办法试切放电上边；然后定位移动 $X(a+r)$、$Y(b+r)$；即可确定型腔的位置。

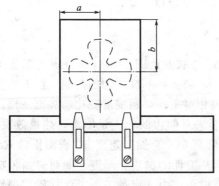　　　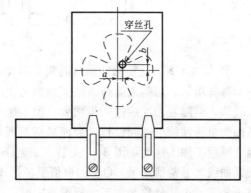

图 3-32　端面找正　　　　　　　　　图 3-33　中心找正

ⅱ. 找中心的方法　要在工件的中心加工如图 3-33 所示的型腔，编程时假定加工起点确定在图示位置。当要求图形位于工件的中间时，加工起点距工件中心就有一个偏移量，按这个偏移量精确地加工出穿丝孔。加工前用自动找中心功能或用上下左右四个方向试切的方法，找出这个孔的中心，就能保证加工出的型腔位于工件的中间。

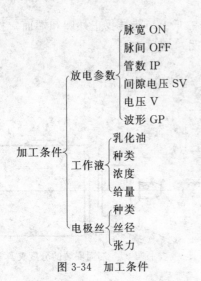

$$
\text{加工条件}
\begin{cases}
\text{放电参数}
\begin{cases}
\text{脉宽 ON} \\
\text{脉间 OFF} \\
\text{管数 IP} \\
\text{间隙电压 SV} \\
\text{电压 V} \\
\text{波形 GP}
\end{cases} \\[2pt]
\text{工作液}
\begin{cases}
\text{乳化油}
\begin{cases}
\text{种类} \\
\text{浓度} \\
\text{给量}
\end{cases}
\end{cases} \\[2pt]
\text{电极丝}
\begin{cases}
\text{种类} \\
\text{丝径} \\
\text{张力}
\end{cases}
\end{cases}
$$

图 3-34　加工条件

ⅲ. 间接找正法　即电极丝不是直接找正工件，而是找正夹具、胎具的位置，间接地保证工件的位置。

如前所述的加工弹簧夹头，通过找检棒的中心达到找正工件中心的目的；又如链轮的分度加工，链轮齿形的编程尺寸是以内孔中心为坐标原点确定的，因此加工起点的位置也是相对于孔中心而定的，找正时先拉表找平行胎具侧面，然后用找边的方法，通过设定坐标值的方法来定出胎具中心。

（4）加工条件的选用（图 3-34）

1）放电参数的选用

① 波形 GP　线切割有两种波形可供选择：矩形波脉冲和分组脉冲。

a. 矩形波：波形如图 3-35 所示，矩形波加工效率高、加工范围广、加工稳定性好，是快走丝线切割常用的加工波形。

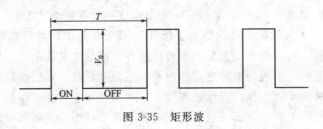

图 3-35　矩形波

b. 分组脉冲：波形如图 3-36，分组波适用于薄工件的加工，精加工较稳定。

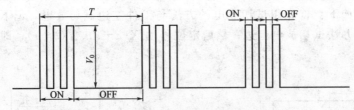

图 3-36　分组脉冲

② 脉宽 ON　设置脉冲放电时间，单位为 μs，最大取值范围 $32\mu s$。在特定的工艺条件下，脉宽增加，切割速度提高，表面粗糙度增大，这个趋势在 ON 增加的初期，加工速度增大较快，但随着 ON 的进一步增大，加工速度的增大相对平缓，粗糙度变化趋势也一样。这是因为单脉冲放电时间过长，会使局部温度升高，形成对侧边的加工量增大，热量散发快，因此减缓了加工速度，图 3-37 是特定工艺条件下，脉宽 ON 与加工速度 η、表面粗糙 Ra 的关系曲线。通常情况下，ON 的取值要考虑工艺指标及工件的材质、厚度。如对表面粗糙度要求较高，工件材质易加工，厚度适中时，ON 取值较小；中、粗加工，工件材质切割性能差，较厚时，ON 取值一般为偏大。

当然，这里只能定性地介绍 ON 的选择趋势和大致取值范围，实际加工时要综合考虑各种影响因素，根据侧重的不同，最终确定合理的值。

③ 脉间 OFF　设置脉冲停歇时间，其值为 $(t_{OFF}+1)\times5\mu s$，最大为 $160\mu s$。在特定的工艺条件下，OFF 减小，切割速度增大，表面粗糙度增大不多。这表明 OFF 对加工速度影

响较大，而对表面粗糙度影响较小。减小 OFF 可以提高加工速度，但是 OFF 不能太小，否则消电离不充分，电蚀产物来不及排除，将使加工变得不稳定，易烧伤工件并断丝。OFF 太大也会导致不能连续进给，使加工也变得不稳定。图 3-38 是特定工艺条件下，脉间 OFF 与加工速度、表面粗糙度的关系曲线。

对于难加工、厚度大、排屑不利的工件，停歇时间应选长些，为脉宽的 5～8 倍比较适宜。OFF 取值则为：（停歇时间/5）－1。对于加工性能好、厚度不大的工件，停歇时间可选脉宽的 3～5 倍。OFF 取值主要考虑加工稳定、防短路及排屑，在满足要求的前提下，通常减小 OFF 以取得较高的加工速度。

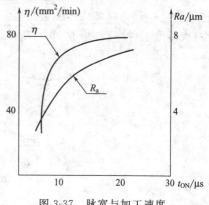

图 3-37　脉宽与加工速度、表面粗糙的关系曲线

④ 功率管数 IP　设置投入放电加工回路的功率管数，以 0.5 为基本设置单位，取值范围为 0.5～9.5。管数的增、减决定脉冲峰值电流的大小，每只管子投入的峰值电流为 5A，电流越大切割速度越高，表面粗糙度增大，放电间隙变大。图 3-39 为特定工艺条件下，峰值电流 i_s 对加工速度和表面粗糙度的影响。

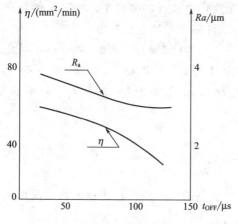

图 3-38　脉间与加工速度、表面粗糙度的关系曲线

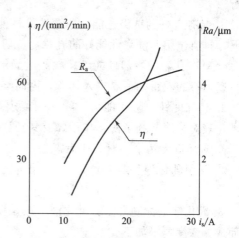

图 3-39　峰值电流对加工速度和表面粗糙度的关系曲线

IP 的选择，一般中厚度精加工为 3～4 只管子；中厚度中加工、大厚度精加工为 5～6 只管子；大厚度中粗加工为 6～9 只管子。

⑤ 间隙电压 SV　用来控制伺服的参数。当放电间隙电压高于设定值时，电极丝进给，低于设定值时，电极丝回退。加工状态的好坏，与 SV 取值密切相关。SV 取值过小，会造成放电间隙小，排屑不畅，易短路。反之，使空载脉冲增多，加工速度下降。SV 取值合适，加工状态最稳定。从电流表上可观察加工状态的好坏，若加工中表针间歇性的回摆则说明 SV 过大；若表针间歇性前摆（向短路电流值处摆动）说明 SV 过小；若表针基本不动说明加工状态稳定。

另外，也可用示波器观察放电极间电压波形来判定状态的好坏，将示波器接工件与电极，调整好同步，可观察到放电波形（图 3-40），若加工波浓，而开路波、短路波弱，则 SV 选取合适；若开路波或短路波浓，则需调整。SV 一般取 02～03，对薄工件一般取 01～02，对大厚度工件一般取 03～04。

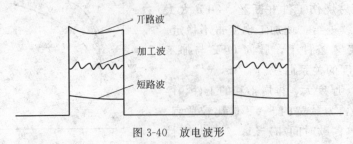

图 3-40　放电波形

⑥ 电压 V　即加工电压值。目前有两种选择：常压选择和低压选择。低压一般在找正时选用，加工时一般都选用常压"0"，因而电压 V 参数一般不需修改。

2）工作液的选用

① 快走丝线切割选用的工作液是乳化液，乳化液具有以下特点。

a. 具有一定的绝缘性能。乳化液水溶液的电阻率约为 $10^4 \sim 10^5 \Omega \cdot cm$，适合于快走丝对放电介质的要求。另外由于快走丝的独特放电机理，乳化液会在放电区域金属材料表面形成绝缘膜，即使乳化液使用一段时间后电阻率下降，也能起到绝缘介质的作用，使放电正常进行。

b. 具有良好的洗涤性能。所谓洗涤性能指乳化液在电极丝的带动下，渗入工件切缝起溶屑、排屑作用。洗涤性能好的乳化液，切割后的工件易取，且表面光亮。

c. 具有良好的冷却性能。高频放电局部温度高，工作液起到了冷却作用，由于乳化液在高速运行的丝带动下易进入切缝，因而整个放电区能得到充分冷却。

d. 具有良好的防锈能力。线切割要求用水基介质，以去离子水作介质，工件易氧化，而乳化液对金属起到了防锈作用，有其独到之处。

e. 对环境无污染，对人体无害。

② 常用乳化液种类：DX-1 型皂化液；502 型皂化液；植物油皂化液；线切割专用皂化液。

③ 乳化液的配制方法：乳化液一般是以体积比配制的，即以一定比例的乳化液加水配制而成，浓度要求如下

a. 加工表面粗糙度和精度要求较高，工件较薄或中厚，配比较浓些，约 8%～15%。

b. 要求切割速度高或大厚度工件，浓度淡些，约 5%～8%，以便于排屑。

c. 用蒸馏水配制乳化液，可提高加工效率和表面粗糙度。对大厚度切割，可适当加入洗涤剂，如白猫洗洁精，以改善排屑性能，提高加工稳定性。

根据加工使用经验，新配制的工作液切割效果并不是最好，在使用 20h 左右时，其切割速度、表面质量最好。

④ 流量的确定：快走丝线切割是靠高速运行的丝把工作液带入切缝的，因此工作液不需多大压力，只要能充分包住电极丝，浇到切割面上即可。

3）电极丝的选用

快走丝线切割的电极丝要反复使用，因此要有一定的韧性、抗拉强度和抗腐蚀能力。

① 可做快走丝电极丝的材料性能如表 3-2 所示。

② 丝的直径及张力选择

a. 常用的丝径有 $\phi 0.12$、$\phi 0.14$、$\phi 0.18$ 和 $\phi 0.2$。

表 3-2　快走丝电极丝的材料性能

材料	适用温度		延伸率/%	抗张力/MPa	熔点 T_m /℃	电阻率 /$(\Omega \cdot m/mm^2)$	备注
	长期	短期					
钨（W）	2000	2500	0	1200～1400	3400	0.0612	较脆
钼（Mo）	2000	2300	30	700	2600	0.0472	较韧
钨钼（$W_{50}Mo$）	2000	2400	15	1000～1100	3000	0.0532	韧性适中

b. 张力是保证加工零件精度的一个重要因素，但受丝径、丝使用时间的长短等要素限制。一般丝在使用初期张力可大些，使用一段时间后，丝已不易伸长。

(5) 影响加工精度的因素

1) 材料内应力变形

材料的内应力一般有热应力、组织应力和体积效应，以热应力影响为主，热应力对工件形状的影响如表 3-3 所示。

表 3-3　热应力对工件形状的影响

零件类别	轴类	扁平类	正方形	套类	薄壁型孔	复杂型腔
理论形状						
热应力作用					$A+$　$B+$	$A-$　$B+$

对于应力变形，一般可采用预加工，如在余料上钻孔、切槽等，热处理件充分回火消应力，采用穿丝并选择合理的加工路径，以限制应力释放，如图 3-41、3-42 所示。

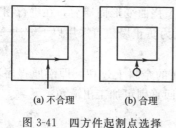 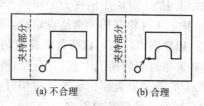

图 3-41　四方件起割点选择　　　　　图 3-42　不规则图形起割点选择

2) 找正精度的影响

① 定位孔精度的影响。定位孔自身的精度及找正此孔的精度都会影响加工精度。如果用穿丝孔作为定位孔，则要保证穿丝孔精度。如图 3-43 所示，定位孔若有 α 的倾斜度，工件厚 H，则找正的中心 O_d 与理论中心 O_D 的误差为：$\Delta = H\tan\alpha/2$，即找中心误差与工件

厚度、倾角的正切成正比。

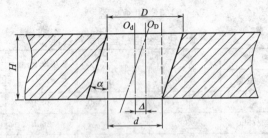

图 3-43　找正示意图

为了减小定位孔自身精度对定位的影响，就要设法减小 H 与 α。在工件厚度不变的情况下，通常采用挖空刀孔以减小 H，如图 3-44 所示，再就是设法提高定位孔的垂直度，对要求较高的定位孔需在坐标镗床上加工。对于多孔位加工，为了保证各孔的位置精度，也需在坐标镗上加工定位孔。

另外，为了提高找正精度，找正面的粗糙度要小，孔口倒角以防产生毛刺。

找中心的方法，第一次找正完后接着再找正 2～3 次，以差值很小为准。由于找正前电极丝不在孔的中心，找正误差较大，多找正几次可减小误差。

② 找正时注意表面要干净，电极丝上不要有残留的工作液，影响找正精度。

③ 对于垂直度有要求的工件加工，电极丝找垂直要精细。首先检查运丝是否抖动，若抖动则应清洗导轮槽，检查导电块是否已磨出深槽，丝与导电块接触是否良好，导轮轴承运转是否灵活，有无轴向窜动。其次要保证找正块与台面接触良好，找正时速度要逐步降低，在找正块的一个位置粗找后，换一个位置再精找。

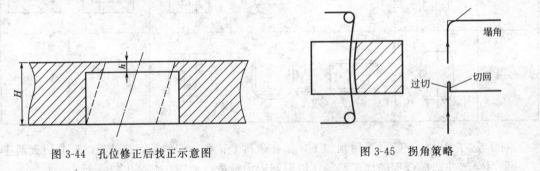

<table>
<tr><td style="text-align:center">图 3-44　孔位修正后找正示意图</td><td style="text-align:center">图 3-45　拐角策略</td></tr>
</table>

3）拐角策略

线切割加工时由于电磁力的作用，电极丝会产生一个挠曲变形而滞后，在进行拐角切割时，会抹去工件轮廓的尖角造成塌角，如图 3-45 所示。为防止塌角可采用以下方法。

① 程序段末延时，以等待电极丝切直。

② 采用过切的加工工艺，进行凸模加工时可在外面的余料上过切，即沿原程序段多切一段距离，再原路返回。在这个过切过程中，电极丝已回直则可加工出清角。

4）运丝系统精度的影响

快走丝线切割运丝系统的状况对工件的表面质量有较大的影响。运丝系统正反向运丝时的张力差，是产生换向条纹、影响表面粗糙度的重要因素，FW 的张力差可保证在 50g 以内。此外，运丝的平稳性（即丝的抖动）、张力的大小都会对加工表面及尺寸精度带来影响。丝抖动反映在切割表面，会呈现两端条纹明显而中间稍好。张力大小会影响工件纵剖面尺寸的一致性。

运丝环节包括丝筒、配重、导轮、导电块，检查维护好这些环节是保证运丝平稳的条件。

张力的大小要根据侧重点确定。张力大则丝绷得直，工件上下一致性好，但丝的损耗大且对导电块、导轮及轴承的磨损也大。电极丝在使用的中后期要适当减小配重，以延长使用寿命。

5）锥度加工时导轮切点的变化对加工尺寸的影响

如图 3-46 所示，锥度切割，由于导轮切点变化，在 X 方向带来 ΔX 约为 0.021mm 的误差，在 Y 方向带来 ΔY 约为 0.04mm 的误差，由于切点方向尺寸误差抵消，而槽向由切点带来的误差累积，则正切一个四方带锥度件会产生如图 3-46 所示的误差。为了减小此误差，可把图形旋转 45°，让 X、Y 轴联动，则此误差可大大减小。

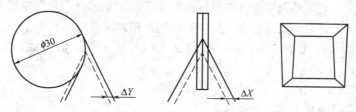

图 3-46　锥度加工时导轮切点的变化对加工尺寸的影响

6）加工条件

加工条件对加工精度也有较大的影响，只要正确选择各项加工条件，就能保证加工精度。

（6）加工经验及加工中注意事项

1）断丝处理

① 断丝后丝筒上剩余丝的处理　若丝断点接近两端，剩余的丝还可利用。先把丝多的一边断头找出并固定，抽掉另一边的丝，然后手摇丝筒让断丝处位于立柱背面过丝槽中心（即配重块上导轮槽中心右边一点），重新穿丝，定好限位，即可继续加工。

② 断丝后原地穿丝　工作液有一层细过滤，因此切缝中不是很黏，可以原地穿丝。原地穿丝时若是新丝，注意用中粗砂纸打磨其头部一段，使其变细变直，以便穿丝。

③ 回穿丝点　若原地穿丝失败，只能回穿丝点，反方向切割对接。由于机床定位误差、工件变形等原因，对接处会有误差。若工件还有后序抛光、锉修工序，而又不希望在工件中间留下接刀痕，可沿原路切割，由于二次放电等因素，已切割面表面会受影响，但尺寸不受多大影响。

2）短路处理

① 排屑不良引起的短路　短路回退太长会引起停机，若不排除短路则无法继续加工。可原地运丝，并向切缝处滴些煤油清洗切缝，一般短路即可排除。但应注意重新启动后，可能会出现不放电进给，这与煤油在工件切割部分形成绝缘膜，改变了间隙状态有关，此时应立即增大 SV 值，等放电正常后再改回正常切割参数。

② 工件应力变形夹丝　热处理变形大或薄件叠加切割时会出现夹丝现象，对热处理变形大的工件，在加工后期快切断前变形会反映出来，此时应提前在切缝中穿入电极丝或与切缝厚度一致的塞尺以防夹丝。薄板叠加切割，应先用螺钉连接紧固，或装夹时多压几点，压紧压平，以防止加工中夹丝。

3）接刀痕的处理

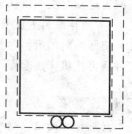

图 3-47　接刀痕的处理

对于凸模加工，切断后的导电性及其位置都是不可靠的，如不加任何处理会在接刀处产生如图 3-47 的接刀痕。为了去掉接刀痕，在工件快切断前必须加以固定，可以端面进行粘接，为确保导电，在端面贴一小铜片后从四周粘接固定，不要在贴合面处涂胶。线切割常用粘接胶为 502，若用导电胶即可不考虑加贴铜片。

4）配合件加工

配合件加工时，放电间隙一定要准确，由于快走丝放电间隙制约因素较多且易变化，因此可在正式加工前试切一方，以确保加工参数合理。

5）跳步模加工

跳步模加工转入下一孔位后，穿丝点不在切割起点，针对此种情况可采用两种方法：第一，根据偏离距离，定位移至穿丝孔中间，简易加工至切割起点，自动模式下光标移至此型腔加工处重新启动，此时绘图可能会不完整，但不影响加工；第二，从下一孔位起点定位到穿丝孔中间后，修改此孔位，G92 设定的起点坐标与屏幕显示值一致，然后从此处重新加工。

6）进刀点的确定

进刀点的确定须遵从下述几条原则。

① 从加工起点至进刀点路径要短，如图 3-48（a）所示。

② 切入点从工艺角度考虑，放在棱边处为好。

③ 切入点应避开有尺寸精度要求的地方，如图 3-48（b）所示。

④ 进刀线应避免与程序第一段、最后一段重合或构成小夹角，如图 3-48（c）所示。

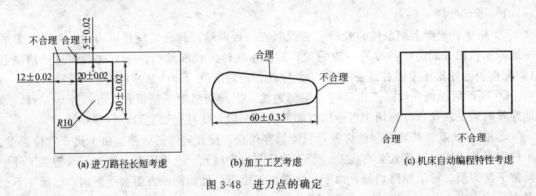

(a) 进刀路径长短考虑　　(b) 加工工艺考虑　　(c) 机床自动编程特性考虑

图 3-48　进刀点的确定

7）锥度加工

对于锥度加工，若切割锥度为机床允许最大值，切割前应空运行，以检查是否撞行程极限，由于更换导轮等原因，丝找垂直后 U、V 轴可能不在行程中间。工件底面与台面不在一平面时，应注意正确设定锥度参数，下导轮至台面应加一个夹具支承厚度，而上导轮至台面应减去这一厚度，以保证锥度加工正确。

8）防止废料卡住下臂

切凹模时的废料，及切凸模时的工件，若切断后易落下，则切断后应暂停，拿掉废料或工件后再让机床回起点，否则可能会卡住下臂。

任务实施

教师加工演示，学生现场观看。

1. 演示并讲解线切割机床的上不同工件的装夹方法。

2. 在加工过程中改变电加工参数，观察电加工参数改变对加工的影响。

3. 演示二维零件及锥度零件加工。

4. 加工完毕，拆下工件，清理机床。

拓展探究

1. 熟悉电加工参数对工件质量的影响。

2. 了解线切割加工工艺对加工的影响。

3. 了解线切割机床加工过程中简易故障的解决办法。

巩固练习

1. 快走丝线切割的特点是什么？

2. 常见的工件装夹方法有哪几种？

3. 满足快走丝切割加工条件有哪些？

4. 线切割工作液的选用有何特点？

3.3　加工实例 1——与工件外轮廓无位置要求的零件加工

任务描述

进行四方零件的切割加工，根据图纸要求加工零件，如图 3-49 所示。

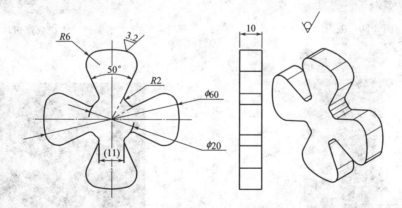

图 3-49　圆弧切割零件图

技术要求：

1. 各加工表面不允许修锉；

2. 各加工尺寸未注公差为 ±0.045mm

相关知识点

1. YH 绘图及自动编程。

2. 电加工补偿参数及电流参数设置。

3. 钼丝安装及调整。

4. 工件安装及校正。

5. YH 线切割机床操作。

任务实施

（1）任务分析

① 由于圆弧轮廓轨迹即为钼丝运动后的加工轨迹。因此，在完成该任务的编程过程中，须采用刀具补偿编程，其补偿值为钼丝半径与单边放电间隙之和。在掌握数控编程规则、常用指令的指令格式等理论知识外，掌握程序编译会给加工带来储多方便。

② 由于该零件的尺寸公差较大，毛坯的变形及应力释放所造成的误差不会太大，故加工过程中采用起割点在毛坯外，直接切割至毛坯，从面加工出零件。

③ 在完成该任务的加工过程中，须掌握数控线切割工艺知识和钼丝安装、机床操作运行等操作技能。

（2）操作步骤

① 打开各急停按钮，如图 3-50、图 3-51 所示。

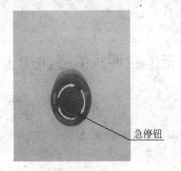

图 3-50　电柜急停钮

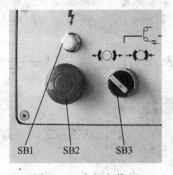

图 3-51　主机急停钮

图 3-52　主机电源开关

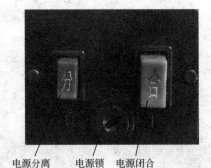

图 3-53　电柜电源开关

② 打开主机电源及电柜电源，将其电源"合"开关按下，如图 3-52、图 3-53 所示。

③ 安装并校正工件装夹精度，如图 3-54 所示。

④ 安装并校正钼丝松紧程度，如图 3-55 所示。

⑤ 根据图纸要求在 YH 绘图软件中，按偏差值为零绘制加工图纸，如图 3-56 所示。

⑥ 选择合适的加工电源参数，根据电源参数设置放电间隙，如图 3-57 所示。

⑦ 在 CNC-10A 控制下模拟加工，如图 3-58 所示。

⑧ 根据要求切割工件，如图 3-59 所示。

⑨ 检验已加工零件，如图 3-60 所示，交件。

(a) 工件安装位置调整 X 轴直线度调整　　　　(b) 工件安装位置调整 Y 轴直线度调整

图 3-54　安装并校正装夹精度

图 3-55　钼丝紧丝

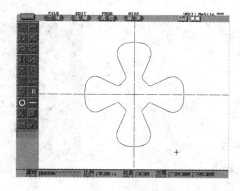

图 3-56　绘制零件图

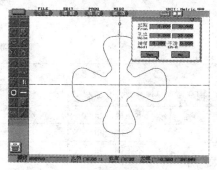

(a) 设置起割参数

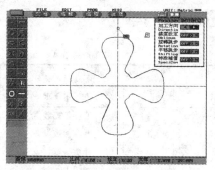

(b) 设置加工方向

图 3-57　根据电源参数设置编程参数

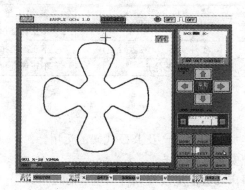

图 3-58　模拟加工

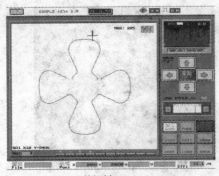

(a) 工件切割

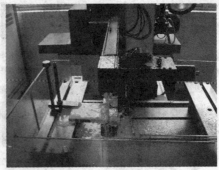

(b) 开始切割

图 3-59　切割工件

图 3-60　零件尺寸检验

实训评估（表 3-4）

表 3-4　圆弧加工操作实训评分表

姓名				总得分		
项目	序号	技术要求	配分	评分要求及标准	检测记录	得分
参数设置(30%)	1	工件正确装夹	10	不正确全扣		
	2	电源参数设置	10	不正确全扣		
	3	补偿参数设置	10	不正确全扣		
尺寸公差(40%)	4	$\phi 60 \pm 0.045$	10	超差全扣		
	5	$\phi 20 \pm 0.045$	10	超差全扣		
	6	$R6 \pm 0.045$	10	超差全扣		
	7	$50° \pm 1'$	10	超差全扣		
工艺安排(30%)	8	工件装夹	10	不正确全扣		
	9	工件变形	10	不正确全扣		
	10	程序停止及工艺停止	10	不正确全扣		

拓展探究

1. 掌握偏移量及锥度加工的含义，及 ISO 代码的运用。

2. 在加工程序中合理安排加工工艺。

3. 根据电极参数及机床参数能更改机床自动生成的程序。

4. 根据零件图选择合适的加工方法，编制程序。

巩固练习

加工如图 3-61、图 3-62 所示凸件。

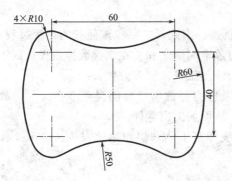

图 3-61　凸件一

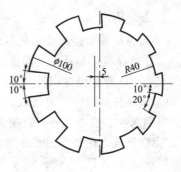

图 3-62　凸件二

技术要求：1. 各加工表面不允许修锉；

　　　　　2. 各加工尺寸未注公差为±0.015mm

3.4　加工实例 2——工件外轮廓有位置要求的零件加工

任务描述

根据图纸要求加工如图 3-63 所示零件。

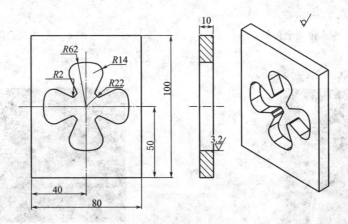

图 3-63　圆弧切割零件图

技术要求：1. 内型腔根据凸件尺寸加工；

　　　　　2. 内型腔与凸件的配合间隙为 0.1mm

相关知识点

1. YH 绘图及自动编程。
2. 电加工补偿参数及电流参数设置。
3. 钼丝安装及调整。

4. 工件安装及校正。

5. YH 线切割机床操作。

任务实施

(1) 任务分析

① 由于圆弧轮廓轨迹即为钼丝运动后的加工轨迹。因此，在完成该任务的编程过程中，须采用刀具补偿编程，其补偿值为钼丝半径与单边放电间隙之和。在掌握数控编程规则、常用指令的指令格式等理论知识外，掌握程序编译会给加工带来储多方便。

② 由于该零件的尺寸公差较大，毛坯的变形及应力释放所造成的误差不会太大，故加工过程中采用起割点在毛坯外，直接切割至毛坯，从面加工出零件。

③ 在完成该任务的加工过程中，须掌握数控线切割工艺知识和钼丝安装、机床操作运行等操作技能。

(2) 操作步骤：

① 打开各急停按钮，如图 3-64、图 3-65 所示。

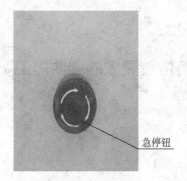

图 3-64　电柜急停钮

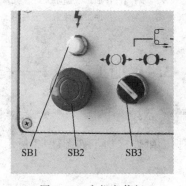

图 3-65　主机急停钮

图 3-66　主机电源开关

图 3-67　电柜电源开关

② 打开主机电源及电柜电源，将其电源"合"开关按下，如图 3-66、图 3-67 所示。

③ 安装并校正工件装夹精度，如图 3-68 所示。

④ 安装并校正钼丝松紧程度，如图 3-69 所示。

⑤ 根据图纸要求在 YH 绘图软件中，按偏差值为零绘制加工图纸，如图 3-70 所示。

⑥ 选择合适的加工电源参数，根据电源参数设置编程参数，如图 3-71 所示。

(a)

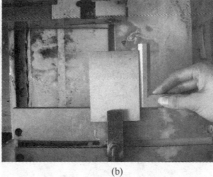

(b)

图 3-68 工件安装检查

图 3-69 钼丝紧丝

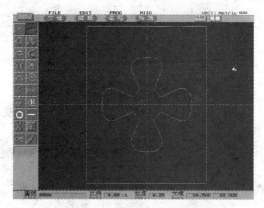

图 3-70 绘制零件加工图

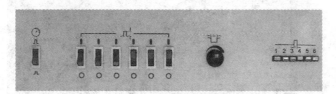

(a) 电流参数调整

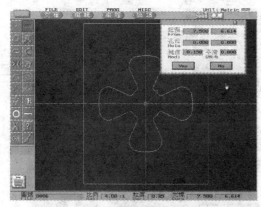

(b) 起割参数设置

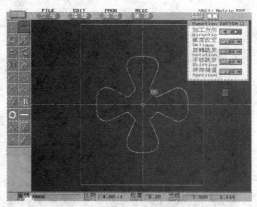

(c) 起割方向设置

图 3-71 根据电源参数设置编程参数

⑦ 在 CNC-10A 控制下模拟切割，如图 3-72 所示。

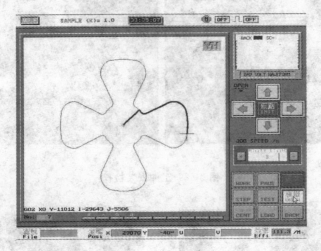

图 3-72　模拟切割

⑧ 根据要求切割工件，如图 3-73 所示。

⑨ 检验已加工零件，如图 3-74 所示，交件。

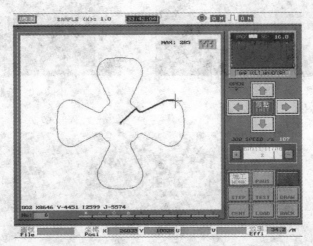

(a) 切割工件

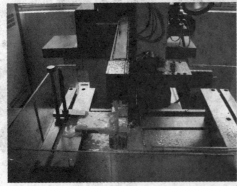

(b) 开始切割

(c) 切割完毕

图 3-73　切割工件

⑩ 凹凸件配合效果图，如图 3-75 所示。

图 3-74　检测工件

(a) 凹凸件比较图　　　　　　　　　　　　　　　(b) 凹凸件配合图

图 3-75　凹凸件配合效果图

实训评估（表 3-5）

表 3-5　圆弧加工操作实训评分表

姓名					总得分		
项目	序号	技术要求	配分	评分要求及标准	检测记录	得分
参数设置(30%)	1	工件正确装夹	10	不正确全扣		
	2	电源参数设置	10	不正确全扣		
	3	补偿参数设置	10	不正确全扣		
尺寸公差(40%)	4	$\phi60\pm0.045$	10	超差全扣		
	5	$\phi20\pm0.045$	10	超差全扣		
	6	$R6\pm0.045$	10	超差全扣		
	7	$50°\pm1'$	10	超差全扣		
工艺安排(30%)	8	工件装夹	10	不正确全扣		
	9	工件变形	10	不正确全扣		
	10	程序停止及工艺停止	10	不正确全扣		

拓展探究

1. 掌握偏移量及锥度加工的含义，及 ISO 代码的运用。

2. 在加工程序中合理安排加工工艺。

3. 根据电极参数及机床参数能更改机床自动生成的程序。

4. 根据零件图选择合适的加工方法，编制程序。

加工如图 3-76、图 3-77 所示零件。

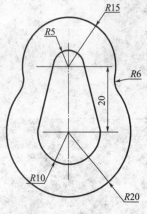

图 3-76 非规则圆环

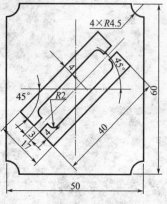

图 3-77 带内孔冲裁件

技术要求：

1. 各加工表面不允许修锉；

2. 各加工尺寸未注公差为 ±0.025mm。

3.5 电切削工应会操作（四级）模拟试卷（线切割方向）

操作技能考核准备通知单（考场）

一、设备材料准备

序 号	设备材料名称	规 格	数 量	备 注
1	板料	80mm×80mm×10mm	1	45#钢
2	线切割机床		1	
3	夹具	线切割专用夹具	1	
4	划线平台	400mm×500mm	1	
5	台钻	Z4012	1	
6	钻夹头	台钻专用	1	
7	钻夹头钥匙	台钻专用	1	
8	切削液	线切割专用	若干	
9	手摇柄	线切割专用	1	
10	紧丝轮	线切割专用	1	
11	铁钩	线切割专用	1	
12	活络扳手		若干	
13	钼丝	φ0.18、φ0.20	若干	
14	其他	线切割机床辅具	若干	

二、场地准备

1. 场地清洁　2. 拉警戒线　3. 机床标号　4. 抽签号码　5. 饮用水

三、其他准备要求

1. 电工、机修工应急保障
2. 工件备料图

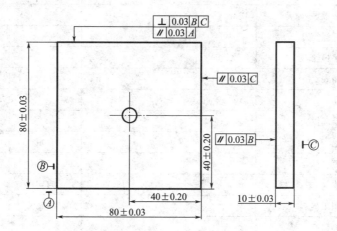

操作技能考核准备通知单（考生）

类别	序号	名　称	规　　格	精度	数量
量具	1	外径千分尺	0～25、25～50、50～75	0.01	各1
	2	游标卡尺	0～150	0.02	1
	3	钢直尺	0～150		1
	4	高度划线尺	0～300	0.02	1
	5	万能角度尺	0～320°	2′	1
	6	刀口角尺	63×100	0级	1
	7	刀口直尺	125	0级	1
	8	塞　尺	0.02～1		1
	9	半径规	R1～R6.5；R7～R14.5；R15～R25		各1
	10	V形铁	90°		1
	11	钟形百分表	0～10	0.01	1
	12	杠杆百分表	0～0.8	0.01	1
刃具	1	平板锉	6″中齿、细齿		若干
	2	什锦锉			若干
	3	钻头	φ3、φ6		若干
	4	剪刀			1
其它工具	1	手锤			1
	2	样冲			1
	3	磁力表座			1
	4	悬臂式夹具			1
	5	划针			1

类别	序号	名 称	规 格	精度	数量
其它工具	6	靠铁			1
	7	蓝油			若干
	8	毛刷	2″		1
	9	活络扳手	12″		1
	10	一字螺丝刀			若干
	11	十字螺丝刀			若干
	12	万用表			1
	13	棉丝			若干
	14	标准圆棒	$\phi6$、$\phi8$、$\phi10$		
编写工艺工具	1	铅笔		自定	自备
	2	钢笔		自定	自备
	3	橡皮		自定	自备
	4	绘图工具		1套	自备
	5	计算器		1	自备

操作技能考核试卷

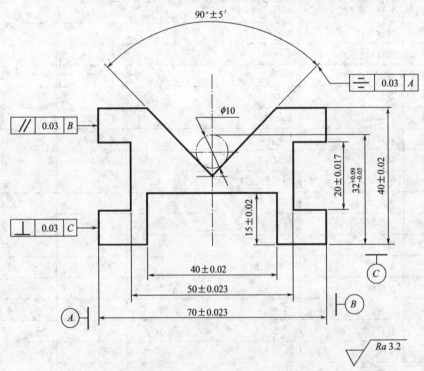

技术要求：1. 各加工棱边不能倒角。

2. 未注公差采用IT8。

3. 各加工表面一次切割成形，不能修整。

考核时间：100分钟

操作技能考核评分记录汇总表

项目	序号	技术要求	配分	评分标准	检测记录	得分
加工质量评估 （80）	1	70±0.023	7	超差全扣		
	2	50±0.023	7	超差全扣		
	3	40±0.02	6×2	超差全扣		
	4	15±0.02	6	超差全扣		
	5	20±0.017	3×2	超差全扣		
	6	$32^{+0.09}_{-0.05}$	8	超差全扣		
	7	90°±5′	8	超差全扣		
	8	⫽ 0.03 B	8	超差全扣		
	9	⊥ 0.03 C	8	超差全扣		
	10	⊥ 0.03 A	10	超差全扣		
	11	工件缺陷	倒扣分	酌情扣分，重大缺陷加工质量评估项目全扣		
程序编制（10）	12	加工点设置符合工艺要求	3	不合理全扣		
	13	电切削参数选择符合工艺要求	2	不合理全扣		
	14	电极材料规格选择正确	2	不合理全扣		
	15	工件装夹找正符合工艺要求	3	不合理每处扣1~3分		
机床调整辅助技能（10）	16	电极丝安装及找正符合规范	3	不符要求每次扣1分		
	17	工件装夹、找正操作熟练	3	不规范每次扣1分		
	18	机床清理、复位及保养	4	不符要求全扣		
文明生产	19	人身、机床、刀具安全	倒扣分	每次倒扣5，重大事故记总分零分		

课题四 TCAD 软件绘图及编程

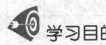 学习目的

通过对 TCAD 软件的学习，达到能应用 TCAD 软件进行图形的绘制，线切割编程参数的设置及借助 TCAD 软件对其他绘图软件制作的图形进行调用。

 技能要求

1. 能应用 TCAD 软件进行零件的绘制及修改。
2. 能在进行线切割编程时，对加工参数进行设置。
3. 能按工艺要求生成正确的线切割加工程序。

4.1 TCAD 界面及绘图命令

任务描述

该任务主要是熟悉 TCAD 软件的操作界面，应用 TCAD 软件中的基本绘图命令进行图形的制作。

相关知识点

(1) CAD 绘图区域

带 F 功能的 TCAD 界面如图 4-1 所示，带下拉菜单的 TCAD 绘图界面如图 4-2 所示。系统进入 CAD 后，当光标到达指定位置时，隐藏的菜单会自动显示出来。屏幕上大致可分为以下八个区域。

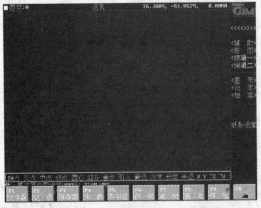

图 4-1 带 F 功能的 TCAD 界面

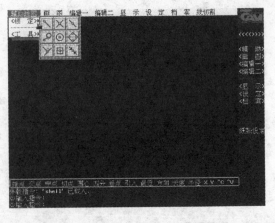

图 4-2 带下拉菜单 TCAD 绘图界面

① 状态区 屏幕上方的一行，显示当前图层号、操作模式、光标位置的坐标等状态。

② 绘图区 屏幕中央最大的区域，用来绘制图形。

③ 指令区 位于屏幕下方，占有三行位置，用来显示指令、提示及执行结果。

④ 屏幕功能区 位于屏幕右边，通过菜单可选择绘制图形所需的各种指令。

⑤ 下拉式菜单区 将光标移到屏幕的最上方，即显示出菜单项目。当选取了某项时，出现下拉菜单。然后可在下拉菜单中选取指令。这个区的内容与屏幕功能区的内容大致相同。

⑥ 锁定功能定义区 位于绘图区的下方，用来定义抓点锁定功能及其他常用的功能，便于绘图时选用。

⑦ 辅助指令区 与屏幕功能区重叠。在选择了某些具有辅助指令的绘图指令后，该区域将显示辅助指令。当选取并执行了某个指令后，屏幕恢复原先的指令表。

⑧ 功能键定义区 将光标移到屏幕最下方时，会显示功能键的定义。用光标选取和直接按 F1～F10 功能键的作用是一样的。

（2）图形文件的管理方法（图 4-3）

1）图档读入，指令：NEW—L

装入文件，屏幕开启一窗口，选择要装入的文件名。原来屏幕上的内容将被清除。

2）图档储存，指令：SAVE

执行指令时，系统开启一窗口，可输入或选取文件名（内定为当前图形文件名）。如文件名重复，则系统提示文件已存在。如选"OK"，则原文件将被覆盖；如选"取消"，此指令无效。

为避免操作不当、断电或其他意外

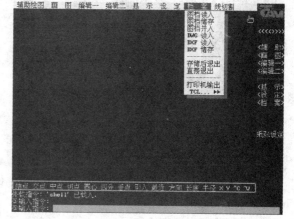

图 4-3 档案下拉菜单

情况破坏已绘的图形，最好隔一段时间就将所绘图形存储一次，以免前功尽弃。

3）图档并入，指令：LOAD

与图档读入指令相似，所不同的是它并不清除屏幕上原有的内容，而是把新内容加到屏幕图形上。这之中会涉及到一些参数和设置，如原文件没有，那么以新并入的文件为准，如原文件已有设定，那么仍按原设定。上述三项指令，其文件扩展名均为 WRK。

4）DXF 读入，指令：DXFIN

装入 DXF 格式的图文件。系统可接受大部分低版本的 DXF 格式定义的图元，但 3D 图元、文字、图组等不能接受。

5）DXF 储存，指令：DXFOUT

将图形以 DXF 格式输出，存入硬盘或软盘。

这两项指令的设置，是为了使本系统的图文件（＊.WRK）能与其他系统（如 AUTO-CAD）的图文件（＊.DXF）互相转换。

6）存储后退出，指令：END

图形存储后退出 CAD 系统。出现提示后输入"Y"。如不想退出，可选"N"，放弃 END 指令。

7）直接退出，指令：QUIT

直接退出 CAD 绘图系统，提示与前一项基本相同。

8）打印机输出，指令：PRPLOT

将屏幕图形输出至打印机，屏幕的范围有如下选择。

D：目前画面，以当前显示的画面为界限。

E：全图，以所绘图形的边界为界限。

L：极限，以设定的极限坐标为界限。

w：定窗，用鼠标指定窗口为界限。

上述几项可任选一项，屏幕依所选项显示图形，同时也是打印输出的绘印宽度和高度。

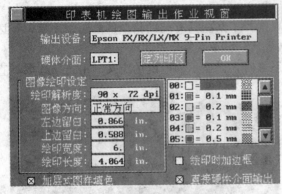

图 4-4 印表机绘图输出作业视窗

这时系统开启一窗口，做如下设置，如图 4-4 所示。

① 输出设备 选取此项会开启窗口，以供选取适合的打印机驱动程序。

② 硬体界面 通常选取并行口（LPT），如选取串行口（COM1 ～ COM4），系统会开启窗口，设定波特率、同位检查、字长、中止位元等参数。一般设定波特率为 9600，同位检查为 EVEN，字长为 8，中止位元为 1。

③ 图像绘印设定

a. 绘印解析度，系统开启窗口，选取打印机的解析度，其内容因驱动程序而异。

b. 图像方向，有正常及 90°两种选择。

c. 左边留白，上边留白，绘图对左方及上方留出的宽度，通常为 0。其单位可用鼠标在"in"或"cm"之间切换。

d. 绘印宽度，设定绘印图形的拟合（FIT）范围的宽度值。

e. 绘印长度，设定绘印图形的拟合（FIT）范围的长度值。

④ 线宽设定 不同颜色可指定不同的线宽。选取颜色栏再输入数值。

⑤ 绘印时加边框 左边白色小方框可选择绘印时加边框或不加边框。

⑥ 加层式图样填色 对重叠图元而言，设为 OFF 时，以最上面的填充图元的填充图样输出；为 ON 时，取联集图样输出。

⑦ 直接硬体界面输出

设定为 ON 时，数据传输快，一般激光打印机设为 ON；为 OFF 时，数据通过 BIOS 传输，适宜接收速度较慢的输出设备（如点阵式打印机）。

⑧ 定列印区 有如下选择（一般用于重新设定时）。

a. F：定范围。重定图形列印拟合范围，要求输入左上角及右下角坐标。打印机左上角是 0, 0。

b. R：旋转 90°屏幕图形旋转 90°后打印。

c. N：原方向。与屏幕同方向打印。

d. 比例/左上起点。按顺序先输入比例值，例如以 1∶1 比例输出，则输入 1。然后输入起点（图的左上角）的坐标。

9）读入 TCL，指令：CLOAD

当 CAD 的指令不能满足绘图要求时，使用者可以自行编写 hL 程序。用 CIAIAD 指令装入 TCL 程序然后可直接在提示行输入程序的名称予以使用。详细说明请参考 hL 参考手册。

10）执行 TCL，指令：RUN

用 CLOAD 装入 TCL 程序后，用这个指令使 TCL 程序运行，达到绘图的要求。

这一指令是通过开启窗口选取 TCL 程序名称。当然也可直接在提示行输入 TCL 程序名称来实现。

（3）画图下拉菜单（图 4-5）

绘图指令可以从屏幕功能区的主菜单或下拉式菜单区选取，也可以直接键入绘图指令。

1）点，指令：POINT

点的位置可以用坐标值方式输入，也可用光标点取。

辅助指令 D，用某种形状的图形来表示一个点。确定了点的"形状"后，所绘的点将以这种形状绘出。

2）线段，指令：LINE

用键盘或光标输入两点坐标值，就可绘出一条线段。如果连续输入坐标值，可绘出一条折线。

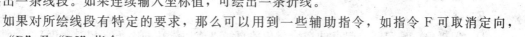

图 4-5　画图下拉菜单

如果对所绘线段有特定的要求，那么可以用到一些辅助指令，如指令 F 可取消定向，解除"D"及"DI"指令。

3）圆，指令：CIRCLE

输入画图的指令后，再输入圆心坐标和半径，就可绘出一个圆。在输入圆心坐标后，也可用辅助指令 D，然后输入直径值，也可绘一个圆。此外，画圆还有下面的一些辅助指令。

① 2P（2 点定圆）：输入直径上的两点。

② 3P（3 点定圆）：输入圆上三点。其中最后一点也可以输入半径值。以下的辅助指令都要求输入圆上三点，并要求与相关的三个图元分别相切（TAN）或垂直（PER）：

TTT（三切点式）；

TTP（切切垂式）；

TPT（切垂切式）；

TPP（切垂垂式）；

PTT（垂切切式）；

PTP（垂切垂式）；

PPT（垂垂切式）；

PPP（三垂点式）。

以下的辅助指令要求用相切（TAN）、垂直（PER）的方式输入前两点，第三点可用其他方式输入，也可输入半径值：

TT（切切式）；

TP（切垂式）；

PT（垂切式）；

PP（垂垂式）。

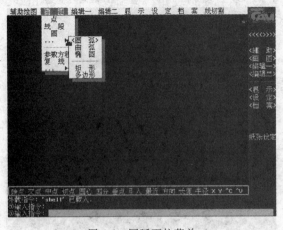

图 4-6 圆弧下拉菜单

4）圆弧，指令：ARC

从菜单上选择了"圆弧"指令后，如图 4-6 所示屏幕显示一图像选项表，依次介绍如下。

左上：指定圆弧的起点（P1）、第二点（P2）和终点（P3）。

左中：指定圆弧的起点（P1）、圆心（P2）和终点（P3）。

左下：指定圆弧的起点（P1）、圆心（P2）和圆周角度（A）。

中上：指定圆弧的起点（P1）、圆心（P2）和弦长（L）。

中中：指定圆弧的起点（P1）、终点（P2）和圆弧半径（R）。

中下：指定圆弧的起点（P1）、终点（P2）和圆周角度（A）。

右上：指定圆弧的起点（P1）、终点（P2）和起点角度（D），即起点切线与 X 轴的夹角。

如果直接键入 ARC 命令，将会用到如下辅助指令。

C：圆心。

E：终点。

D：偏折角。确定圆弧起点的切线与相关直线（或切线）的夹角（相对角度）。

DI：绝对角。确定圆弧起点的切线与 X 轴的夹角（绝对角度）。

A：圆周角。

R：圆弧半径。

L：弦长。圆弧起点至终点的弦长。

F：取消定向。解除"D"及"DI"指令。

5）曲弧，指令：SARC

所谓曲弧，是由两个相切的圆弧构成。指令要求输入曲弧的起点、终点和控制点。

如果起点方向不固定，那么曲弧起点及终点的斜率由控制点至起点及终点的连线来决定。如果起点斜率已由相关的图元确定，那么控制点仅仅决定终点斜率。

绘曲弧还可用到如下辅助指令。

DI：指定起点与 X 轴的夹角。

D：指定起点与相关图元的夹角。

F：解除"D"及"DI"指令。

S：按标准模式（内定模式）画出曲弧。

C：按反向模式画出曲弧。

6）椭圆，指令：ELLIPSE

椭圆有两个互相垂直的轴，一个为长轴，另一个为短轴。选择绘椭圆的指令后，输入任一轴的两端点坐标，再输入另一半轴长，即可画出椭圆。辅助指令如下。

C：指定圆心。指定圆心后，给出一轴的一个端点，再给出另一半轴长即可绘出一个椭圆。

R：旋转角度。将圆绕一轴线（即椭圆的长轴）旋转某个角度后再投影至原投影面上，即可得到一个椭圆。

M：定圆投影。选用这一辅助指令后，首先要输入投影平面法线的方向（以 X、Y、Z 坐标值表示），再输入图元平面的法线方向。其中图元平面的法线方向也可选择：F，正视图，即 X 方向，R，右视图，即 Y 方向。T，上视图，即 Z 方向。图元平面及投影平面设定之后，输入圆心坐标和半径值（或 D，直径值），即可得到椭圆。

7）矩形，指令：BOX

指定矩形的两个顶点或者输入矩形的宽度和高度即可绘出矩形。辅助指令 C：指定矩形的中心点，然后输入一顶点或矩形的宽度和高度。

8）多边形，指令：POLYGON

首先输入边数，再指定多边形的中心点，然后指定一个起始顶点。输入边数后，有以下辅助指令可以选择。

E：指定边。画出多边形的一个边，然后自动逆时针方向绘出整个多边形。

I：定内切圆。画出多边形的内切圆，自动绘出多边形。

C：定外接圆。画出多边形的外接圆，自动绘出多边形。

9）复线，指令：PLINE

所谓复线是指由线段、圆弧、曲弧组合成一体的图元。绘制中总是以前一图形的终点作为下一图形的起点，并且可以用 L、A、S 几个辅助指令交替绘出线段、圆弧和曲弧。具体方法请参阅线段、圆弧、曲弧的绘制方法和辅助指令。与复线有关的几个特殊辅助指令如下。

CL：在曲弧模式时，将复线的终点与起点用一曲弧连接，形成封闭的复线。

C：在线段（或圆弧）模式时，用线段（或圆弧）将复线的终点与起点用线段（或圆弧）连接成封闭复线。

U：追回，回复到前一指令。

要结束复线的绘制，按 Ctrl＋C 键。如果是在线段模式下，也可按空格键结束操作。

10）样条拟合（挠线），指令：SPLINE

样条下拉菜单包括样条拟合、二次样条和三次样条，如图 4-7 所示。样条拟合指令，是将所选取的复线转化为一条平滑的挠线，此挠线由许多相切的圆弧组成。生成挠线的原则如下。

① 对圆弧和孤立的线段（与线段相接的是圆弧，而不是线段）。不做处理，仅将其转化为挠线图元，形状不变。

② 对两个以上线段构成的折线，则生成的挠线的两端点与折线的两端点重合。

③ 对于中间线段，则挠线与线段相切于线段中点。

11）二次样条，指令：BSPLINE

与样条拟合的作用基本相同，操作方法和生成的原则也一样。区别如下：系统参数中的"SPLINESEG"可设定样

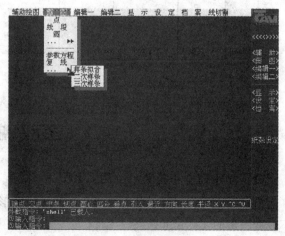

图 4-7 样条曲线下拉菜单

条曲线的平滑度，当其为"0"时，相邻线段间生成的拟合曲线由 2 个圆弧段构成，与"样条拟合"指令完全相同；当其为"1"时，由 4 段圆弧构成（内定值）；当其为"2"，由 6 段圆弧构成。

12）三次样条，指令：CSPLINE

与前两种样条线作用一样，其平滑度也由"SPLINESEG"参数设定。所不同的是，它所生成的样条线不是与线段相切，而是与线段的顶点相交。当选取指令并指定一条复线后，还需指定挠线两端点的切线方向，才能生成一条挠线。另外还有如下两种选择。

① C：封闭型。它将折线视为一条封闭线，因而生成一条封闭的样条线。

② R：自由型，无需确定两端点的切线方向，生成的样条线端点附近的曲率趋近于零。

任务实施

1. 熟悉操作界面，快速找出点、线段、圆弧等命令所在位置。

2. 通过下拉菜单及文字菜单找出所需的命令。

3. 进行直线、圆弧、矩形等图形的绘制。

拓展探究

线切割机床由不同单位生产的，由于多方面原因，机床本身的绘图软件相对单一和简单，而且在不同的机床上不能自由安装，所以机床操作者要在较短的时间内熟悉和掌握机床自带的绘图软件。

巩固练习

根据掌握的命令，绘出如图 4-8、图 4-9 所示图形。

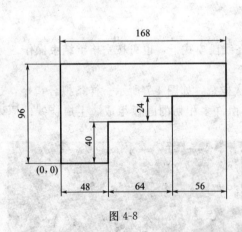

图 4-8

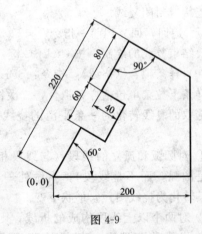

图 4-9

4.2 显示及编辑命令

(1) 显示命令下拉菜单（图 4-10）

本部分介绍图形显示的一些指令，便于将图形绘制得更完美、精确。显示方式的改变并不改变图形的实际尺寸。

1）局部窗口，指令：ZOOM—W，缩写 ZW

系统提示输入定窗的两点，窗口内图形将充满屏幕。

2）显示全图，指令：ZOOM—E，缩写 ZE

依所绘图形的外部边界，将图形充满全屏。

3）拖拽，指令中 AN

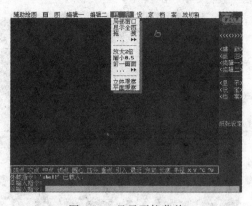

图 4-10　显示下拉菜单

选定一基准点，再输入参考点的坐标，图形将按所给偏移量平移。

4）放大 2 倍，指令：ZOOM—Z，缩写 ZI

将图形放大 2 倍显示。

5）缩小 0.5，指令：ZOOM—0.5，缩写 ZO

将图形缩小 0.5 显示。

6）前一画面，指令：ZOOM—P，缩写 ZP

返回前一显示画面。

7）下一画面，指令：ZOOM—N，缩写 ZN

进到下一显示画面。

以上两指令相当于看书时向前翻页和向后翻页。

8）中心点，指令：ZOOM—C

当执行此项功能时，系统会出现下列提示。

① 画面新中心点：输入坐标值或用鼠标点取。

② 画面显示高度：输入数值。

9）左下角，指令：ZOOM—L

与中心点功能类似，但它是设定窗口左下角的坐标位置，也需要输入左下角新位置坐标及画面显示高度值。

10）极限，指令：ZOOM—A

绘图时都有一个所谓的网点极限范围（LIMITS）。执行极限指令时，屏幕将显示这个范围。但如果图形超出极限，那么将延伸到图形能全部显示。

11）再生，指令：REGEN

将图形资料重新计算，并将结果重新在图形区绘制出来，也可以按 ESC 键或 Ctrl＋R 组合键实现这一功能。

12）立体观察，指令：VPOINT

执行"VPOINT"指令后，输入 X、Y、Z 坐标值，即设定一空间观测点朝原点方向观看图形，这时屏幕左下角会显示一坐标轴指标。如果输入 (0,0,1)，那么效果就与平面观察一样。

其余两种方式如下。

① R：定观测角。系统会提示：

请输入 X/Y 平面上自 X 轴算起的观测角度（45°）：

请输入观测点的平面仰角角度（45°）：

② D：动态旋转。这时可用鼠标或光标键进行动态观测。如果键盘上的"Scroll Lock"灯亮，则鼠标或光标用来平移物体。当认为位置、角度都满意后，按"Enter"键结束操作。

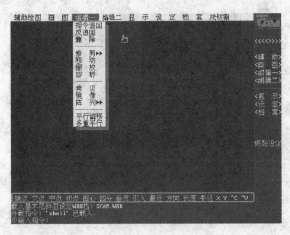

图 4-11 "编辑一"下拉菜单

13）平面观察，指令：PLAN

回到初始观测模式。

(2) "编辑一"下拉菜单

绘制一张完整的图，必然要用到各种编辑功能，对图形进行修改、补充。之所以分为编辑一和编辑二，只是因为菜单较长，分成两页，以便查找。如图 4-11 所示。

1）指令追回，指令：UNDO 缩写 U

回到上一指令执行前的状态。仅对与图形资料有关的指令起作用，如绘图指令，编辑指令，而对与图形资料无关的指令则无法追回，如显示指令。执行此指令时，提示输入追回指令的次数，如果直接回车，则为 1 次。在执行指令追回时，有一辅助指令 C（控制设定），有以下三种选择。

A：全功能。可以连续使用追回指令，直到刚开始绘图的状态。

N：无此功能。相当于取消了追回功能。

O：单次功能。只能追回一次指令。

通常情况下，控制设定在"A"状态。

2）反追回，指令：REDO

在执行了追回指令后，可以用反追回指令来取消追回指令的操作。但如果在追回指令后执行了其他绘图操作，则反追回指令对以前的追回指令无效。

3）删除，指令：ERASE

删除图形中不需要的图元。执行此指令时，系统将要求选取欲删除的图元，选取的方法请参照图元选取一部分内容。

如果发现删错了，可以用追回指令恢复删除前的状态。

4）修剪，指令：TRIM

将图元超过指定修剪边界以外的部分修剪掉。执行指令时，屏幕首先提示选取欲作为切边的图元（即作为修剪边的图元），可用任一种图元选取方法。系统将再提示选择欲修去（被切掉）的图元段。在修剪过程中，可以用以下辅助指令。

U：恢复原图元。这是指刚被修去的图元段。

C：割线选取。可绘一条割线，则所有与之相交的欲修去的图元可一次修完。

在执行修剪指令时，将遵循以下原则。

① 被修剪图元必须与修剪边相交。

② 被修剪的图元必须是线段、圆弧、圆或由其构成的图元。

③ 修剪圆时，修剪边与圆至少有两个交点。

一个图元可同时指定为修剪边及被修剪图元。

5）快修，指令：QTRIM

快修与修剪类似，所不同的是除了能将相交图元超出交点部分剪去外，如图元未相交则可延伸至交点。执行指令时，系统提示交替选择修剪及被修剪图元。

须注意的是，当选取的修剪边为复线时，只能选取组成复线的单个图元，而无法选取整条复线。

6）串修，指令：PTRIM

与快修类似，所不同的是被指定的图元既是修剪边也是被修剪边，而且后指定的图元自动成为下一次修切的第一图元。这样可按顺时针或逆时针方向依次连续选取图元，直到按下回车键结束。

7）移动，指令：MOVE

对选取的图元进行平移。选取图元后，要求指定一基准点（第一参考点），然后指定第二点（第二参考点），位移结束。

在"请指定基准点或相对位移量"的提示下，如果以相对坐标方式输入位移量，也可完成位移。输入方式：@ΔX，Δy。

8）缩放，指令：SCALE

将选取的图元放大或缩小。选取图元后，需指定一个缩放的基准点，然后输入缩放比例，大于 1 时图形放大，小于 1 时图形缩小。也可用辅助指令 R：参考特定长度。先输入基本参考长度再输入新的长度。这两个值可以用抓取的方法选择某个图元的有关值。

9）旋转，指令：ROTATE

将选取的图元绕指定的基准点旋转一个角度。角度值可直接输入，也可用辅助指令 R：参考特定角度。即输入选定图元的原角度和新角度。

10）拷贝，指令：COPY

与执行移动指令操作相似，不同的是原位置的图形不会消失。如想复制多个相同图形，可用辅助指令 M：多重复制。选择图元并指定一个基准点后，只要依次给出复制图形的参考点，就可复制出多个图形。

11）镜像，指令 MIRROR

镜像所画出的图形与原来的图形成对称形态，对称线由使用者指定。执行指令并选取图元后，系统要求再输入两点以确定对称线。原图形是否擦除，可用"Y"或"N"回答。

12）阵列，指令：ARRAY

将选取的图元以矩阵或环状的排列方式复制。选取图元后，要用到下面的辅助指令。

① R：矩形阵列。系统提示复制列数和行数。因复制行、列数均包括图元本身，所以其最小值为 1。输入了行数和列数后，系统接着提示输入行、列的间距。输入正值，则向坐标的正方向复制；若为负值，则向坐标负方向复制。也可以用两点定位的方式输入行列距。两点坐标值之差即为行距和列距。

矩阵复制方式也可以从下拉式菜单上直接选取。

② P：环状阵列。首先要输入阵列的中心点，输入复制的数目。然后系统提示输入填充圆周角度即图元分布的角度。如果输入负值，则顺时针方向复制。系统还会提示：复制时，图元要自动随复制的角度旋转吗？如果回答"Y"，则图形在所设角度内均布。如果回答"N"，则还要输入参考点。计算机将以参考点至中心点的距离和设定角度为依据复制平移的图形。

13）平行偏移，指令：OFFSET

所谓平行偏移，对于线段来说，是在其垂线方向绘制一平行线。而对圆或圆弧来说，则是绘一同心圆或圆弧。但对复线则有如下处理。

① 两线段构成的尖角，在向外偏移时，以偏移量为半径的圆弧过渡。

② 若其向内偏移，则仍为尖角，交点以外部分自动修剪掉。

③ 以圆弧过渡的角度限定值由 POFSTCANG 参数设定，小于此值的角外平移时以圆弧过渡，大于此值的角无圆弧过渡。

④ 输入指令后，首先要输入偏移量，然后选取图元，指定偏移方向。选取图元和指定偏移方向可反复操作，直至结束。还可用辅助指令 T：过点方式。给一个点的坐标或抓取一个点，实际上已经包含了偏移量和方向两项内容。

14）多重平行，指令：MOFFSET

与前一指令功能基本相同。系统要求选定一基准图元，再指定相对于基准图元的正方向，图形位置可用下述几种方式确定。

① 指定一点。

② 输入偏移量。为正值则与指定的方向同向，为负值则反向。

③ 输入相对量（@数值）。相对的意思是以前一绘制的图元为基准，而不是以最初选定的图元为基准。

本指令是平行偏移指令的再加强，但对复线无效。如要取消最后一次操作，可选辅助指令"U"。

(3) "编辑二"下拉菜单（图 4-12）

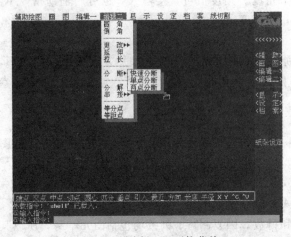

图 4-12 "编辑二"下拉菜单

1）圆角，指令：FILLET

将相交图元改为用相切圆弧过渡。选取指令后，先要设定四角的半径，然后选取两相交的图元。

有如下辅助指令。

U：取消。取消最后的圆角操作。

P：多义线。将所选复线的尖角做圆角处理。

R：半径。可更改最初设定的圆角半径值。

C：断圆。每选一次，进行一次 ON、OFF 切换。当其为 ON 时，做圆角处理过程中自动将圆断开，成为 360°的逆时针圆弧，以备将来作为修齐或中断处理。

T：修齐。与 C 同属切换功能。当其为 ON 时，做圆角处理时会自动修齐及延长；而当 OFF 时，则只绘出圆角，不对原图进行处理。

圆角处理有如下原则。

① 自动对选取的图元做延长及修齐处理（断圆设定为 OFF 的情况除外）。

② 圆角半径设定为 O 时，与尖角效果相同。

③ 平行线不能进行圆角处理，并有警告信息。

④ 圆角产生在图元端点之外时，系统依然将其绘出。

2）倒角，指令：CHAMFER

与圆角指令相似，不同之处是以直线过渡。辅助指令如下。

U：取消。取消前一倒角操作。

P：多义线。对复线进行倒角处理。

D：倒角距离。改变倒角距离时用，系统提示分别输入两个边的倒角长度。如果是等边倒角，只要在倒角指令提示下输入一倒角值即可。

系统处理原则与圆角相同。

3）更改，指令：CHANGE

改变图元的特性。执行指令并选取图元后，可以指定一点来改变图元的端点位置，图的几何形状也随之改变，分述如下。

① 被选线段靠近"指定点"的端点将被移到指定位置。如同时选取多条线段，则交会于同一点上。

② 被选取的圆，圆心位置不变，指定点在圆上。

③ 圆弧靠近"指定点"的端点移到指定点位置，但圆弧的高度不变。

④ 上述以外的图元，此更改指令无效。

改变图元特性的辅助指令如下。

C：改变选取图元的颜色。开启一颜色选取窗口，可用光标或鼠标选取颜色。

L：改变选取图元的层别。开启一窗口选新的图层。

LT：改变线型，开启一窗口选新线型。

E：改变图元的基准高度（Z 坐标），系统提示输入新高度。

T：改变图元的厚度（所谓厚度，就是把线变为有一定高度的面，屏幕显示为图框），系统提示输入厚度。

ALL：仅对圆有效。将所选的所有圆变为同直径的圆。系统提示输入半径值（D：直径）。

4）速改，指令：QCHANGE

用来改变线段的长度、圆弧的弧长或圆的半径。

① 直线：选取线段后，再指定一点。如此点在线段跨距之外，则线段延长。如在跨距之内，则保留选取点的一边而修掉另一边。

② 圆弧：与直线类似，延长或修剪弧长，圆心位置不变。

③ 圆：指定一点或输入新的半径值（D：直径）。

5）延伸，指令：EXTEND

仅对线段、圆弧有效。首先要选取作为延长边界的图元，然后选取要延伸的图元。指令执行有以下原则。

① 选取图元时，选取点应尽量接近要延长的一端。

② 如图元法和边界相交，会警告：无法延长所选取的图元。

③ 如一图元与两个或两个以上的边界相交，可重复选取，直至达到要求的边界。

④ 延长图元不一定与边界图元相接，只要与边界图元的延长线相交即可延长。

6）拉长，指令：STRETCH

此指令用来移动被选取的图元，相关的图元则被拉长。首先用窗口选取图元，然后指定基准点或相对位移量，指定第二参考点。如以相对位移量（@长度<角度或@ΔX，ΔY）输入，则无需第二参考点。

指令执行后选取窗内的图元作平移，只有一端在窗内的被拉长，圆弧被拉长后圆弧高度不变。

7）分断，指令 BREAK

执行指令后，首先要选取图元，然后指定分断的第一点和第二点，两点间的部分将被删掉。分断点的选取并不一定要在图元上，也可在图元外选取，系统将以这一点到图元的垂点为分断点。

菜单中两点分断与分断的功能完全相同。

8）快速分断，指令：QBREAK

从点取处将图元分为两个部分（即两个独立的图元），并可连续点取。

菜单中单点分断与此相同，不过不能连续点取。

9）分解，指令：EXPLODE

用来将选取的图组，复线分解为直线、圆弧等基本图元。执行完毕后，系统会提示有几个图元被分解。

10）串接，指令：AUTOJOIN

此指令可将所选图元和复线连接成一条复线。选取图元后，还要输入一个串接的误差容许值（系统内定为 0.00001 个绘图单位），如果两图元端点 X 或 Y 坐标差超出此值，将无法串接。

自动串接功能及操作与此相同。

11）单一串接，指定：PJOIN

与串接功能相同，只是在操作上要求先选取一个起始图元。

12）等分点，指令：DIVIDE

将图元分成若干等分并插入标记。执行指令时，首先要求选图元，然后输入等分段数（数值为 2～32767），点图元（标记）将被放在等分点上。除此之外，以下辅助指令可以插入垂线或图。

L：插入定垂线。选择插入垂线的方式后，系统接着提示："L：往左靠；R：往右靠；M：中间"，系统内定为中间。所谓左靠、右靠，是以抓取线段或圆弧时，距抓取点较近的端点为起点，指向另一端点为路径方向（如果是圆，则以 0° 为起点，逆时针为路径方向），在路径的左或右边插入垂线。选取后提示再次出现，要求输入垂线大小（指绘图单位，而非具体长度），最后输入等分段的数值。

C：插入定圆。与插入垂线的操作相同，差别是其大小为定圆的直径。

13）等距点，指令：MEASURE

将图元按给定长度插入标记。其操作与等分点操作相同。要注意的是分段时，起点是距抓取点较近的端点，零头则留在较远的端点。

(4) F 功能键（图 4-13）

1）文字幕，F1 或 Ctrl＋Z

浏览整个操作过程。

2）记录，F2 或 Ctrl＋S

设定操作过程是否需要记录，为 ON、OFF 转换功能键。ON 时，屏幕上方的状态区有"记录"二字，并记录操作过程对 OFF 时没显示，不记录。

3）清画面，F3 或 Ctrl＋N

画面重绘。与第三节再生指令作用相近。

4）求助，F4 或 Ctrl＋H

因无帮助文件，无法获得帮助。

5）数字盘，F5 或 Ctrl＋V

开启屏幕右下角数值输入窗，可用鼠标点取输入值，然后按"Enter"键。

6）网点，F6 或 Ctrl＋G

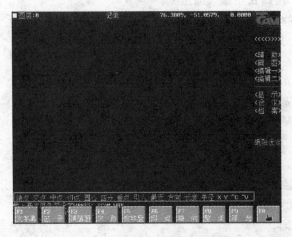

图 4-13　F 功能菜单

切换网点显示或不显示的开关。网点距离的设定方法见前面讲述的作图模式。

7）轴向，F7 或 Ctrl＋O

切换功能键，当轴向为 ON 时。不论光标如何移动，只能绘水平或垂直的线段。通常为 OFF。

8）整点，F8 或 Ctrl＋B

整点设定为 ON 时，光标移动以整点所设定的距离跳动。OFF 时光标自由移动。

9）筛选，F9

在选取图元时，按事先设定的条件筛选图元。设定条件的方法见前面讲述的筛选控制。筛选为 OFF 时，设定的筛选条件无效。

10）Ctrl＋C

取消指令的执行。

任务实施

1. 熟悉编辑菜单下各命令，快速找出命令所在位置。
2. 运用编辑和绘图命令绘制图 4-8、图 4-9。

拓展探究

在绘图过程中熟练应用编辑命令有效地提高作图效率。

巩固练习

绘制如图 4-14、图 4-15 所示图形。

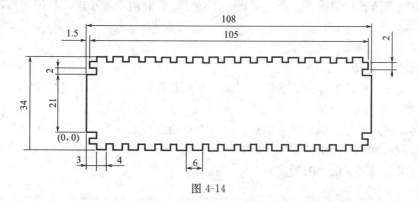

图 4-14

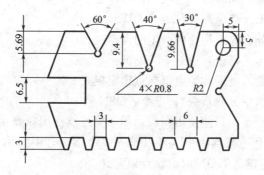

图 4-15

4.3 辅助绘图及线切割命令

相关知识点

(1) 辅助绘图下拉菜单

作图时，往往要找一些特定的点，需要一些特定的值，本部分介绍的指令就具备这些功

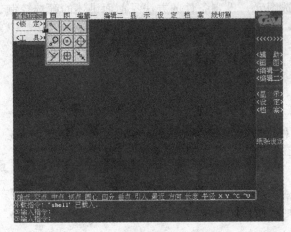

图 4-16 锁定功能下拉菜单

能。这些指令可以从锁定功能定义区选取，也可从下拉菜单的辅助绘图中选取。屏幕功能区（主菜单）虽也有这些指令，但用起来极不方便。

锁定功能下拉菜单如图 4-16 所示，锁定功能有如下一些指令。

1）端点，指令：END

抓取线段、圆弧或复线靠近抓取框的端点。

2）交点，指令：INT

抓取任意两图元的交叉点。

3）中点，指令：MID

抓取线段或圆弧的中点。

4）切点，指令：TAN

抓取与圆或圆弧相切的点。有时不止一个切点，要利用拖动功能选好位置再确定。

5）圆心，指令：CEN

抓取圆或圆弧的圆心点。

6）四分点，指令：QUA

抓取圆或圆弧最接近抓取框的四分点。四分点是指位于 0°、90°、180°和 270°的四个点。

7）垂点，指令：PER

过图元外一点取与此图元垂直的点。这一点可能落在图元外，与图元的延长线相会。

8）引入点，指令：INS

抓取点图元或文字层组的插入点。

9）最近，指令：NEA

用于抓取图元最靠近光标的点，它随光标的位置而不同。

10）节点（菜单中无此指令），指令：NOD

抓取点图元或用等分、等距指令所产生的点。

11）取消（菜单中无此指令），指令：NON

取消抓点锁定的设置，或者称为退出抓点锁定模式。

12）抓点锁定（菜单中无此指令），指令：OSNAP

由菜单选取的抓点指令，只能使用一次，如果要连续使用抓点功能来绘图，则可使用抓点锁定指令，然后键入上述抓点指令。可以键入多个指令，中间用逗号分隔。当需要取消时，仍键入 OSNAP，再键入 NON 取消抓点锁定。

从点或圆元中取得某单一量值，称为过滤器功能。例如点有 X 坐标、Y 坐标两个量值，

仅取其 X 坐标值。圆弧有半径、圆心坐标、弧长、起止角度等量值，仅取其半径值，这些都被称为过滤器功能，如图 4-17 所示，分述如下。

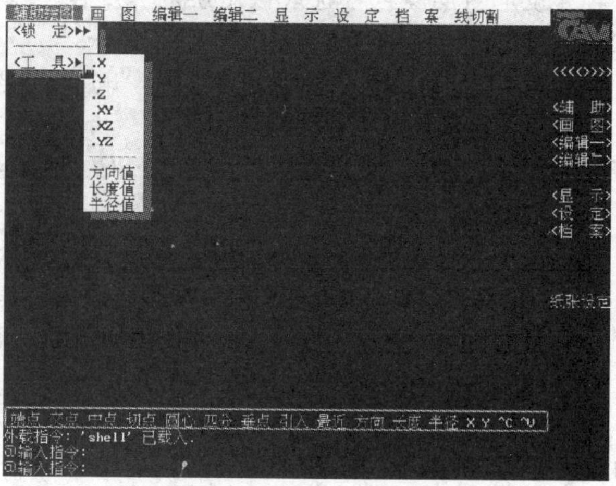

·X：用来取得指定点的 X 坐标，提示"（尚需 Y）"。

·Y：用来取得指定点的 Y 坐标，提示"（尚需 X）"。

·Z：用来取得指定点的 Z 坐标（平面绘图时 Z 为 0）。

·XY：用来取得指定点的 X 及 Y 坐标，如果是空间点，会有"（尚需 Z）"的提示。

·XZ：用来取得指定点的 X 及 Z 坐标，提示"（尚需 Y）"。

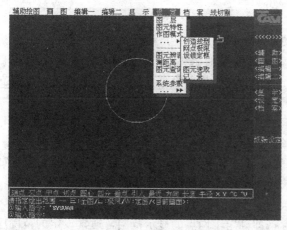

图 4-17 工具下拉菜单

·YZ：用来取得指定点的 Y 及 Z 坐标，提示"（尚需 X）"。

13）方向值，指令 DIR

以抓取线段取得所需的角度值。

14）长度值，指令：LEN

以抓取线段、圆弧或圆取得所需的长度值。

15）半径值，指令：RAD

以抓取贺或圆弧取得所需半径值。

16）^C，取消当前指令

17）^V，打开数字选取窗，输入数值

(2) 设定下拉菜单（图 4-18）

本部分介绍与绘图相关的一些参数的设置。

1）图层，指令：LAYER

该指令可用来设定新图层，并设定各图层的颜色、线型及显示状态。对一张工作图而言，可以把标题栏、图形、尺寸标注画在不同图层，通过开启或关闭某个图层，即得到所需要的工作图。图层设置主要有以下几个内容。

① 建立新的图层 当执行图层指令时，系统开启"图层控制操作窗口"，可用鼠标选取＜新图层＞，输入图层名称（不超过 10 个字符），系统将自动地赋予新图层一组编号（ID♯）及颜色、线型和显示状态。图层最多可建 256 个。

图 4-18 设定下拉菜单

② 选取当前绘图图层 图层前有 * 号为当前绘图图层，可用鼠标在已建立的图层名称栏切换。

③ 设定图层颜色　选取该图层的"颜色"栏，开启颜色选取窗口选取颜色。可按"ESC"键退出。

④ 设定图层的线型　选取"线型"栏，开启线型名称窗口选取线型，可按"ESC"键退出。

⑤ 设定显示状态　选取相应图层的"状态"栏，选取 ON 或 OFF。ON 为可见图层，OFF 为不可见图层。设定完毕后，按"ESC"键，或窗口左上角的"一"符号，退出并按新的设定重绘画面。

2）图元特性，指令：EMODES

用来设定欲绘制的图元的图层、线型、颜色、基准高度及厚度。

① 目前使用的图层　选取当前要使用的图层。

② 使用的线型　选取绘图用的线型。

③ 图元颜色　选取绘图的颜色。同一图层可用不同的颜色来绘制，如果要按图层设定的颜色绘制，则选择＜依图层＞。

④ 图元基准高度　选取此栏并输入高度值（即 Z 坐标值）。

⑤ 图元厚度　选取此栏并输入厚度值。

设定完毕后，选取"OK"存储并退出本项操作。如放弃本次设置，可用"取消"、窗口左上的"一"或"ESC"键。

3）作图模式，指令：DMODES

可设定绘图的各种模式。

① 网点单位　可分别输入网格点的 X 及 Y 间距。

② 整点单位　可分别输入整点 X 及 Y 的定位距离。

③ 整点角度　可用来设定整点定位的旋转角度，此时网格点也跟着旋转，可用来绘制等角图或斜视图。

④ 整点基准　整点定位的旋转是以此基准点为旋转中心来旋转。

⑤ 网点显示、整点定位、轴向模式、标点模式　项目左方为切换开关，显示"X"时为 ON，空白为 OFF。用鼠标点取。

⑥ 抓点锁定模式设定　项目左方为切换开关，同前项说明。功能与抓点锁定（OSNAP）指令相同。退出方式与"图元特性"相同。

4）创造线型，指令：LINETYPE

通过"定义线型操作窗口"设定线条的形式。

① 建立新线型　选取（新线型）栏，输入新线型的名称（不超过 10 个字符），系统自动地赋予实线。也可再按鼠标左键一次，开启"选取要载入的线型"窗口，直接选取已建立的八种线型之一。

② 设定线型格式　选取线型名称所对应的"＊显示范例＊"栏，开启线型格式设定窗口，上一行表示落笔的单位数，下面一行表示提笔（空白）的单位数。落笔值为 0 时，仅画一点。

③ 单位长设定　上一项设定"单位"的数目，本项则为设定每一绘图单位的长度。如果设为负值，那么屏幕显示或打印输出的效果将不随图形的放大缩小而变化。

5）网点极限，指令 LIMITS

执行此指令并输入左下点及右上点坐标，即确定了网点的显示范围，通常设定的范围应与图形、图纸一致。

6）设锁定框，指令：APERTURE

整数，用于设定锁定框的大小，内定值为 6。

7）图元选取，指令：SELECT

对图形进行编辑时，都会用到图元选取功能，因此这项功能有统一的提示内容，首先是确定操作模式。

A：加入模式。提示后面括弧中显示"＋"号，表示被选图元将加入选取集内。系统内定为该模式。

R：剔除模式。将已选入选取集内的图元剔除出去，这时括弧中显示"—"号。

T：交互模式。括弧显示"T"。被选图元如已在选取集内，则剔除，如在集外，则加入集内。

操作模式确定后，可用下述方法选取图元。

① 输入一点坐标。通过输入图元某一点坐标选取该图元。

② W：定窗选取图元。完全被框住的图元将被选到。

③ C：与前项类似，只不过是完全或部分被框住的图元都可选到。

④ L：选取最后所画的图元。

⑤ P：选取前一次编辑时所选的图元，适用于对一组图元做多次编辑。但前一次若执行删除或追回指令，则此功能无效。

⑥ BOX：此方法是 W 与 C 的组合。定窗的第二点位于第一点的右边时与 W 相同。第二点位于第一点左边时与 C 相同。

⑦ AU：自动方式。输入第一点时如果选取到图元，则为单一图元选取。如果未选到图元，则自动以 BOX 方式选取。

⑧ SI：只能进行一次选取操作，然后转入下一个操作。

⑨ M：开启一窗口，以筛选方式选取图元，请参考筛选控制（SELMASK）指令。

⑩ ALL：选取所有图元。

8）筛选控制（菜单无此指令），指令：SELMASK

此指令与图元选取中 M 的功能相同，用来设定筛选条件。当"打开筛选功能"为 ON 时，所设定的条件有效。当"取消筛选功能"为 ON 时，筛选功能无效。

通过图元形式左边的小方框，可设定筛选的图元类别，打"×"表示 ON，为选取，空白为 OFF，不选取。也可对所有图元形式"都选"或"都不选"。

对于各个工作图层，可通过图层左边的小方框选取，也可对所有图层用"都选"或"都不选"来设定。

9）记录，指令：RECORD

执行此指令时，有以下几种选择。

① ON：将操作过程记录下来，以便随时能在"操作输出记录观察窗口"中浏览操作过程。操作过程记录在内存中，要占很大内存空间，影响指令执行速度，因此，若无特殊需要，不宜使用记录功能。

浏览操作过程可用 F1 键、Ctrl＋Z 组合键或屏幕下方的"F1：文字幕"辅助功能键。

② OFF：关闭记录功能。

③ C：清除内存记录的内容。

④ S：将记录的操作过程以文字文件形式存储起来。系统会开启文件窗口，内定扩展名为 REC。离开 CAD 后欲观看此文件内容，必须先进入中文系统。

10）图元辨识，指令：ID

执行此指令并选取图元后，即显示该图元的几何数据。对于复线，也将其视为个别的单一图元。如果用抓点锁定模式抓取图元的某特定点，则显示该点的坐标。

11）图元查询，指令：LIST

该命令用来查询资料库的内容，如查询的图元很多，内容很长，则有必要预先将记录功能开启，以便通过开启记录窗口详查资料。

LIST 指令与 ID 指令很相似，不同之处如下。

① LIST 不能查指定点的坐标。

② LIST 不能查复线中某一基本图元的数据。

③ LIST 可查多个图元，而 ID 一次只能查一个。

12）测距离，指令：DIST

抓取要测定的图元或点，即可求得距离。

13）系统参数，指令：SYSVAR

观察或修改系统参数设定值。参数说明如下。

① SPLINESEG 挠线区段细分数，0：两段，1：四段。整数，设定样条曲线的分段数，内定值为 1。参阅样条曲线、立方拟合曲线及椭圆指令。

② SPLINETYPEM B 型挠线产生方式（0/1）。整数，设定样条曲线的产生方式，内定值为 0。参阅样条曲线指令。

③ ARCSEGANG 圆弧曲度分段角（显示用）。实数值，设定 3D 柱面以线段显示的角度增量，内定值为 10°。

④ MENUTYPM 菜单形态，0：下拉式，1：下落式。整数，为 0 时需要选取某菜单项，才显现下拉式菜单；为 1 时只要光标移到某菜单项，下拉式菜单自动显现。内定值为 0。

⑤ ENCRYPT 图形文件加密 OFF 时不加密。设定为 ON 时加密，存取文件时会提示输入密码字串。字串大小写要完全相同。

⑥ FASTLTYPE 屏幕线型快速显示功能设定。设定 3D 画面窗口 Z 轴方向的显示速度，内定值为 1，详细说明请参考 VPOINT 指令。

⑦ VZCENTER 画面中心高度的设定。设定 3D 画面窗口中心的 Z 轴高度，内定值为 0，详细说明请参考 VPOINT 指令。

⑧ VWNDMAX 画面右上角坐标的设定。设定目前画面窗口的右上角坐标，此坐标值会随着 ZOOM 或 PAN 指令的操作而随时更新。

⑨ VWNDMIN 画面左下角坐标的设定。设定目前画面窗口的左下角坐标，此坐标值会随着 ZOOM 或 PAN 指令的操作而随时更新。

⑩ UCSORG 用户坐标系原点设定。为一点坐标，用来设定目前 UCS 原点的位置（相对于 WCS 的原点）。

⑪ WORKEMAX 目前图元所及的最大范围坐标。为一点坐标，用来设定或储存目前图形所画范围的右上角坐标，此值随着 ZOOM—E 指令的操作而随时更新。

14）指令清单，指令：CMDLIST

指令列表，ALL 为全部指令，C 为系统指令，F 为系统函数。可从"文字幕"观察。

15）变量清单，指令：VARL

变量函数列表。可从"文字幕"观察。

(3) 线切割下拉菜单（图 4-19）

本部分介绍一些绘图程序的使用方法。

1）齿轮，指令：RUN—GEAR

选取"齿轮"指令后，齿轮参数输入顺序如下。

请输入齿数：

请输入模数：

请输入压力角：

请输入齿顶四角半径：

请输入齿根圆角半径：

请输入齿轮类型（[0]<内齿>/[1]<外齿>）：

请输入齿面圆弧段数：

请输入变位系数：

齿顶圆直径＝ 齿根圆直径＝

需要修改吗＜Y/N＞？输入完毕，即得到齿轮的齿形。

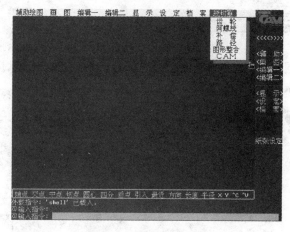

图 4-19　线切割下拉菜单

2）阿螺线，指令：RUN—AL

阿螺线（也称作匀速曲线、等速曲线）的数字表达式是"L＝V/M＊θ"。需要输入的数据如下。

请输入 V/M：阿螺线的半径值，或者称为线速度与角频率之比。

请指定起始点：阿螺线的圆心。

请输入开始角度［以度为单位］：按上述表达式，以这一角度得到的点为起始点。

请输入结束角度［以度为单位］：按上述表达式得到的点为终点。

起始点到终点的曲线为阿螺线。起点到圆心是一段过渡圆弧。

3）补偿，指令：RUN—OFFSET

在已画好的图形上设置补偿量。要求输入的数据如下。

补偿值＝需要补偿的量。

请选择图元：选取需要补偿的图元。如图形由多个图元组成，则要用窗口将图元框起来。

补偿方向点：选择内外，用鼠标点取。

上述参数输入后，原图形删除，代之以经过补偿后的图形。实际上，补偿所得到的图形，与使用平行偏移指令得到的图形相同，所不同的是，平行偏移保留原图形。

4）路径，指令：RUN—PATH

已绘好的图形设置切割的路径，要求输入的数据如下。

请用鼠标或键盘指定穿丝点：这一点要根据工件预留的穿丝孔位置确定。

请用鼠标或键盘指定切入点：根据工艺要求选取。

请用鼠标或键盘指定切割方向：根据工艺要求点取。

之后要用方框将整个图形框起来，待图形线条转成绿色，路径设置即告完成。如果有多个图形要设置路径，按 C 键继续下一路径的转换。全部路径完成后，按 Ctrl＋C 键结束路径转换，输入文件名。

任务实施

1. 熟悉本节所学命令。

2. 对图 4-8、图 4-9、图 4-14、图 4-15 进行线切割路径及参数设置。

拓展探究

虽然线切割机床所应用的软件不同，但线切割加工工艺基本类似，操作者要根据机床不同的特点设置加工参数。有条件的话，可以试切割一零件，比较一下阿奇FW和DK7725机床不同的加工特性。

巩固练习

绘制图 4-20、图 4-21、图 4-22 所示图形，并编译下列图形的程序。

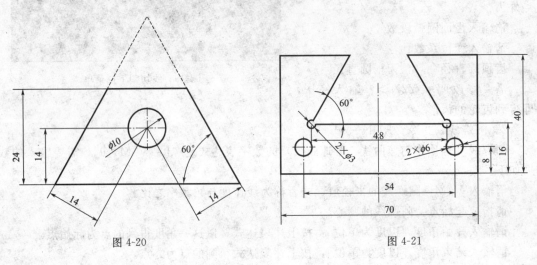

图 4-20

图 4-21

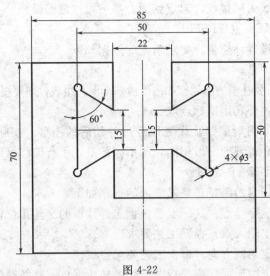

图 4-22

课题五　FW 高速线切割机床编程与操作

学习目的

1. 了解 FW 线切割机床的基本结构及功能，利用 FW 线切割机床的性能进行零件的加工。

2. 能结合相关的"数控机床的安全文明操作规程"知识、线切割加工工艺对加工参数进行设置和修改，并能进行程序的编写及修改。

3. 能对 FW 线切割机床进行日常的保养及维护，对 FW 线切割机床进行简单的排故操作。

安全规范

1. FW 线切割机床必须接线良好，防止电器设备绝缘损坏而发生触电。

2. 训练场地严禁烟火，必须配置灭火器材；防止工作液等导电物进入机床的电器部分，一旦发生因电器短路造成火灾时，应首先切断电源，立即用四氯化碳等合适的灭火器灭火，不准用水灭火。

3. 进入操作场地，必须穿好工作服，不得穿凉鞋、高跟鞋、短裤、裙子进入操作场地。

4. 操作前，检查电气元件是否完好，机床各部件是否能正常工作，运丝系统是否有异常现象，电流、电压值是否达到正常要求。

5. 进行操作时，必须听从安排，未经允许不得擅自进行操作，不得进行系统参数的设置，改变加工模式。

6. 机床运行时，严禁触摸钼丝、工件，不可将身体的任何部位伸入加工区域，防止触电或划伤人员。

7. 加工完毕后，必须关闭机床电源，收拾好工具，将废旧物品放入指定位置，并将机床、场地清理干净。

技能要求

1. 能进行零件基准的选择及校正，选择合适的钼丝及线切割加工参数。

2. 能熟练操作 FW 线切割机床。

3. 能按工艺要求选择合适的加工工艺。

4. 能根据图纸加工工艺要求检测零件是否合格。

5. 能对 FW 线切割机床进行常规保养及日常维护。

5.1　FW 线切割机床的基本操作

任务描述

该任务主要描述 FW 线切割机功能的基本操作。因此，在操作过程中须掌握线切割机床的开机、关机、程序调用及调试、控制台的手动操作等知识。在进行机床操作时，要严格按照文明操作规则操作机床，在装夹工件时，要注意避免钼丝与工件接触；加工避免钼丝与导轨发生干涉加工。

在加工过程中，密切注意加工条件对加工表面及尺寸精度的影响。因此，在加工前了解电加工参数对加工质量起的影响因素，并在加工过程中避免频繁改变参数影响加工质量，以获得较高的零件质量。

📚 相关知识点

(1) 手控盒（表 5-1）

表 5-1　手控盒按键功能表

按键	功能	
⇉	点动高速挡	
⇒	点动中速挡，开机时为中速	
→	点动单步挡	
+X −X +Y −Y +Z −Z +U/+C −U/−C +V/+W −V/−W	点动移动键，指定轴及运动方向。定义如下：面对机床正面，工作台向左移动（相当于电极丝向右移动）为 +X，反之为 −X；工作台移近工作者为 +Y，远离为 −Y；U 轴与 X 轴平行，V 轴与 Y 轴平行，方向定义与 X、Y 轴相同	⇉ → → +X −X ✎ +Y −Y ⊔ +Z −Z ⊢⊣ +U/+C −U/−C 𝑖 +V/+W −V/−W ‖ ⊖ ❙ R
✎	PUMP 键：加工液泵开关。按下开泵，再按停止	
⊢⊣	WR 键：启动或停止丝筒运转。按下运转，再按停止	
‖	HALT（暂停）键：在加工状态，按下此键将使机床动作暂停	
R	RST（恢复加工）键：加工中按暂停键，加工暂停，按此键恢复暂停的加工	
𝑖	ACK（确认）键：在出错或某些情况下，其他操作被中止，按此键确认	
⊖	OFF 键：中断正在执行的操作	
❙	ENT 键：开始执行 NC 程序或手动程序	

注：1. 其他键在数控系统中无效。在手动、自动模式，只要没有按 F 功能键，没有执行程序，即可用手控盒操作。
2. 每次开、关机的时间间隔要大于 10s，否则就有可能出现故障。

(2) 手动模式

开机后计算机首先进入"手动模式"屏，如图 5-1 所示。在其他模式按"手动"所对应的 F 功能键，可返回手动模式。手动模式最多可两轴（X、Y）直线加工。

1）手动程序输入

请参考"格式说明区"所提示的格式，在"程序区"输入简单的程序，最多可输入 51 个字符，按回车键执行。如果程序的格式不对，会有错误信息提示，按 ACK 解除后重新输入。

数据的单位为 μm 或 0.0001 英寸，有小数点则为 mm 或英寸。

① 感知（G80）：实现某一轴向的接触感知动作。例如，G80X－ ↵，X 负方向感知。

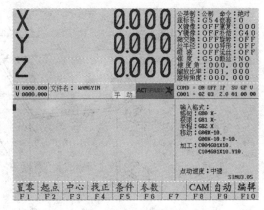

图 5-1 手动模式界面

在感知前，应将工件接触面擦干净，并启动丝筒往复运行两次，使丝上沾的工作液甩净，这有助于提高感知精度。

② 设原点（G92）：设置当前点的坐标值。

③ 极限（G81）：指定轴运动到指定极限。例如，G81U＋ ↵，U 轴移动到正极限。

④ 半程（G82）：指定轴运动到当前点与坐标零点的一半处。例如 Y 轴当前坐标是 100，输入：G82Y ↵，Y 轴移动到 50 处停止。

⑤ 移动（G00）：移动轴到指定位置，最多可输入两轴。例如，G00X－1000Y ↵，在绝对坐标系，移动到坐标（X－1，Y0）点处；在增量坐标系，X 向负方向移动 1mm，Y 向不动。

⑥ 加工（G01）：可实现 X、Y 轴的直线插补加工，加工中可修改条件和暂停、终止加工。在"自动"模式设置的无人、响铃及增量、绝对状态有效，而模拟、预演状态无效。镜像、轴交换、旋转等功能不起作用。

2）功能键

① 置零（F1）：按 F1 进入置零状态，参照提示按相应键将选定的轴置零，然后按 F1 返回。

② 起点（F2）：回到"置零"所设的零点或在程序中 G92 所设定的点，以最后一次的设置为准。在回起点的过程中，如有感知，到极限发生、运动暂停并显示错误信息，解除后可继续。

③ 中心（F3）：找内孔中心。注意，若丝筒压住换向开关，应用摇把将丝筒摇离限位，否则无法找中心。

④ 找正（F4）：可借助手控盒及找正块校正丝的垂直。将找正块擦干净，选定位置放好，移动 $X(Y)$ 轴接近电极丝，至有火花，然后移动 $U(V)$ 轴，使火花上下一致。

⑤ 如果用校正器（DF55-J50A）找正，如图 5-2 所示则不必按 F4（即不走丝不放电）。

⑥ 条件（F5）：非加工时，按 F5 进入加工条件屏，可输入 C001～C020、C101～C120 等 200 个加工条件，其中 C021～C040、C121～C140 为用户自定义加工条件，其余为系统固定加工条件。

各条件均可编辑、修改：移动光标到欲修改处，输入两位数或者一位数加回车。如果希望保存所做修改，按 ALT＋8 存储。如果只是临时修改，则不必存储，关机后所做修改即失效。

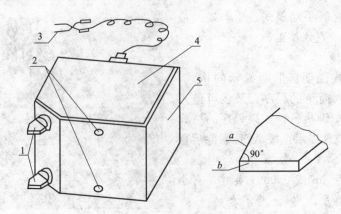

图 5-2 找正器

1—上下测量头（放大 a，b=测量面）；2—上下显示灯；

3—鳄鱼夹及插头座；4—盖板；5—支座

在加工中，按 F5 进入加工条件区，可修改当前加工条件，再按 F5 退出。修改的条件仅对本次加工生效。

如果希望恢复系统原始的加工条件，按 ALT＋9 键。

加工条件各项具体含义如下。

ON：设置放电脉冲时间，其值为 ON＋1μs，最大为 32μs。

OFF：设置脉冲间歇时间，其值为 （OFF＋1）×5μs，最大为 160μs。

IP：设置管数，控制脉冲峰值电流，为 0.5～9.5。关于 0.5 只管子的选择，小数点后数值在 0～4 之间，认为是 0；在 5～9 之间，则认为是 0.5。接触感知时 IP 为 0.5。

SV：设置间隙电压，以稳定加工，最大值为 7。

GP：矩形脉冲和分组脉冲的选择，最大值为 2。0 为矩形脉冲；1 为分组脉冲 Ⅰ；2 为分组脉冲 Ⅱ。

V：电压选择，只能在非加工状态下修改，最大值为 1。0 为常压选择；1 为低压选择，接触感知时自动选取。

3）参数（F6）

非数字项可用空格键选择。

① 语言：有汉、英、印度尼西亚、西班牙、日本、葡萄牙、法等七种语言。

② 尺寸单位：有公制、英制。

③ 过渡曲线：分圆弧过渡和直线过渡两种。

④ X 镜像：X 坐标的 "＋"、"－" 方向对调，ON 为对调，OFF 为取消。

⑤ Y 镜像：Y 坐标的 "＋"、"－" 方向对调，ON 为对调，OFF 为取消。

⑥ X-Y 轴交换：X、Y 坐标对换，ON 为交换，OFF 为取消。

⑦ 下导丝轮至台面的距离：在出厂前已测量并设定，不要修改。

⑧ 工件厚度：按实际值输入。

⑨ 台面至上导丝轮的距离：依据 Z 轴标尺的值输入。

⑩ 缩放比率：编程尺寸与实际长度之比。

退出 "参数" 时，机床自动存储各项参数。如果在自动加工中掉电，则上电后，镜像、交换保持掉电前的状态，如果不是在自动加工中掉电，则上电后，镜像、交换状态为 OFF。

（3）编辑模式（F10）

在编辑模式下主要进行程序的调用、程序的修改、存储及删除等。编辑模式界面如图5-3 所示。

1）NC 程序的编辑

在此模式下可进行 NC 程序的编辑，文件最大为 80k，回车处自动加";"号。

① ↑ ↓ ← →：光标移动键。

② Del：删除键，删除光标所在处的字符。

③ BackSpace（←）：退格键，光标左移一格，并删除光标左边的字符。

④ Ctrl+Y：删除光标所在处的一行。

⑤ Home（Ctrl+H）与 End（Ctrl+E）：置光标在一行的行首与行尾。

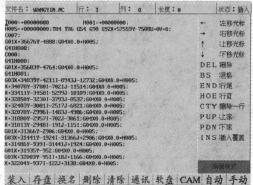

图 5-3　编辑模式界面

⑥ PgUp 与 PgDn：向上翻一页与向下翻一页。

⑦ Ins（Ctrl+I）：插入与覆盖转换键，屏幕右上角的状态显示为"插入"时，在光标前可插入字符。当状态变为"覆盖"时，输入的字符将替代原有的字符。

Enter：回车键，结束本行并在行尾加";"号，同时光标移到下一行行首。

2）自动显示功能

在屏幕上方，显示当前编辑状态。

① 文件名：当前屏幕上 NC 程序已有的标识，当清除操作时，显示为空格。

② 行：从文件开始到光标处的总行数。

③ 列：从光标所在行的行首到光标处的字符数。

④ 长度：从文件开始到光标处的总字符数，每一行要多计两个字符。

⑤ 状态：显示当前编辑处于"插入"还是"覆盖"状态。

3）F 功能键介绍

① 装入（F1）：将 NC 文件从硬盘 D 或软盘 B 装入内存缓冲区。选定驱动器后，将显示文件目录，再用光标选取文件后回车。

② 存盘（F2）：将内存缓冲区的 NC 文件存入硬盘 D 或软盘 B。如无文件名，会提示输入文件名。文件名要求不超过 8 个字符，扩展名".NC"自动加在文件名后。

③ 换名（F3）：更换文件名。如果新文件名与磁盘已有的文件重名，或文件名输入错误，将提示"替换错误"。

④ 删除（F4）：将 NC 文件从硬盘 D 或软盘 B 中删掉。

⑤ 清除（F5）：清除内存缓冲区 NC 程序区的内容并清屏。

⑥ 通信（F6）：通过 RS232 口传送和接收 NC 程序，并可打印。

按 P 进入打印状态，按提示选择好文件回车，则文件通过打印机输出。

按 O 或 I 则进入传送或接收，提示框显示一些设置项，可以用空格键修改，确定后按 ESC 键，修改内容将存入硬盘并开始传输数据。

通信时应使接收方处于接收状态，然后再行发送。电柜上的串行口为 COM2。

⑦ 软盘（F7）：用 B 驱对软盘进行操作，按 F 为格式化软盘，按 C 为拷贝软盘。

(4) 自动模式（F9）

在自动模式下，可以进行控制加工参数、模拟及加工等内容的选择。自动模式界面如图 5-4 所示。

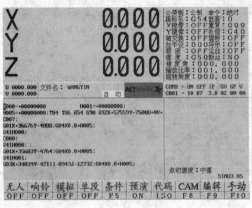

图 5-4　自动模式界面

1) NC 程序的执行

① 首先在编辑模式装入 NC 文件，修改好。在自动模式不能修改程序。

② 用 F 键预选好所需的状态，通常"无人"、"单段"为 OFF，"响铃"为 ON，"代码"为 ISO。用光标键选好开始执行的程序段，一般情况下从首段开始。

③ 加工前，建议先将"模拟"、"预演"置为 ON，运行一遍，以检验程序是否有错误。如有，会提示错误所在行。

④ 将"模拟"置为 OFF，开始加工。如需要暂停，按 HALT 键，再继续按 RST 键。

⑤ 执行程序中按 F5 可以修改加工条件。

⑥ 参数区显示的是当前状态，由程序指令决定。

⑦ 按 OFF 键，程序停止运行并显示信息，可按 ACK 解除。

⑧ 加工时间显示：P 为本程序已加工时间，S 为本程序段加工时间。

⑨ 加工速度显示：在右下角，单位为 mm/min。

⑩ 按 ALT＿T 键的屏幕显示。

a. 本卷丝使用时间：显示一卷丝的累计加工时间。换丝后，按 R 键将计时器复位为零。

b. 总加工时间：显示本机床自安装后的总加工时间。

c. 本程序加工时间：刚完成的 NC 程序所用加工时间。

d. 屏幕保护时间设定：可输入屏幕保护时间，出厂时为 999999min。

⑪ 3B(4B) 格式。3B(4B) 无 G92 设置坐标功能，故在开始执行时，X/Y/U/V 的坐标自动被设为零，同时设为增量工作方式。

⑫ G05、G06、G07、G08 是模态代码，状态区中如显示为 ON，则执行程序时自动按 ON 状态执行，除非在程序开始加上 G09。

2) F 功能键介绍

① 无人（F1）：ON 状态，程序结束自动切断强电关机。OFF 时，不切断电源。

② 响铃（F2）：ON 状态，程序结束奏乐，发生错误报警。

③ 模拟（F3）：ON 状态，只进行轨迹描画，机床无任何运动。OFF 为实际加工状态。

④ 单段（F4）：ON 状态，执行完一个程序段自动暂停，按 RST 执行下一段。加工中设为 ON，则在当前段结束后暂停。

⑤ 条件（F5）：在加工中修改条件，与手动模式相同。

⑥ 预演（F6）：ON 状态，加工前先绘出图形，加工中轨迹跟踪，便于观察整个图形及加工位置。OFF 则不预先绘出图形，只有轨迹跟踪。

⑦ 代码（F7）：选择执行代码格式，3B 或 ISO 代码，数控系统一般使用 ISO 代码。

3) 掉电保护

加工中关机或断电，保护系统会发出报警声，同时将所有加工状态记录下来。再开机时，系统将直接进入自动模式，并提示："从掉电处开始加工吗？按 OFF 键退出！按 RST 键继续！"

掉电后只要不动机床和工件，此时按 RST 可继续加工。

(5) 自动编程系统

在手动屏或其他屏按 F8（CAM），即进入 CAM 主画面，如图 5-5 所示。

图 5-5 CAM 主画面界面

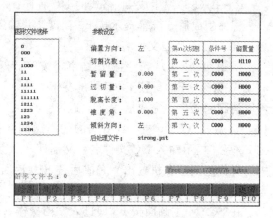

图 5-6 自动编程系统界面

1) CAD（F1）

按 F1 键，进入 CAD 图形绘制，详见 CAD 编程与操作内容。

2) CAM（F2）

按 F2 即进入自动编程模式，画面分成三栏：图形文件选择、参数设定和放电条件设定，如图 5-6 所示。

① 图形文件选择 本栏显示当前目录下所有的图形文件名，用光标选好文件名后回车，屏幕左下显示所选文件名。

② 参数设定

a. 偏置方向：沿切割路径的前进方向，电极丝向左或右偏，用空格键切换。

b. 切割次数：可输入 1～6。但快走丝多次切割无意义，通常为 1。

c. 暂留量：多次切割时，为防止工件掉落，留一定量到最后一次才切，生成程序时在此加暂停指令。取值范围 0～999.000mm。

d. 过切量：为消除切入点的凸痕，加入过切。

e. 脱离长度：多次切割时，为改变加工条件和补偿值，需离开加工轨迹，其距离为脱离长度。

f. 锥度角：靳行锥度切割时的锥度值，单位为°。

g. 倾斜方向：锥度切割时丝的倾斜方向，设定方法和偏置方向的设定相同。

h. 后处理文件：不同的后处理文件，可生成适合于不同控制系统的 NC 代码程序，数控系统后处理文件扩展名为 PST。Strong.pst 为公制后处理文件，Inch.pst 为英制后处理文件。

③ 放电条件设定 在条件号栏中填入加工条件，范围为 C000～C999。在偏置量栏中输入补偿值，范围为 H000～H999。快走丝只切割一次，因此设置"第一次"即可。

④ 绘图（F1） 图形文件选定，按 F1 绘出图形，◎表示穿丝点，×表示切入点，□表示切割方向。

a. 反向（F1）：改变在"路径"中设定的切割方向，偏置方向、倾斜方向亦随之改变。

b. 均布（F2）：把一个图形按给定角度和个数分布在圆周上。旋转角以°为单位，逆时针方向为正。均布个数必须是整数。而且：旋转角度×均布个数≤360°

c. ISO（F3）：生成国际通用的 ISO 格式的 NC 程序。

d. 3B（F4）：生成 3B 格式的 NC 程序。

e. 4B（F5）：生成 4B 格式的 NC 程序。

程序生成后，屏幕提示按 F9 存盘，并输入文件名。文件名要求不超过 8 个字符，扩展名为 nc，自动加在文件名后。

f. 返回（F10）：上述操作结束，按 F10 返回到前一个画面。

⑤ 删除（F2） 按 F2 后，屏幕下方提示用光标键选定文件，按回车键执行。按 ESC 键可取消删除操作。完成后按 F10 返回。

⑥ 穿孔（F3） 把 3B 格式的代码送到穿孔机输出，屏幕边显示程序边模拟纸带输出。按 F3 后，提示输入 NC 文件名，然后回车。如果不输入文件名，直接回车，则把当前内存中的文件送到穿孔机输出。完成后按 F10 返回。

3）文档（F3）

在 SCAM 主画面按 F3 即进入文档操作。屏幕显示文件目录窗口，用光标键选择文件后回车，按 C 进行文件拷贝，按 D 删除文件。如果想取消操作，按 F10 后，屏幕提示"按 Enter 键删除，按 Esc 键取消"，这时按 Esc 键退出文档操作，再按一次 Esc 键，文件目录窗口消失。

在 CAM 主画面按 F10 回到启动第一屏。

（6）系统参数设置

在手动模式或自动模式按 Alt＋1，进入系统参数设置。这些参数出厂前已设置好，一般情况下是不必改动的。系统参数设置如图 5-7 所示。

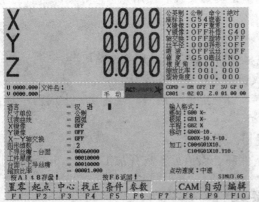

图 5-7　系统参数设置界面

1）机床（F1）

① 下导丝嘴-台面、工件厚度、台面-上导丝嘴可在手动模式设置。

② 伺服速度：对放电间隙电压变化的反应速度，0 为最高。

③ 快速进给速度：用 G00 指令时，轴运动的速度，0 为最快。

④ XY 轴螺距：丝杠螺距，为 4mm。

⑤ 感知速度：接触感知的进给速度，0 为最高，速度低些精度高。

⑥ 感知次数：接触感知的次数，一般为 4 次。

⑦ 感知反向行程：接触感知时脱离接触的长度，一般为 250，即 0.25mm。

⑧ 点动高速速度：点动 SP0 速度，屏幕有显示，一般为 0。

⑨ 点动中速速度：点动 SP1 速度，屏幕有显示，一般为 200。

⑩ 点动低速速度：点动 SP2 速度，屏幕有显示，一般为 1000。

⑪ X、Y、U、V 分辨率：1。

⑫ 允许半径误差：0010。

2）电机（F2）

本屏左边是 X、Y、U、V 电机的参数，右边是各轴螺距补偿值。

① 电机类型：脉冲

② 反向间隙：一般为 0。

③ 螺距误差：一般为 0，分段补偿见右半边。

④ 速度常数：与电机匹配设置值，一般为 0，如有丢步，可设到 50 以上。

3）标志（F3）

① 语言、尺寸单位、过渡曲线、X 镜像、Y 镜像、X-Y 轴交换、缩放比率等，可在手动模式设置。

② 无人、空运行、单段、蜂鸣器的状态，可在自动模式中用功能键转换，也可在此转换。

③ 跳段、图形旋转、旋转角度 RA、当前角度都是由编程决定的，在此可查看，但设置无效。

④ 软极限未使用。

4）补偿（F4）

补偿码 H 的值，可以在此设置。

5）条件（F5）

非加工时，按 F5 进入加工条件屏。

6）绘图（F6）

① 图形维数：2 维为平面图形，3 维为立体图形，正常选择 2。

② X、Z 视角：确定 3 维图形的观测角度。

③ 大图形 Y、X 轴原点：图形全屏显示时的坐标原点，由程序确定，无需设置。

④ 小图形 Y、X 轴原点：图形在右下角显示时的坐标原点，由程序确定，无需设置。

⑤ 弓高、绘图精度、绘图速度：无需改变。

（7）系统诊断

在手动模式或自动模式按 Alt＋2，进入系统检测屏。

1）电机（F2）

按 F2 后光标进入左上区，设置电机速度、轴向选择后回车，检测电机运行状况。

2）电源（F3）

按 F3 后光标进入右上区，设置 ON、OFF、IP、SV、GP 等加工参数后回车，可观察放电状态。

3）开关（F4）

按 F4 后光标进入左下区，MACH0、RL01（无人操作）、RL08（油泵开关）、走丝、喇叭、MACH1 等可用空格键转换，回车即有相应动作。

4）输入（F5）

这里显示一些输入信号的状态，包括换向、感知、断丝、间隙和各极限。用手触动相应的开关或造成某一状态，从屏幕可诊断出输入回路是否通畅。

任务实施

（1）机床手动操作及界面熟悉

手动屏幕下按 F1 即进入此屏幕。

分别按 X 或 Y 或 U 或 V 键即可把当前屏幕的轴坐标清零。通过清零可记忆一个已找正好的点位置，从而也建立了一个工作坐标系，如图 5-8 所示。

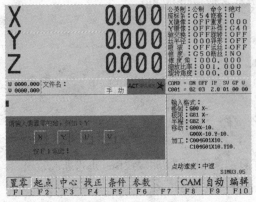

图 5-8　坐标置零界面

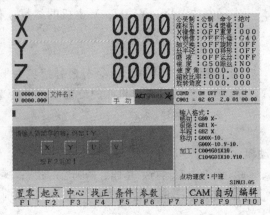

图 5-9　回起点设置界面

在手动屏幕下按 F2 即进入此屏幕，如图 5-9 所示。

起点的含义是回到加工的起点，如果是多孔位加工，则回到当前加工孔位的起点。即程序中由 G92 设定的坐标点。

按 X、Y、U、V 键分别回到各轴的起点。

手动屏幕下按 F3 即进入此功能，然后按"回车"键即可自动完成找内孔中心的功能，如图 5-10 所示。

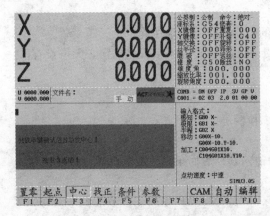

图 5-10　找中心界面

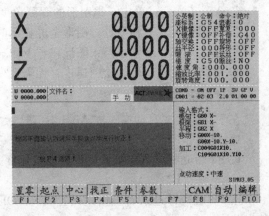

图 5-11　找正

找内孔中心前应先把丝大致放到孔的中心，开丝筒运一下丝再找，找 2～3 次为宜。

手动屏幕下按 F4 即进入此功能，如图 5-11 所示。

找正的目的是为了通过微弱火花放电来找正丝的垂直。用此法找丝垂直时要用一个垂直找正块，通过调整 U、V 轴使上下火花均匀达到找丝垂直的目的。

还有一种找垂直的方法是用上下带有指示灯的找正器，把其上的一根导线夹在导电块上，在手动屏幕下不进入"找正"子功能，直接用找正器的上下刃口，通过调整 U、V 轴使上下指示灯都亮来找丝垂直。

(2) 钼丝安装及调整。

1) 将钼丝安装在丝筒上

如图 5-12 所示，先把丝筒用手摇把摇至丝筒右端，根据要上的丝的多少，让立柱上的过丝槽对准绕丝开始的地方，对准的位置越靠近丝筒上右端的螺钉，丝上得越满，一般保证在 2cm 左右。接下来按图 5-13 所示，把丝通过图示导轮引到丝筒上右端紧固螺钉下压紧，打开小面板上的"上丝电机开关"，调节"上丝电机电压调节钮"使电压表上的示值在 60V 左右，检查丝未从导轮上掉下，开始用摇把顺时针摇动把丝绕在丝筒上，至左边螺钉 2cm 左右处停止，关上上丝电机开关，剪断丝，整理好丝盘。

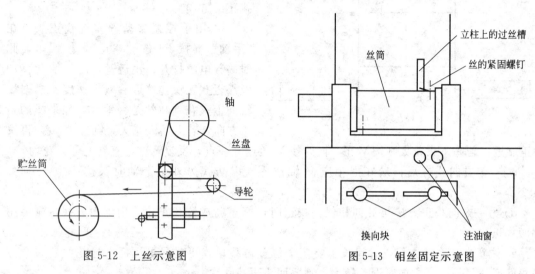

图 5-12　上丝示意图　　　　　　　图 5-13　钼丝固定示意图

2）将丝筒上的丝按图示位置装入各导轮中

先把配重滑块推到前面用销钉固定在前面一个孔中，按图 5-14 所示把丝绕在导轮上并紧固在丝筒左端的螺钉下，反缠几圈，取下配重块的固定销钉。注意丝经过导轮后要从丝筒下面穿过，丝要放在导电块上，丝经过的上面活动臂内有一夹丝的弹簧，是上丝时为了固定一下丝防止丝从导轮上脱落，上好丝后一定要把丝从弹簧上取下，丝一定要放在硬质合金导电块上，不要卡入里面螺钉上。

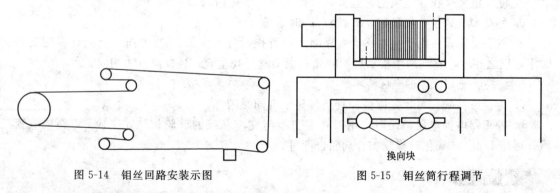

图 5-14　钼丝回路安装示图　　　　　　图 5-15　钼丝筒行程调节

3）调节换向限位

把换向块拧松，放在两端，往回摇动丝筒 5mm（轴向距离）左右，把左边的换向块移动对准里面左边的无触点感应开关（圆形），拧紧换向块，如图 5-15 所示。按丝筒启动钮让丝筒旋转到另一端，快到头 5mm 左右时按停止钮，把右边换向块移到右边的无触点开关处对准，拧紧换向块。由于无触点开关感应位置不一定在中间，可运丝观察换向处丝剩的多少再微调一下换向块的位置，保证能换向不冲出限位即可。

4）丝找正

丝找垂直有两种方法，第一种是用"垂直找正块"找正，第二种是用"找正器"找正。

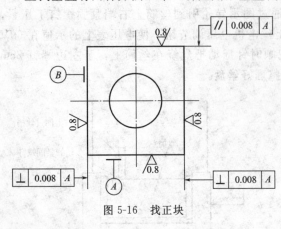

图 5-16　找正块

① 用"垂直找正块"找垂直的步骤如下，如图 5-16 所示。

a. 把"垂直找正块"放在台架与桥式夹具刃口上，让一个侧面大概朝着一个要找正的方向。

b. 用手控盒移动丝靠近找正块，在"手动"屏按 F4 选"找正"，按回车，此时高频电源打开，也运丝，用手控盒移动丝靠近找正块，接近后减少速度。根据接触面上火花判断丝是否垂直，如果找的是 Y 方向，若上面火花大，则按 V 负，再按 Y 正靠近；若底下火花大则按 V 正，同时按 V 负退开一点，反复调整，直到上下火花均匀。

c. 一个方向找好后，最好把相应 V 轴清零，以防找另外一个轴时误按 V 键使垂直改变。

d. 另一方向找正方法与 Y 向相似，找正时最好重新放置找正块，用侧面去找，避免用端面找正。

e. 注意在一个地方找正时间长了要换个位置再找，找正时尽量压低上导轮，若一个方向找好后找另外一个方向时误差较大，则要回头再找一次。

f. 最后把 U、V 坐标清零。

② 用校正器找垂直的步骤如下，如图 5-2 所示。

a. 擦净校正器底面、测试面及工作台面。

b. 将校正器安放在台架表面上，使测量头探出工件夹具，且 a、b 面分别与 X、Y 轴平行。

c. 将鳄鱼夹夹在导电块上，查头插入校正器的插座内。

d. 移动 U、V 轴，使丝与 a-a'、b-b' 同时接触。

e. 在手动屏直接用手控盒移动来靠测头，看指示灯，如果是 X 方向，上面灯亮则要按 U 正，反之亦然，直到两个指示灯同时亮，说明丝已找垂直。Y 方向方法相同。

f. 找好后把 U、V 轴坐标清零。

g. 为校正精确，可反复调整，直至两显示灯同时闪烁。

h. 校正器电池电压不足时，用刀将上盖板与支座粘接的硅胶切除，更换 6V 叠层电池后，再用 HZ-703 硫化硅橡胶黏合剂黏合即可。

 实训评估（表 5-2）

表 5-2　钼丝安装及校正实训评分表

姓名			总得分				
项目	序号	技术要求	配分	评分要求及标准	检测记录	得分
丝筒上丝（20%）	1	上丝正确（不断丝、不压丝）	10	不正确全扣		
	2	操作熟练	10	不熟练酌扣		

姓名			总得分			
项目	序号	技术要求	配分	评分要求及标准	检测记录	得分
穿丝 (40%)	3	钼丝装入导轮中	10	不正确全扣		
	4	丝筒行程调整	20	不正确全扣		
	5	紧丝	10	不正确全扣		
钼丝校正 (30%)	6	标准块安装	10	不正确全扣		
	7	钼丝垂直度校正	20	不正确全扣		
	8	安全及文明操作	10	酌扣		

拓展探究

线切割快走丝机床在加工过程中，钼丝的质量及钼丝的松紧程度对加工质量起主要的影响作用，特别是钼丝的松紧程度对钼丝的断丝影响非常大，故在加工前对钼丝的调整要特别注意。

巩固练习

1. 解释 FW 线切割机床的组成及各部分作用。
2. 解释 FW 控制系统各界面、按钮的作用。
3. 进行 FW 线切割机床丝筒上丝及钼丝校正。

5.2　FW 高速走丝线切割机编程基础

任务描述

该任务主要描述 FW 线切割机编程的基础知识。因此，编程须在了解 ISO 代码的基础上结合 FW 机床编程的特点，编译出符合 FW 线切割机床要求的程序。

相关知识点

表 5-3　FW 线切割机床加工编程代码一览表

组	代码	功　能	组	代码	功　能
A	G00	快速移动,定位指令	C	G11	打开跳转(SKIP ON)
	G01	直线插补,加工指令		G12	关闭跳转(SKIP OFF)
	G02	顺时针圆弧插补指令	D	G20	英制
	G03	逆时针圆弧插补指令		G21	公制
	G04	暂停指令		G25	回最后设定的坐标系原点
	G05	X 镜像	E	G26	图形旋转打开(ON)
	G06	Y 镜像		G27	图形旋转关闭(OFF)
B	G07	Z 镜像	F	G28	尖角圆弧过渡
	G08	X-Y 交换		G29	尖角直线过渡
	G09	取消镜像和 X-Y 交换	G	G30	取消过切

组	代 码	功 能	组	代 码	功 能
	G31	加入过切		I	圆心 X 坐标
H	G34	减速加工		J	圆心 Y 坐标
	G35	取消减速加工		K	圆心 Z 坐标
	G40	取消电极补偿		L×××	子程序重复执行次数
I	G41	电极左补偿		P××××	指定调用子程序号
	G42	电极右补偿		M00	暂停指令
	G50	取消锥度		M02	程序结束
J	G51	左锥度		M05	忽略接触感知
	G52	右锥度		M98	子程序调用
	G54	选择工作坐标系 1		M99	子程序结束
	G55	选择工作坐标系 2		N××××	程序号
K	G56	选择工作坐标系 3		O××××	程序号
	G57	选择工作坐标系 4		R	转角功能
	G58	选择工作坐标系 5		T84	启动液泵
	G59	选择工作坐标系 6		T85	关闭液泵
L	G60	上下异形 OFF		T86	启动运丝机构
	G61	上下异形 ON		T87	关闭运丝机构
M	G74	四轴联动打开		X	轴指定
	G75	四轴联动关闭		Y	轴指定
	G80	移动轴直到接触感知		U	轴指定
	G81	移动到机床的极限		V	轴指定
	G82	移到原点与现位置的一半处		A	指定加工锥度
N	G90	绝对坐标指令		C	加工条件号
	G91	增量坐标指令		D×××	补偿码
	G92	指定坐标原点		H×××	补偿码

(1) 代码与数据（表 5-3）

代码和数据的输入形式如下。

A×：指定加工锥度，其后接一位十进制数。

C×××：加工条件号，如 C007、C105。

D/H×××：补偿代码，从 H000～H099 共有 100 个。可给每个代码赋值，范围为 ±99999.999mm 或 ±9999.9999in。

G××：准备功能，可指令插补、平面、坐标系等，如 G00、G17、G54。

I×，J×，K×：表示圆弧中心坐标，数据范围为 ±99999.999mm 或 ±9999.9999in，如 I5、J10。

L×：子程序重复执行次数，后接 1～3 位十进制数，最多为 999 次，如 L5、L99。

M××：辅助功能代码，如 M00、M02、M05。

N××××/O××××：程序的顺序号，最多可有 1 万个顺序号，如 N0000、N9999 等。

P××××：指定调用子程序的序号，如 P0001、P0100。

R：转角 R 功能。后接的数据为所插圆弧的半径，最大为 99999.999mm。

SF：变换加工条件中的 SF 的值，其后接一位十进制数。

T××：表示一部分机床控制功能，如 T84、T85。

X×，Y×，Z×，U×，V×，W×：坐标值代码，指定坐标移动值，数据范围为 ±99999.999mm 或 ±9999.9999in。

（2）G 代码

1）G25（回最后设定的坐标系原点）

格式：如在 NC 程序中要回 G58 坐标系原点，则程序为：

G58；

G25；

即回到 G58 坐标系最后一次设定的原点，顺序为 X、Y、U、V 轴。手动"起点"功能与 G25 相同。

原点定义：①在"置零"画面将 X、Y、U、V 轴设零，该点即指定坐标系的原点。

②在 NC 程序中，以 G92X＿ Y＿ U＿ V＿；所设置的坐标点，定义为原点。

2）G31、G30（加入和取消过切）

G31 用于在 G01 的直线段的终点按该直线方向延长给定距离，而且应放在 G01 之前。

格式：

G31X〔过切量〕G01 X＿此值为延长的距离，应大于等于零

例如：G31X30；表示过切量为 30μm。

如果过切量输入 0，则程序执行中将不进行内角、外角的特殊处理。

G30 取消 G31 功能。

3）G34、G35（减速加工的开始与取消）

G34：自 G01/G02/G03 的结束前 3mm 处开始减速加工直到该段结束。

G35：取消 G34 的减速加工。

注意：如 NC 程序中无 G34/G35，则缺省为取消减速加工。

4）G50、G51、G52（锥度加工）

所谓锥度加工（Taper 式倾斜加工），是指电极丝向指定方向倾斜指定角度的加工。

G50 为取消锥度。

G51 是锥度左倾斜（沿电极丝行进方向，向左倾斜）。

G52 是锥度右倾斜（沿电极丝行进方向，向右倾斜）。

5）G54、G55、G56、G57、G58、G59（工作坐标系 0～5）

这组代码用来选择工作坐标系，从 G54～G59 共有六个坐标系可选择，以方便编程。这组代码可以和 G92、G90、G91 等一起使用。

6）G74、G75（四轴联动）

根据所指定 X、Y、U、V 四个轴的数据，可加工上、下不同形状的工件。G74 为四轴联动打开，G75 为四轴联动关闭。G74 仅支持 G01 代码，不支持的代码有 G02、G03、G50、G51、G52、G60、G61，如图 5-17 所示的零件，其加工程序如下。

G92 X0 Y-10.；

G74；四轴联动打开

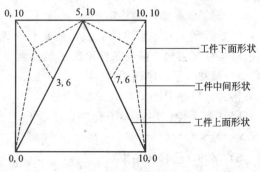

图 5-17

G01 Y0；

X10.；

Y10. U-3. V-4.；

X5. U0 V0；

X0 U3. V-4.；

Y0 U0 V0；

G75；四轴联动关闭

Y-10.；

M02；

7）G60、G61（上、下异形）

根据要求可加工上面和下面不同形状的工件。G60 为上下异形关闭，G61 为上下异形打开。在上下异形打开时，不能用 G74、G75、G50、G51、G52 等代码。上、下形状代码的区分符为"："，"："左侧为下面形状，"："右侧为上面形状。程序举例如下。

G92 X0 Y0 U0 V0；

C010 G61；

G01 X0 Y10.　　　：G01 X0 Y10.

G02 X-10. Y20. J10.：G01 X-10. Y20.；下面是 $\phi20.$ 圆，上面是其内接正方形

X0 Y30. I10.　　　：　X0 Y30.；

X10. Y20. J-10.：　X10. Y20.；

X0 Y10. I-10.　：　X0 Y10.；

G01 X0 Y0　　　：G01 X0 Y0；

G60；

M02；

8）G80（接触感知）

（3）M 代码

1）M00（暂停指令）

执行 M00 代码后，程序运行暂停。它的作用和单段暂停作用相同，按 Enter 键后，程序接着运行。

2）M02（程序结束）

M02 代码是整个程序结束命令，其后的代码将不被执行。执行 M02 代码后，所有模态代码的状态都将被复位，然后接受新的命令以执行相应的动作。也就是说上一个程序的模态代码不会对下一个执行程序构成影响。

3）M05（忽略接触感知）

M05 代码只在本程序段有效，而且只忽略一次。当电极与工件接触时，要用此代码才能把电极移开。如电极与工件再次接触，须再次使用 M05。

4）M98（子程序调用）

格式：M98 P×××× L××××

M98 指令使程序进入子程序，子程序号由 P×××× 给出，子程序的循环次数则由 L×××确定。

5）M99（子程序结束）

M99 是子程序的最后一个程序段。它表示子程序结束，返回主程序，继续执行下一个

程序段。

（4）C代码

C代码用在程序中选择加工条件，格式为C×××，C和数字间不能有别的字符，数字也不能省略，不够三位需用"0"补齐，如C005。加工条件的各个参数显示在加工条件显示区域中，加工进行中可随时更改。

×10mm：工件厚度

0：	ϕ0.2 丝—钢，精加工
1：	ϕ0.2 丝—钢，中加工
2：	ϕ0.2 丝—铜
3：	ϕ0.2 丝—铝
4：	ϕ0.13 丝—钢
5：	ϕ0.15 丝—钢
6：	ϕ0.2 丝—合金（未用）
7.	分组加工参数

各代码加工时各参数状态如表5-4所示。

表5-4　参数状态

参数号	ON	OFF	IP	SV	GP	V	加工速度/(mm²/min)	粗糙度 Ra/μm
C001	02	03	2.0	01	00	00	11	2.5
C002	03	03	2.0	02	00	00	20	2.5
C003	03	05	3.0	02	00	00	21	2.5
C004	06	05	3.0	02	00	00	20	2.5
C005	08	07	3.0	02	00	00	32	2.5

（5）T代码

1）T84、T85（打开、关闭液泵）

T84为打开液泵指令，T85为关闭液泵指令。

2）T86、T87（走丝电机启动、停止）

T86为启动走丝电机，T87为停止。

（6）关于运算

数控系统支持的运算符有：＋，－，dH×××（d×H×××）。d为一位十进制数。

1）运算符地址

在式子中（地址后所接代码、数据）能够用运算符的地址如表5-5所示。

表5-5　运算符地址

种　　　类	地　　　址
坐标值	X,Y,Z,U,V,I,J
旋转量	RX,RY
赋值类	H

2）优先级

所谓优先级即执行运算符的先后顺序，数控系统中运算符的优先级如下。

高：dH×××；低：＋，－。

3）运算式的书写

运算符的式长只能在一个段内。

例1：H000＝1000；

G90 G01 X1000＋2H000；X 轴直线插补到 3000μm 处

例2：H000＝320；

H001＝180＋2H000；H001 等于 820

（7）H 代码（补偿）

H 代码实际上是一种变量，每个 H 代码代表一个具体的数值，既可根据需要在控制台上输入修正，亦可在程序中用赋值语句对其进行赋值。

赋值格式：H×××＝_____（具体数值）

对 H 代码可以做加、减和倍数运算。

（8）代码的初始设置

有些功能的代码遇到如下情况要回到初始设置状态。

① 刚打开电源开关时。

② 执行程序中遇到 M02 指令时。

③ 在执行程序期间按了 OFF 急停键时。

④ 在执行程序期间，出现错误，按下了 ACK 确认键后。

要回到初始设置状态的代码和它们的初始状态如表 5-6 所示。

表 5-6　代码及其初始状态

初始状态	可设置的状态	初始状态	可设置的状态	初始状态	可设置的状态
G00	G01 G02 G03	G09	G05 G06 G07 G08	G12	G11
				G27	G26
				G22	G23
				G60	G61
G40	G41 G42	G50	G51 G52	G90	G91
				G75	G74

任务实施

（1）上下异形的加工程序 （图 5-18）

H000＝0　H001＝110；T84 T86 G54 G90 G92 X0 Y0 U0 V0；

C003；

G61；

G41 H000；

G01 X0 Y10. 　　　　　 ；G01 X0 Y10. ；

G41 H001；

G02 X-10. Y20. I0 J10. :　　　X-10. Y20. ；

X0 Y30. I10. J0　　:　　　X0 Y30. ；

X10. Y20. I0 J-10. :　　　X10. Y20. ；

X0 Y10. I-10. J0　　:　　　X0 Y10. ；

G40 H000；

G01 X0 Y0　　　　　　　: X0 Y0；

（左边为主程序）

G60；

T85 T87 M02；

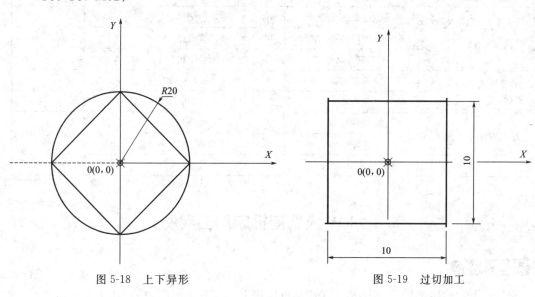

图 5-18　上下异形　　　　　　　　　图 5-19　过切加工

（2）过切指令的加工程序（图5-19）

H000＝0　　　H001＝110；

H005＝0；

T84 T86 G54 G90 G92 X15. Y0 U0 V0；

C007；

G01 X11. Y0；

G41 H000；

C003；

G41 H000；

G01 X10. Y0；

G41 H001；

G31 X30 X10. Y-10. ；

X-10. Y-10. ；

X-10. Y10. ；

X10. Y10. ；

G30 X10. Y0；

G40 H000 G01 X11. Y0；

M00；

C007；

G01 X15.Y0；

T85 T87 M02；

实训评估（表 5-7）

表 5-7　数控编程操作实训评分表

姓名				总得分		
项目	序号	技术要求	配分	评分要求及标准	检测记录	得分
节点计算 （30％）	1	程序原点设定	10	不正确全扣		
	2	电极停留位置设定	10	不正确全扣		
	3	起割点设定	10	不正确全扣		
程序规范 （40％）	4	轮廓正确	20	不规范扣 2 分/处		
	5	参数设定	20	不正确扣 2 分/处		
工艺安排 （30％）	6	工件装夹	10	不正确全扣		
	7	工件变形	10	不正确全扣		
	8	程序停止及工艺停止	10	不正确全扣		

5.3　FW 线切割机床加工实例

任务描述

通过对下面的实例加工，对 FW 线切割机床加工流程有较深刻理解。

图 5-20 为零件尺寸图，零件材料为 A3 冷轧板，材料厚度 1.2mm。要求采用线切割加工凹模、凸模、固定板、卸料板四种模具零件。

本例采用北京阿奇 FW 型线切割机床，加工凹模。钼丝采用 ϕ0.20 光明牌钼丝，加工单边放电间隙取 0.01mm。加工流程如图 5-21 所示。

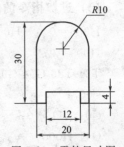

图 5-20　零件尺寸图

相关知识点

落料模是常见的一般冲裁模，在模具制造中的应用较广泛。线切割加工通常采用手工编程与自动编程相结合的方法。

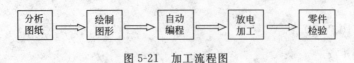

图 5-21　加工流程图

一般模具工艺要求如下。

① 凹模尺寸一般为冲件图纸尺寸或冲件实样尺寸。

② 以冲件材料厚度的 3％～10％作为双边模具配合间隙，制作凸模。

③ 固定板按凸模尺寸零间隙配合或过盈配合。

④ 卸料板按凹模尺寸加工。

任务实施

(1) 分析图纸

① 卸料板按零件实样尺寸加工。

② 凹模尺寸为零件实样尺寸，取锥度为3°。

③ 双边模具配合间隙取材料厚度的5%为0.06mm，制作凸模。

④ 固定板按凸模尺寸零间隙配合，即与凸模尺寸相同。

(2) 绘制图形

1) 进入CAD绘图界面（图5-22）

在手动屏或其他屏按F8（CAM），即进入SCAM主画面。按F1键，进入CAD图形绘制。

2) 绘制步骤如下

① 启动绘图界面，如图5-23所示。

② 绘制圆弧，如图5-24所示。

③ 绘制直线，如图5-25所示。

④ 作第二条竖线，如图5-26所示。

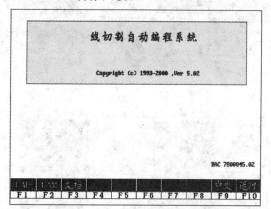

图5-22　自动编程系统界面

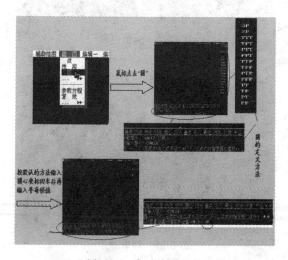

图5-23　启动绘图界面

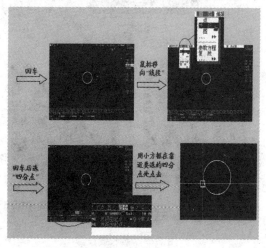

图5-24　圆弧绘制

⑤ 修改线段，如图5-27所示。

⑥ 编辑图形，如图5-28所示。

⑦ 延长线段，如图5-29所示。

⑧ 修剪图形，如图5-30所示。

⑨ 去除相交的多余线段，如图5-31所示。

⑩ 快速修剪多余的线段，如图5-32所示。

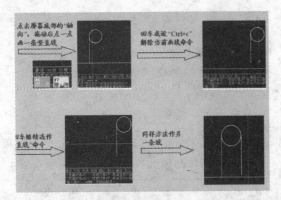

图 5-25 直线绘制

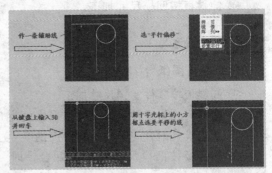

图 5-26 切线绘制

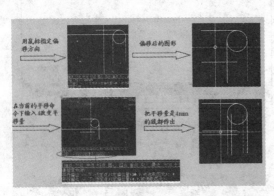

图 5-27 修改线段

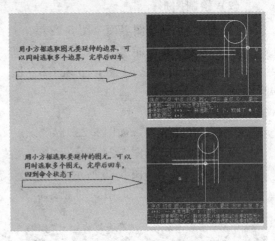

图 5-28 编辑图形

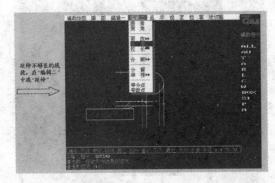

图 5-29 延长线段

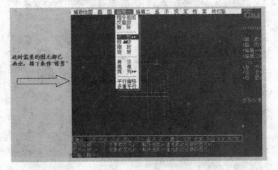

图 5-30 修剪图形

（3）自动编程

FW 线切割的功能界面下，在手动屏或其他屏按 F8（CAM），即进入自动编程画面。画面分成三栏：图形文件选择、参数设定和放电条件设定，分述如下。

1）图形文件选择（图 5-33）

本栏显示当前目录下所有的图形文件名，用光标选好文件名后回车，屏幕左下显示所选文件名。

2）参数设定（图 5-34）

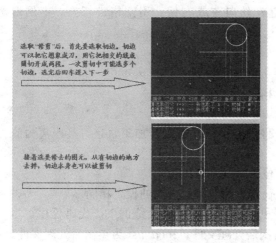

图 5-31　去除相交的多余线段

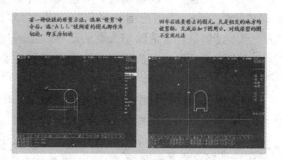

图 5-32　快速修剪多余的线段

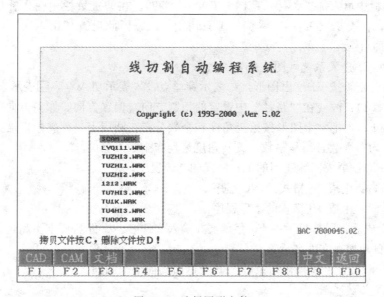

图 5-33　选择图形文件

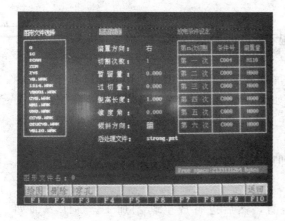

图 5-34　参数设定

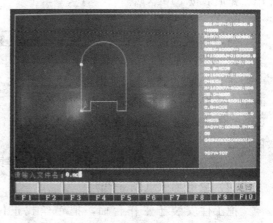

图 5-35　程序生成

① 偏置方向：沿切割路径的前进方向，电极丝向左或右偏，用空格键切换。本例取左偏。

② 切割次数：可输入 1～6。本例取 1。

③ 暂留量：多次切割时，为防止工件掉落，留一定量到最后一次才切，生成程序时在此加暂停指令。取值范围 0～999.000mm。本例取 0mm。

④ 过切量：为消除切入点的凸痕，加入过切。本例取 0mm。

⑤ 脱离长度：多次切割时，为改变加工条件和补偿值，需离开加工轨迹，其距离为脱离长度。本例取 1mm。

⑥ 锥度角：进行锥度切割时的锥度值，单位为（°）。本例取 3°。

⑦ 倾斜方向：锥度切割时丝的倾斜方向，设定方法和偏置方向的设定相同。

⑧ 后处理文件：不同的后处理文件，可生成适合于不同控制系统的 NC 代码程序，本系统后处理文件扩展名为 pst。Strong. pst 为公制后处理文件，Inch. pst 为英制后处理文件。

3）放电条件设定

在条件号栏中填入加工条件，范围为 C000～C999。在偏置量栏中输入补偿值，范围为 H000～H999，代表 0～999μm。本例加工只切割一次，因此设置"第一次"即可，设置为 C004、H110 即可。

4）绘图按 F1 进入系统（图 5-35）

图形文件选定，按 F1 绘出图形，◎表示穿丝点，×表示切入点，□表示切割方向。

① 反向（F1）：改变在"路径"中设定的切割方向，偏置方向、倾斜方向亦随之改变。

② 均布（F2）：把一个图形按给定角度和个数分布在圆周上。旋转角以度为单位，逆时针方向为正；均布个数必须是整数；旋转角度×均布个数≤360°。

③ ISo（F3）：生成国际通用的 ISo 格式的 NC 程序。

④ 3B（F4）：生成 3B 格式的 NC 程序。

⑤ 4B（F5）：生成 4B 格式的 NC 程序。

⑥ 程序生成后，屏幕提示按 F9 存盘，并输入文件名。文件名要求不超过 8 个字符，扩展名为 NC，自动加在文件名后。

⑦ 返回（F10）：上述操作结束，按 F10 返回到前一个画面。

5）删除（F2）

按 F2 后，屏幕下方提示用光标键选定文件，按回车键执行。按 ESC 键可取消删除操作。完成后按 F10 返回。

6）穿孔（F3）

把 3B 格式的代码送到穿孔机输出，屏幕边显示程序边模拟纸带输出。完成后按 F10 返回。

7）文档（F3）

在 SCAM 主画面按 F3 即进入文档操作。屏幕显示文件目录窗口，用光标键选择文件后回车，按 C 进行文件拷贝，按 D 删除文件。如果想取消操作，按 F10 后，屏幕提示"按 Enter 键删除，按 Esc 键取消"，这时按 Esc 键退出文档操作，再按一次 Esc 键，文件目录窗口消失。

在 SCAM 主画面按 F10 回到启动第一屏即可准备加工。

（4）放电加工（图 5-36）

把工件安装于工作台面，把钼丝找正位置，然后进行放电切割加工。加工界面如图 5-36 所示。

图 5-36　加工界面

　　在加工过程中，要注意防止中间废料掉下产生问题，可在工件加工 2/3 左右时，采用强磁铁吸引等方法，解决此类问题。

（5）零件检验

　　加工完毕后应对工件的精度进行检验，如果零件尺寸有误差，可在下次加工时修改其偏移量。

**实训评估**（表 5-8）

表 5-8　圆弧加工操作实训评分表

姓名				总得分		
项目	序号	技术要求	配分	评分要求及标准	检测记录	得分
参数设置 （30%）	1	工件正确装夹	10	不正确全扣		
	2	电源参数设置	10	不正确全扣		
	3	补偿参数设置	10	不正确全扣		
尺寸公差 （40%）	4	$\phi 60 \pm 0.045$	10	超差全扣		
	5	$\phi 20 \pm 0.045$	10	超差全扣		
	6	$R6 \pm 0.045$	10	超差全扣		
	7	$50° \pm 1'$	10	超差全扣		
工艺安排 （30%）	8	工件装夹	10	不正确全扣		
	9	工件变形	10	不正确全扣		
	10	程序停止及工艺停止	10	不正确全扣		

拓展探究

　　FW 线切割机床功能强大，充分了解机床的功能，发挥机床的特点。例如利用其插补指令方便快捷进行配合件加工，加工精密零件，根据程序功能修正相关零件尺寸等。

巩固练习

根据图 5-37～图 5-40 所示图纸加工零件（未注公差为 IT7）。

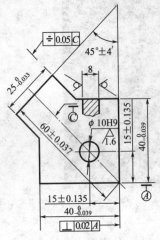

图 5-37 斜多边形

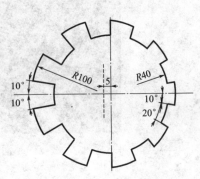

图 5-38 偏心棘轮

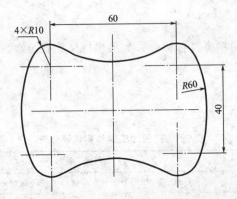

图 5-39 曲线类多边形

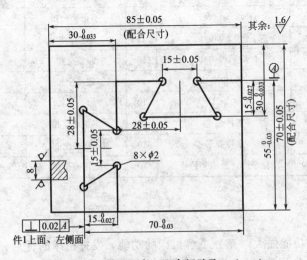

件1上面、左侧面

图 5-40 双燕尾配合（配合间隙取 0.1mm）

5.4 电切削工应会操作（三级）模拟试卷（线切割方向）

操作技能考核准备通知单（考场）

一、设备材料准备

序 号	设备材料名称	规 格	数 量	备 注
1	板料	120mm×100mm×10mm	1	45钢
2	线切割机床		1	
3	夹具	线切割专用夹具	1	
4	划线平台	400mm×500mm	1	
5	台钻	Z4012	1	
6	钻夹头	台钻专用	1	
7	钻夹头钥匙	台钻专用	1	
8	切削液	线切割专用	若干	
9	手摇柄	线切割专用	1	
10	紧丝轮	线切割专用	1	
11	铁钩	线切割专用	1	
12	活络扳手		若干	
13	钼丝	$\phi0.18$、$\phi0.20$	若干	
14	其他	线切割机床辅具	若干	

二、场地准备

1. 场地清洁　2. 拉警戒线　3. 机床标号　4. 抽签号码　5. 饮用水

三、其他准备要求

1. 电工、机修工应急保障

2. 工件备料图

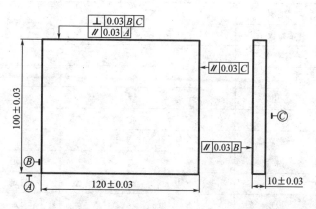

操作技能考核准备通知单（考生）

类别	序号	名　称	规　格	精度	数量
量具	1	外径千分尺	0~25、25~50、50~75	0.01	各1
	2	游标卡尺	0~150	0.02	1
	3	钢直尺	0~150		1
	4	高度划线尺	0~300	0.02	1
	5	万能角度尺	0~320°	2′	1
	6	刀口角尺	63×100	0级	1
	7	刀口直尺	125	0级	1
	8	塞尺	0.02~1		1
	9	半径规	$R1~R6.5$；$R7~R14.5$；$R15~R25$		各1
	10	V形铁	90°		1
	11	钟形百分表	0~10	0.01	1
	12	杠杆百分表	0~0.8	0.01	1
刃具	1	平板锉	6寸中齿、细齿		若干
	2	什锦锉			若干
	3	钻头	$\phi3$、$\phi6$		若干
	4	剪刀			1
其它工具	1	手锤			1
	2	样冲			1
	3	磁力表座			1
	4	悬臂式夹具			1
	5	划针			1
	6	靠铁			1
	7	蓝油			若干
	8	毛刷	2″		1
	9	活络扳手	12″		1
	10	一字螺丝刀			若干
	11	十字螺丝刀			若干
	12	万用表			1
	13	棉丝			若干
	14	标准芯棒	$\phi6$、$\phi8$、$\phi10$、$\phi12$		
编写工艺工具	1	铅笔		自定	自备
	2	钢笔		自定	自备
	3	橡皮		自定	自备
	4	绘图工具		1套	自备
	5	计算器		1	自备

操作技能考核试卷

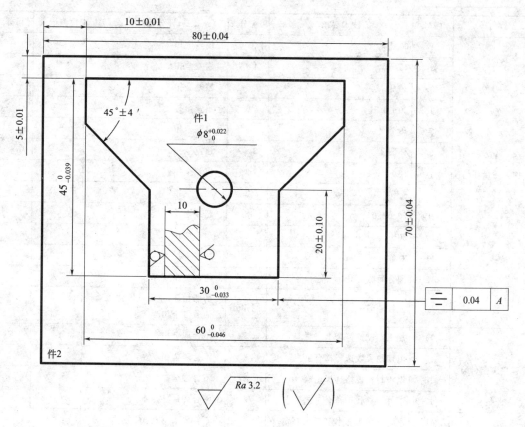

技术要求：1. 以件1尺寸配作件2，配合间隙≤0.04。

2. 各加工表面不能修整。

3. 未注公差为IT7。

考核时间：150分钟

操作技能考核评分记录汇总表

项目	序号	技术要求	配分	评分标准	检测记录	得分
加工质量评估 (80)	1	$60_{-0.046}^{0}$	7	超差全扣		
	2	$45_{-0.039}^{0}$	4×2	超差全扣		
	3	$30_{-0.033}^{0}$	6	超差全扣		
	4	$20±0.10$	6	超差全扣		
	5	$\phi8_{0}^{+0.022}$	4	超差全扣		
	6	$45°±4'$	3×2	超差全扣		
	7	$10±0.01$	3	超差全扣		
	8	$5±0.01$	3	超差全扣		
	9	$70±0.04$	8	超差全扣		
	10	$80±0.04$	8	超差全扣		
	11	对称度≤0.04	5	超差全扣		
	12	配合间隙≤0.04	2×8	超差全扣		
	13	工件缺陷	倒扣分	酌情扣分,重大缺陷加工质量评估项目全扣		
程序编制(10)	14	加工点设置符合工艺要求	3	不合理全扣		
	15	电切削参数选择符合工艺要求	2	不合理全扣		
	16	电极材料规格选择正确	2	不合理全扣		
	17	工件装夹找正符合工艺要求	3	不合理每处扣1~3分		
机床调整辅助技能(10)	18	电极安装及找正符合规范	3	不符要求每次扣1分		
	19	工件装夹、找正操作熟练	3	不规范每次扣1分		
	20	机床清理、复位及保养	4	不符要求全扣		
文明生产	21	加工点设置符合工艺要求	3	不合理全扣		

课题六　SE 电火花成型机床编程与操作

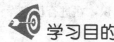 学习目的

1. 了解 SE 电火花成型机床的基本结构及功能，利用 SE 电火花成型机床的性能进行零件的加工。

2. 能结合相关的"数控电火花成型机床的安全文明操作规程"知识、进行程序的编写及修改，了解电火花成型加工工艺，并对加工参数进行设置和修改。

3. 能对 SE 电火花成型机床进行日常的保养及维护，对 SE 电火花成型机床进行简单的排故操作。

 安全规范

1. SE 电火花成型机床必须接地，防止电器设备绝缘损坏而发生触电。

2. 训练场地严禁烟火，机床附近不得放置易燃易爆物品。训练场地必须配置灭火器材；防止工作液等导电物进入机床的电器部分，一旦发生因电器短路造成火灾时，应首先切断电源，立即用四氯化碳等合适的灭火器灭火，不准用水灭火。

3. 进入操作场地，必须穿好工作服，不得穿凉鞋、高跟鞋、短裤、裙子进入操作场地。

4. 开机加工前，观察油台里火花油的油量，并将机床各部分加油润滑。

5. 进行操作时，必须听从安排，未经允许不得擅自进行操作，不得进行系统参数的设置，改变加工模式。

6. 加工工件时，要确保油面超过被加工零件的上表面，以免产生火花引起火灾事故。

7. 工件安装与拆卸，应轻拿轻放并用油冲洗表面，电极头夹紧时不能强行用力调节螺杆。

8. 加工过程中，严禁用手接触工件、工作台以及电极头等部分，不得随意打开机床电气控制柜。

9. 加工完毕后，必须关闭机床电源，收拾好工具，将废旧物品放入指定位置，并将机床、场地清理干净。

 技能要求

1. 能进行零件基准、电极基准的选择及校正，选择合适电火花成型加工参数。

2. 能熟练操作 SE 电火花成型机床。

3. 能按工艺要求选择合适的加工工艺。

4. 能根据图纸加工工艺要求检测零件是否合格。

5. 能对 SE 电火花成型机床进行常规保养及日常维护。

6.1 SE 电火花成型机床的基本操作

任务描述

该任务主要涉及 SE 电火花成型机床功能的基本操作。因此，在操作过程中须掌握 SE 电火花成型机床的开机、关机、程序调用及调试、控制台的手动操作等知识。在进行机床操作时，要严格按照文明操作规则操作机床。

在加工过程中，要密切注意加工条件对加工表面及尺寸精度的影响。因此，在加工前了解电加工参数对加工质量起的影响因素，并在加工过程中避免频繁改变参数影响加工质量，获得较高的零件质量。

相关知识点

(1) 手控盒（表 6-1）

表 6-1　手控盒按键功能表

按键	功能说明
	点动速度键。选择中速、高速、单步，开机时为中速。单步步距为 0.001mm。高速、中速各有 10 挡可以设定，0 挡最快，9 挡最慢，对应速度为 10~900mm/min
+X　−X +Y　−Y +Z　−Z +C　−C	点动移动键，指定轴及运动方向。定义如下：面对机床正面，工作台向左移动为 +X，反之为 −X；滑枕移近工作者为 −Y，远离为 +Y；主轴头上升为 +Z，下降为 −Z；C 轴逆时针旋转为 +C，反之为 −C
	PUMP 键，加工液泵开关。按下开泵，再按停止。泵开启状态时键左上角灯亮
	HALT(暂停)键，在加工状态，按下此键将使机床动作暂停
	RST(恢复加工)键 ①在暂停状态，按此键恢复暂停的加工 ②按此键开始加工(相当于键盘上的"Enter ↲"键)
	ST(忽视感知)键，电极与工件接触状态，按此键，灯亮，再按点动键可忽视接触感知进行移动。要特别注意移动方向，以免电极和工件相撞。此键仅对当前的一次操作有效。灯亮时，要取消"忽视感知"功能，再按一次此键，灯灭
	ACK(确认)键，在出错或某些情况下，其他操作被中止，按此键确认
	OFF 键 ①中断正在执行的操作 ②关闭电阻箱内的风扇。加工开始系统会自动启动风扇，加工结束 5min 后按此键关闭风扇

(2) 准备屏（Alt＋F1）

进行加工前的准备。光标移到某个功能模块后回车，即选中此功能，再选择或输入相关数据，即可实现此功能。要退出此模块按 F10。输入的数据有小数点为 mm/in，若无，则为 μm/0.0001in。准备屏如图 6-1 所示。

① 原点：回机械零点，即各轴的正极限。选择"三轴"时，执行顺序为 Z 轴、Y 轴、X 轴。

② 置零：把当前点设为当前坐标系的任一点。开机后，若没有返回上次的零点就进行置零操作，系统会提示操作者确认后再置零。

③ 回零：回当前坐标系的零点。可选任一轴或都回零。

④ 移动：有绝对（以当前坐标系零点为参考点）和增量（以当前点为参考点）两种方式。选定轴，输入数值按回车键执行。

⑤ 感知：通过电极与工件接触来定位。回退量是感知后向反方向移动的距离。速度有 1～9 挡，数值大速度低，易碎电极宜选低速。

⑥ 选坐标系：有 G54～G59 共 6 个坐标系，可用空格键选择。

⑦ 找内中心：确定内孔在 X 向、Y 向上的中心。X 向行程、Y 向行程是快速移动的距离，其数值应小于内孔半径与电极半径之差，且电极大致位于内孔中心。

⑧ 找外中心：确定工件在 X 向、Y 向上的中心。其中，X 向行程、Y 向行程应大于工件与电极该方向长度之和的一半；电极应大致位于工件中心，运动范围内无障碍；下移距离应大于电极与工件间的距离。

⑨ 找角：测定工件角的位置。用空格键选择角，其他设置与找中心基本相同。

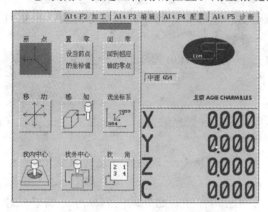

图 6-1 准备屏

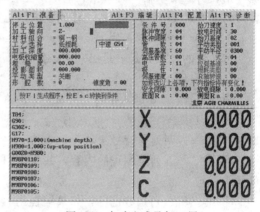

图 6-2 自动生成及加工屏

(3) 自动生成程序及加工屏（Alt＋F2）

自动生成及加工屏如图 6-2 所示。

1) 工艺数据选择区

按本区各项的要求输入数据，自动生成程序。

① 停止位置：每个条件加工完成后，电极回退停止的位置。

② 加工轴向：选定伺服轴和加工方向，有 Z＋、Z－、X＋、X－、Y＋、Y－，用空格键选择。

③ 材料组合：有铜-钢、细石墨-钢、石墨-钢三种。其他的组合将不予处理。

④ 工艺选择：有低损耗、标准值、高效率三种。与标准值相比，低损耗的损耗较低，Ra 也小，但效率要低些；高效率则损耗和 Ra 都要大些。

⑤ 加工深度：最终要达到的深度尺寸。深度值不带符号，最大值为 999.999mm/999.9999in。

⑥ 电极收缩量：电极尺寸与最终尺寸的差值，单位为 mm/in。

⑦ 粗糙度：最终表面的粗糙度，此处指底面的 Ra 值，单位为 μm。

⑧ 投影面积：最终是要得到放电部分在加工面的投影，以决定初始加工条件，因此要求准确。例如环状电极的投影面积只计算环的面积，中间部分不计。

⑨ 平动类型：用空格键选择关闭或打开，即有平动或无平动。

⑩ 型腔数：进行多孔位加工时，需设置型腔数，范围为 1～26。

⑪ 锥度角：若电极为锥形，请输入锥度角，即侧边与 Y 的夹角，单位为°，系统将根据锥度角计算每个加工条件的留量。

2）输入平动数据和型腔数据

工艺数据输入完成后按 F1 或 F2 自动生成程序。若平动打开，要输入平动数据。

① 平动类型：有圆形、二维矢量、○、□、◇、╳、十共七种选择，前两种是伺服平动，即加工轴加工到指定深度后，另外两轴按一定轨迹做扩大运动。其他用图形表示的是自由平动，即从加工开始，平动轴始终按一定轨迹做扩大运动。

② 开始角度：圆形及自由平动无须输入开始角度。如果是二维矢量，则需输入矢量的角度（以 X 正向为起始边）。

③ 平动半径：输入平动的半径或矢量的长度。范围 0～30mm/1.811in。

④ 角数：在平动轨迹是正多边形时，在此输入多边形的角数，数值 1～20。

⑤ 多孔位加工：若型腔数不为零，按 F1 自动生成程序，在输入平动数据后按 F10，出现一个表格，要求输入每个型腔的绝对坐标值，单位为 mm/in。如按 F2 自动生成程序，则表格要求的是 H 寄存器的号，移动距离则已存入指定的 H 寄存器中。表格分两页，每页可输入 13 个型腔的数据，用 Page Down、Page Up 键翻页。

多孔位的加工方式，是以一个条件依次加工完所有型腔，再转换下一个条件。

3）半自动编程

在加工屏按 F5 进入半自动编程。

① 加工程序号可从 0～9 共 10 个。程序号可用 Delete 键删除。

② 第一、四列是行号，从 1～24 共 24 行。

③ 第二、五列是编程的内容，共有 18 种，用 Page Down、Page Up 键切换。Insert 键可插入语句。

④ 第三、六列是数据区，如果编程内容是调用已知程序，此处输入程序号；如果是移动等动作，输入具体值；如果是加工，输入加工深度后再回车，出现一辅助画面，需要输入加工条件号、平动类型、开始角度、平动半径、角数、间隙补偿等数据，然后按 F1 生成程序并返回。按 F10 不生成程序退出。

注意：加工深度只能输入负值且为绝对坐标方式，若输入正值则自动变为零，即半自动编程仅为 Z 轴负方向加工。

4）加工程序显示区

显示当前内存中的程序，红色表示当前运行段。移光标或按 F8 进入该区，回车开始加工。

5）加工条件显示区

显示加工条件内容。加工中按 ESC 键把光标转到此区，可修改加工条件。关机后所做的改动即失效。非加工情况下改动加工条件，按 F1 可以存储，成为长期性修改。

系统可以存储 1000 种加工条件，其中 0～99 为用户定义的加工条件，其余为系统自带加工条件。条件中各参数的定义如下。

① 脉冲宽度（PW）：在 0～31 间选择。

② 脉冲间隙（PG）：在 0～31 间选择。

③ 管数（PI）：控制加工电流。50A 电柜在 0～15 间选取；100A 电柜在 0～20 间选取。

④ 伺服基准（COMP）：加工的间隙电压，大致在 55～85 选取。

⑤ 高压管数（HI）：为 0 时，极间空载电压为 100V，否则为 300V。选择范围 0～3，每个管子电流 0.5A。

⑥ 电容（CC）：并联在两极间，作特殊加工用，在 0～31 之间选取。由 C0～C4 二进制组合而成，C0＝0.015μF，C1＝0.033μF，C2＝0.068μF，C3＝0.15μF，C4＝0.33μF。例如选 C0 和 C2，则 C＝$2^0＋2^2$＝5。

⑦ 极性（POL）：电极与脉冲电源的哪极联接。

⑧ 伺服速度 GAIN：伺服反应的灵敏度，在 0～20 间选取。其值越大灵敏度越高。

⑨ 抬刀速度：0～9 共 10 挡，0 最快，9 最慢。放电面积增大或用 X、Y 轴伺服，要适当降低抬刀速度。

⑩ 放电时间：指两次抬刀的间隔，单位为 0.1s，可输入的值为 1～99。

⑪ 抬刀高度（UP）：指回退的长度，单位为 0.5mm，可输入的值为 0～99。0 表示不抬刀。

抬刀控制可分为定时抬刀和自适应抬刀。定时抬刀通过设置放电时间和抬刀高度来确定。自适应抬刀则是通过模式设定，系统将根据放电状态自动调节。抬刀路径有两种：一种是沿加工路径回退（这是缺省方式，也可用 G31 代码指定），回退量为 1mm；另一种是按指定轴向抬刀，通过 G30 代码和轴向来指定。

⑫ 平动类型（OBT），由三位十进制数组成，组合如表 6-2 所示。

表 6-2　平动类型

伺服平面		不平动	○	□	◇	×	＋
自由平动	XOY 平面	000	001	002	003	004	005
	XOZ 平面	010	011	012	013	014	015
	YOZ 平面	020	021	022	023	024	025

⑬ 平动半径：四位十进制数，单位为 μm。最大平动半径 9.999mm。

⑭ 模式（MODE）：由两位十进制数构成。

00：关闭，用于排屑特别好的情况下。

04：用在深孔加工或排屑特别困难的情况下。

08：用在排屑良好的情况下。

16：抬刀自适应，当放电状态不好时，自动减小抬刀的间隔时间，此时抬刀高度不能为 0。

32：电流自适应控制。

例如：用 5°锥形电极加工 20mm 深的孔时，模式可以设为 4＋16＋32＝52。

⑮ 拉弧基准（ARCV）：由两位十进制数构成，设定拉弧保护的等级。

00：关闭。

01：拉弧保护强。

02：拉弧保护中等。

03：拉弧保护弱。

⑯ 损耗类型（WEAR TYPE）：设定超低损耗电路的工作方式。0 为关闭此电路；1～7，数值越大，损耗越小，加工速度亦相应降低。损耗类型为 0～7 时，脉冲波形为等脉冲方式，损耗类型为 16 时，为等频方式。

⑰ R 轴转速（R-rpm）：仅对配置 C 轴的机床有效，调速范围－40～40r/min。0 表示关闭 R 轴。

⑱ 安全间隙（safety 2gap）：双边值，包含放电间隙及预留加工量。

⑲ 放电间隙（2GAP）：双边值，加工条件的火花间隙。

⑳ 底面 Ra：加工条件的底面粗糙度。

㉑ 侧面 Ra：加工条件的侧面粗糙度。

6）坐标显示区

实时显示加工中的坐标值。在加工中，加工轴字符下面的数字表示本程序段要加工到的实际深度。

(4) 编辑屏（Alt＋F3）（图 6-3）

全屏编辑，用 ISO 代码进行编程，在回车处自动加"；"号。用键盘或磁盘输入，用磁盘或打印机输出。可编辑的 NC 文件最大为 58k。

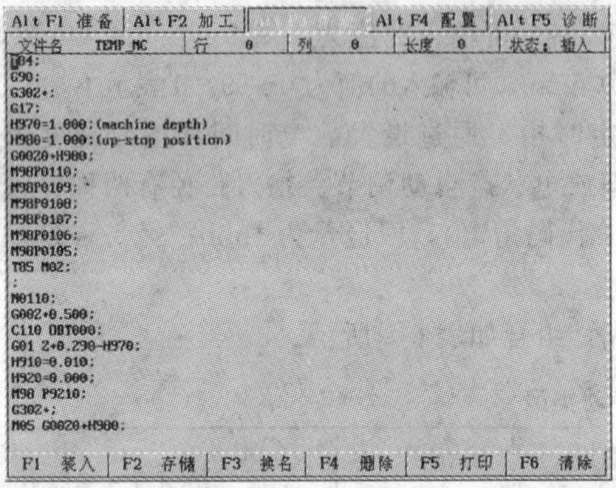

1）各编辑键功能介绍

① ↑ ↓ ← →：光标移动键。

② Del：删除键，删除光标所在处的字符。

③ BackSpace（←）：退格键，光标左移一格，并删除光标左边的字符。

④ Ctrl＋Y：删除光标所在处的一行。

⑤ Ctrl＋E：光标移到行尾。

⑥ Ctrl＋H：光标移到行首。

⑦ Ctrl＋I：插入与覆盖转换键，屏幕右上角的状态显示为"插入"时，在光标前可插入字符。当状态变为"覆盖"时，输入的字符将替代原有的字符。

图 6-3　编辑屏

⑧ PgUp 与 PgDn：向上翻一页与向下翻一页。

⑨ Enter：回车键，结束本行并在行尾加"；"号，同时光标移到下一行行首。

⑩ ESC：退出当前状态。

2）F 功能键介绍

① 装入（F1）：将 NC 文件从硬盘 D 或软盘 B 装入内存缓冲区。选定驱动器后，将显示文件目录，再用光标选取文件后回车。

② 存盘（F2）：将内存缓冲区的 NC 文件存入硬盘 D 或软盘 B。如无文件名，会提示输入文件名。文件名要求不超过 8 个字符，扩展名"．NC"自动加在文件名后。

③ 换名（F3）：更换文件名。如果新文件名与磁盘已有的文件重名，或文件名输入错误，将提示"替换错误"。

④ 删除（F4）：将 NC 文件从硬盘 D 或软盘 B 中删掉。

⑤ 串口入（F5）：通过串行口接收外部传来的程序，接受的程序放在缓冲区，原缓冲区的程序自动清除。在接收过程中按任意键可终止接收。

⑥ 串口出（F6）：把缓冲区中的程序通过串行口发送出去。

⑦ 打印（F7）：用户可选项，标准系统不提供。

⑧ 清除（F8）：清除内存缓冲区 NC 程序区的内容并清屏。

(5) 配置屏（Alt＋F4）（图 6-4）

设置系统的配置及运行中的一些系统参数。

① 语言选择：操作画面所使用的语言，用空格键选择。

② X、Y、Z 轴分辨率：设定 X、Y、Z 轴的最小移动单位，该机床为 $1:2$，即 $0.5\mu m$。

③ 有无 C 轴：设定是否带 C 轴。设为无 C 轴时，用手控盒或指令移动 C 轴会报警。

④ 计量单位：设定所使用的单位，有公制和英制两种。

⑤ 最大电流：选择最大工作电流，设为 50 时，管数最大为 15；100 时，管数最大为 20。

⑥ X、Y、Z 轴反向间隙：各轴丝杠的反向间隙，单位为 μm。

⑦ C 轴反向间隙：C 轴丝杠的反向间隙，单位为 $0.001°$，即 3.6s。

⑧ 点动各速度：感知反向行程、感知次数、感知速度、抬刀速度、无人、KM1 控制等内容，用光标选取，空格键转换或输入数据。其中各轴分辨率、各轴反向间隙不要轻易改动，以免影响机床精度。

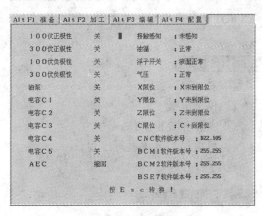

图 6-4　配置屏　　　　　　　　　　　　　　图 6-5　诊断屏

(6) 诊断屏（Alt＋F5）（图 6-5）

① 用手动方式来控制某些开关，以诊断这部分输出状态。包括：100V、300V 正负极性的切换，油泵启停，电容 C1～C5 的投入和断开。将光标移到该开关处，用空格键转换开或关，按回车键执行。

② 诊断机床状态，包括：接触感知、油温、浮子开关、气压、各轴限位的当前状态。按 ESC 键进行输入、输出转换。

③ 各软件版本号：CNC 软件、BCM1 软件、BCM2 软件、BSE7 软件。

(7) 其他屏参数屏（Alt＋F6）（图 6-6）

用户了解性屏幕，X、Y、Z 机械坐标显示及编码器的位置，以及加工时间等参数。可用机床坐标记忆加工起点，也可在此屏幕了解加工时间。

(8) 螺距屏（Alt＋F7）（图 6-7）

用户了解性屏幕，此屏幕可对滚珠丝杠的定位误差进行微量补偿，各轴螺距补偿均记录在此屏。用户不得修改。

(9) 补偿屏（Alt＋F8）（图 6-8）

显示编程时所用到的变量数值，可浏览 H 补偿码的值。

图 6-6　参数屏

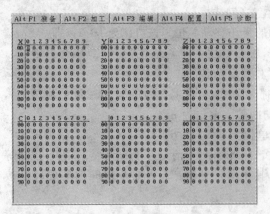

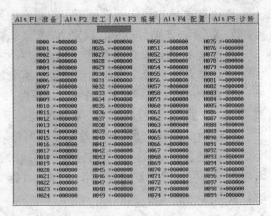

图 6-7　螺距屏 图 6-8　补偿屏

任务实施

① 安装电极。

② 校正电极。

③ 安装并校正工件。

④ 根据加工要求进行编程。

⑤ 工件校验。

实训评估 （表 6-3）

表 6-3　机床操作及界面熟悉评分表

姓名					总得分		
项目	序号	技术要求	配分	评分要求及标准	检测记录	得分
电极安装(20%)	1	安装丝正确	10	不正确全扣		
	2	操作熟练	10	不熟练酌扣		
电极找正(40%)	3	垂直度找正	10	不正确全扣		
	4	水平找正	20	不正确全扣		
	5	坐标设置	10	不正确全扣		
基准校正(30%)	6	基准找正正确	10	不正确全扣		
	7	电极与毛坯位置确定正确	20	不正确全扣		
	8	安全及文明操作	10	酌扣		

拓展探究

SE 电火成型机功能强大，为在以后的加工中熟练使用，必须熟悉各操作界面，了解 SE 电火花成型的各功能特点。

巩固练习

1. 解释手控盒各部分的作用。

2. 常用的平动类型有哪些特点？

3. 加工条件中包括哪些加工参数？

6.2　SE电火花加工工艺及电加工工艺留量计算

任务描述

通过对 SE 电火花加工艺的介绍、成型机编程的介绍，做到对操作程序心中有数，并能根据工艺及图纸要求对相关程序进行修改。

相关知识点

（1）SE 电火花加工工艺

1）影响电加工质量的因素

影响加工质量的原因是多方面的，大致与电极材料的选择、电极制造、电极装夹找正、加工规准的选择、操作工艺是否恰当等有关。要防止产生废品，应注意下列各点。

① 正确选择电极材料　在型腔加工中，石墨是常用的电极材料，但由于石墨的品种很多，不是所有的石墨材料都可作为电加工的电极材料，应该使用电加工专用的高强度、高密度、高纯度的特种石墨。紫铜电极常用于精密的中、小型型腔加工。在使用铸造或锻造制造的紫铜坯料做电极时，材质的疏松、夹层或砂眼，会使电极表面本身有缺陷、粗糙和损耗不均匀，使加工表面不理想。

② 制造电极时正确控制电极的缩放尺寸　制造电极是电火花加工的第一步，根据图纸要求，缩放电极尺寸是顺利完成加工的关键。缩放的尺寸要根据所决定的放电间隙再加上一定的比例常数而定。一般宁肯取理论间隙的正差，即电极的标称尺寸要偏"小"一些，也就是"宁小勿大"。若放电间隙留小了，电极做"大"了，使实际的加工尺寸超差，则造成不可修废品。如电极略微偏"小"，在尺寸上留有调整的余地，经过平动调节或稍加配研，可最终保证图纸的尺寸要求。

在型孔加工中无论是制造阶梯电极，还是用直接加工电极，由于最终要控制凸凹模具的配合间隙，因此对电极缩放尺寸的要求是十分严格的，一般应控制在 $\pm 0.01mm$。

③ 把好电极装夹和工件找正的第一关　在校正完水平与垂直，最后紧固时，往往会使电极发生错位、移动，加工时造成废品。因此，紧固后还要不厌其烦地再找正检查一下，甚至在加工开始进行了少量进给后，还需要停机再查看一下是否正确无误。因为电火花加工开始阶段是很重要的一个环节，需要操作者精心对待。

由于电极装夹不紧，在加工中松动，或找正误差过大，是造成废品的一个原因。电极或辅助夹具的微小松动，会给加工深度带来误差。有时在多次重复加工中，加工条件相同，但深度误差分散性很大，往往也是电极松动造成的。加工过程中夹具发热，也会使电极松动。对于一些小型单电极，只用一个螺栓与电极连接固定，则更容易发生松动，特别是石墨电极采用这种夹固方法是非常不可靠的。

在进行型孔加工中，一般为了减少加工量，都进行预铣或预钻。加工留量越小，越有利于提高加工速度，但也会给找正带来困难，造成废品的潜在危险也越大，多型孔同时加工的场合更是如此。由于预铣、预钻孔的尺寸不够均匀一致，往往多数孔已经找正，而有一两个孔略偏。如果观察粗略，就有可能加工后个别型孔留有"黑皮"而造成废品。因此在加工初始阶段，一定要停机查核，确实无误后再继续加工。

④ 要正确选用加工规准，了解脉冲电源的工艺规律　了解和掌握脉宽、脉间、电流、电压、极性等一组电规准对应产生的电极损耗、加工速度、放电间隙、表面粗糙度以及锥度等工艺效果，是避免产生废品、达到加工要求的关键。不控制电极损耗就不能加工出好的型腔；控制不好粗糙度和放电间隙，就不能确定最佳平动量，修光型腔侧壁；控制不准放电间隙和粗糙度就加工不出好的型孔。常常有人埋怨电源的电极损耗异乎寻常的大，这往往是由于极性接反了，或者是用高频、窄脉宽进行型腔的粗加工。

⑤ 防止由于脉冲电源中电气元件的影响而造成废品　脉冲电源在维修中由于更换了元器件，使脉冲参数发生改变，也会使加工达不到人们预期的效果。或由于电源中元器件损坏、击穿，引起拉弧放电，也是造成工件严重破坏的原因。

⑥ 注意实际进给深度由于电极损耗引起的误差　在进行尺寸加工时，电极长度相对损耗会使加工深度产生误差，而由于规准变化的不同，误差也会很不一致，往往使实际加工深度小于图纸要求。因此一定要在加工程序中，计算、补偿上电极损耗量，或者在半精加工阶段停机进行尺寸复核，并及时补偿由于电极损耗造成的误差，然后再转换成最后的精加工。

⑦ 正确控制平动量　型腔或型孔的侧壁修光要靠平动，既要达到一定粗糙度的要求，又要达到尺寸要求，需要认真确定逐级转换规准时的平动量。否则，有可能还没达到修光要求，而尺寸已经到限；或者已经修光但还没有达到尺寸要求。因此，应在完成总平动量75%的半精加工段复核尺寸，之后再继续进行精加工。

⑧ 防止型腔在精加工时产生波纹和黑斑　在型腔加工的底部及弯角处，易出现细线或鱼鳞状凸起，称为波纹。产生的原因有以下几方面。

a. 电极损耗的影响　电极材料质量差，方向性不对，电参数选择不当，造成粗加工后表面不规则点状剥落（石墨电极）和网状剥落（紫铜电极）。在平动侧面修光后反映在型腔表面上就是"波纹"。

b. 冲油和排屑的影响　冲油孔开得不合理，"波纹"就严重。另外，排屑不良，蚀除物堆积在底部转角处，也助长了"波纹"的产生。

减少和消除的方法如下。

a. 采用较好的石墨电极，粗加工开始时用小电流密度，以改善电极表面质量。

b. 采用中精加工低损耗的脉冲电源及电参数。

c. 合理开设冲油孔，采用适当抬刀措施。

d. 采用单电极修正电极工艺，即粗加工后修正电极，再用平动精加工修正，或采用多电极工艺。

e. 精加工留在型腔表面的黑斑常常给最后的加工带来麻烦。仔细观察，这部分的表面不平度较周围其他部分要差。这种黑斑常常是由于在精加工时脉冲能量小，使积留在间隙中的蚀除物不能及时排出所致。因此，在最后精加工时要注意控制主轴进行灵敏的"抬刀"，不使炭黑滞留而产生黑斑。

⑨ 注意装夹在一起的大小电极在放电间隙上的差异（此处主要指侧面间隙）　原则上放电间隙应不受电极大小的影响，但在实际加工中，大电极的加工间隙小，而小电极加工间隙反而偏大。

a. 大小电极组装精度可能不一样，小电极垂直精度不易装得像大电极那样高，使其投影面积增大，造成穿孔加工放电间隙扩大。

b. 小电极在穿孔加工过程中容易产生侧向振动，造成放电间隙扩大。

c. 由于穿孔进给速度受大电极的限制，使小电极二次放电机会增多，致使其放电间隙扩大。

⑩ 防止硬质合金产生裂纹　由于硬质合金是粉末冶金材料，它的导热率低，过大的脉冲能量和长时间持续的电流作用，都会使加工表面产生严重的网状裂纹。因此，为了提高粗加工的速度而采用宽脉宽、大电流加工是不可取的，一般宜采用窄脉宽（50μs 以下）高峰值电流。短促的瞬时高温使加工表面热影响层较浅，避免裂纹发生。

⑪ 防止在型孔加工中产生"放炮"　在加工过程中产生的气体，集聚在电极下端或油杯内部，当气体受到电火花引燃时，就会像"放炮"一样冲破阻力而排出，这时很容易使电极与凹模错位，影响加工质量，甚至报废。这种情况在抽油加工时更易发生。因此，在使用油杯进行型孔加工时，要特别注意排气，适当抬刀或者在油杯顶部周围开出气槽、排气孔，以利排出积聚的气体。

⑫ 注意热变形引起的电极与工件位移

a. 在使用薄型的紫铜电极时，加工中要注意由于电极受热变形而使加工的型腔产生异常。

b. 另外值得注意的是停机后由于人为的因素，使电极与工件发生位移。在开机时，又没注意电极与工件的相对位置，常常会使接近加工好的工件报废。

⑬ 注意主轴刚性和工作液对放电间隙的影响　电火花加工的蚀除物从间隙排出的过程中，常常在电极与工件间引起电极与加工面的二次放电。二次放电的结果使已加工过的表面再次电蚀。在凹模的上口电极进口处，二次放电机会就更多一些，这样就形成了锥度。电火花加工的锥度一般在 $4'\sim6'$ 之间。二次放电越多，锥度越大。为了减小锥度，首先要保持主轴头的稳定性，避免电极不必要的反复提升。调节好冲、抽油压力，选择好适当的电参数，使主轴伺服处于最佳状态，既不过于灵敏，也不迟钝，都可减少锥度。在加工深孔中为了减少二次放电造成锥度超差，常采用抽油加工或短电极的办法。

⑭ 要密切注视和防止电弧烧伤　加工过程中局部电蚀物密度过高，排屑不良，放电通道、放电点不能正常转移，将使工具工件局部放电点温度升高，产生积炭结焦，引起恶性循环，使放电点更加固定集中，转化为稳定电弧，使工具工件表面积炭烧伤。

防止办法是增大脉间及加大冲油，增加抬刀频率和幅度，改善排屑条件。发现加工状态不稳定时就采取措施，防止转变成稳定电弧。

2）编制一般加工工艺规程

一般模具的加工工艺基本方法是切削加工、热处理、电加工、线切割、冷挤、钳制、钳装、校模等。现重点阐述编制模具电火花加工工艺规程。

① 型腔模电火花加工一般工艺规程　应分别编制上、下模及电极的机械加工工艺和型腔模的电火花加工工艺。型腔模的材料有 9Mn2V、T10、T10A、3Cr2W8 等。

a. 上模和下模的制造工艺

ⅰ. 铣外形，各放 0.5～1mm，外形余量根据型腔复杂程度而定。

ⅱ. 铣两平面并放磨。

ⅲ. 划全形。

ⅳ. 电火花加工对形腔，一般比原型腔打深 0.3～0.5mm，留出磨量，以便磨床磨去因钳工修正打光而产生的上口塌角。

ⅴ. 以电加工型腔为基准，车、钻、镗、铣各形孔、形面。

ⅵ. 钳工整修对形。

ⅶ. 热处理，淬硬 HRC46～53。

ⅷ. 钳工装配，校模压样品。

b. 电极制造工艺　电极材料有高纯石墨和紫铜。石墨在加工前应在油里浸透，以便在机械加工时，石墨屑不易飞扬，清角线和棱角线不易剥落。

石墨和紫铜电极采用一般的车、铣、刨、磨等机械加工，最后钳工修正成形。紫铜电极还可采用线切割加工。

一般对于形状比较简单的型腔，多数采用单电极成形工艺，即采用一个电极，借助平动扩大间隙，达到修光型腔的目的。所谓单电极，可以是独块电极，也可以是镶拼电极，这由电极加工工艺而定。

对于大中型及型腔复杂的模具，可以采用多电极加工，各个电极可以是独块的，也可以是镶拼的，视具体情况而定。

c. 电火花加工型腔模（上模或下模） 一般先加工对形，再以电加工后型腔为准，加工外形或其他型孔，这样对于电加工操作者来说，找准定位还是比较方便的。但也不是一概如此，有些模具涉及许多因素，最后一道工序是电加工也是不少见的（外形及其他各型孔尺寸已做到）。这就对电加工定位、装夹、加工等有更高的要求。

② 型腔模加工改进方案 近年来，在脉冲电源、机床设备、工艺方法等方面有了很多进展。

a. 采用中精加工低损耗电源 由于中精加工低损耗电源的开发取得了显著成绩，从而为高精度的型腔模加工开创了新途径。

众所周知，以往的型腔模加工，是在机械加工后由钳工修正总装，但因机械加工在型腔四周、清角处、型腔中侧部、台阶和圆角等处的余量较多，所以钳加工的工作量很大。若采用低损耗电源加工，只需用一只紫铜电极来"光—光"（即用一个按一定比例稍缩小的电极，在要加工的型腔上进行电蚀加工），就能达到预期目的。

使用低损耗电源还可以把型腔的整体加工改为型腔的局部加工。考虑到经济效益，在能够采用机械加工的地方尽量用机械加工，对复杂型腔，四周清角、底部圆弧及窄槽等无法用机械加工的地方，则采用局部加工。此外，也可采用整体加工和局部加工相结合的方法，即先用石墨电板加工出大致的形状，然后再用紫铜电极进行局部加工。上述方法均取得很好的效果。

b. 选择不同的电极材料，把整体加工分解为局部加工 过去型腔电加工绝大多数采用石墨电极，极少采用紫铜电极，那是因为过去型腔模电火花加工绝大多数采用整体加工方式，而且那时虽然也有晶体管和可控硅脉冲电源，但是电极损耗较大，尤其在精规准时，损耗可达25%～30%，不适宜作局部加工。而且大块石墨容易找到，容易制作，并且分量轻，可磨削，易加工，因而被大量采用。而铜电极，由于大块紫铜难找，磨削困难，再加上电极损耗后，钳工修正困难，因此大大限制了紫铜电极的使用。

随着低损耗电源问世以来，型腔电加工工艺也随之由整体加工逐渐转为局部加工，不再需要大块电极，因此，紫铜电极应运而生。局部加工的电极不需要很大，但是几何形状较复杂，尺寸精度要求高，因此，人们采用紫铜作为局部加工的电极。

c. 线切割和电火花加工配套应用 中精加工低损耗电源输出功率较小，生产率略低，加工模具的双面间隙在0.1～0.25mm左右。目前，人们还是采用平动方法，扩大间隙来达到修光型腔的目的。但是平动方法也有它的不足之处，仿形精度受到一定影响，四周会产生圆角，底部产生平台，因此平动量不宜太大，一般为0.1～0.3mm，因而确定了电极的缩放量为0.1～0.3mm。根据型腔模具设计原则，电极尺寸的缩放按几何方法计算，因此在电极设计时只要在技术要求上写明电极的缩放量即可。

目前国内的线切割机床都有间隙补偿装置，线切割机床可利用间隙补偿装置自行切割电极。

如果采取线切割与电火花加工配合应用，可简化电极设计，保证电极质量，提高工效，缩短制造周期。

d. 在电火花加工型腔模具工艺中，除了利用低损耗电源扩大电加工应用范围及线切割与电加工配合应用外，还有许多方法可以提高型腔模的精度，采用 X、Y、Z、U、C 五轴数控联动（X 水平方向，Y 水平方向，Z 垂直方向，主轴转动 U，主轴分度运动 C），采用自动交换电极的电火花加工中心，只要事先调整好电极和编好相应的程序，便能自动加工复杂模具。

（2）电加工工艺留量的确定

1）基本概念（图 6-9）

① Gap：单边放电间隙。

② 放电间隙：参数表上的放电间隙指的是 2Gap。

③ 安全间隙：$M＝2Gap＋2R_{max}＋余量$，安全间隙也称尺寸差，电极尺寸收缩量。

④ 平动半径：$R＝电极尺寸收缩量/2$。一般 R 按 $M/2$ 选取。

⑤ 表面粗糙度：Ra、R_{max}，单位为 μm。一般 $R_{max}\approx 4Ra$。

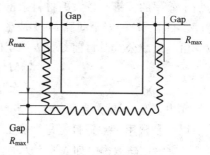

图 6-9　工艺留量

2）工艺留量的确定

下面以加工一个 $\phi20mm$ 的圆柱孔为例，确定其工艺过程和工艺留量。孔深 10mm，表面粗糙度要求 $Ra＝2.0\mu m$，要求损耗，效率兼顾，为铜打钢。

① 确定第一个加工条件

a. 如果电极还未做好，可根据投影面积的大小和工艺组合，由加工参数表选择第一个加工条件。本例工艺要求为"标准值"，投影面积为 $3.14cm^2$，按参数表确定第一个加工条件为 C131，从而确定电极尺寸差为 0.61mm。

b. 如果电极已经做好，尺寸差为 0.6mm，则由尺寸差和投影面积确定首要加工条件为 C130。

注意：尺寸差是决定首要加工条件的优先条件。如果尺寸差太小，即使投影面积很大，也无法选择较大的条件作为首要的加工条件。

本例选 C131 做首要加工条件，电极尺寸差按 0.61 做。

② 由表面粗糙度要求确定最终加工条件

$Ra＝2.0$，查看参数表侧面、底面均满足要求时选 C125。

③ 中间条件全选，即加工过程为：

C131—C130—C129—C128—C127—C126—C125。

④ 每个条件的底面留量计算方法

最后一个加工条件之前底面留量按本条件的 M/2 留量。最后一个加工条件按本条件的 Gap 留量。

本例每个条件的底面留量确定如下。

	C131	C130	C129	C128	C127	C126	C125
M/2	0.305	0.23	0.19	0.14	0.11	0.07	0.0275（Gap）

⑤ 带平动加工时平动量的计算：

$$平动半径(R)＝电极尺寸收缩量/2＝0.305$$

$$每个条件的平动量＝\begin{cases} R-M/2 & 首要条件 \\ R-0.4M & 中间条件 \\ R-Gap & 最终条件 \end{cases}$$

本例中每个条件的平动量确定如下：

	C131	C130	C129	C128	C127	C126	C125
平动量	0	0.121	0.153	0.193	0.217	0.249	0.2775

3）加工速度与工艺留量的关系。

电火花成型加工的工艺过程简单地讲，就是一个从粗到精的加工过程。因此终加工之前的每一个工序，均要为后面的加工考虑材料余量。选择合理的序间材料余量是保证加工质量与加工效率的关键。较大的材料余量会降低加工速度，较小的材料余量会影响加工的表面粗糙度。目前 SE 的安全间隙 M 就是在首先考虑加工质量的情况下确定出来的一个工艺留量参数，由其组成公式及目前参数表给定的安全间隙值可以计算出每个条件的材料余量。

$$M = 2Gap + 2R_{max} + 余量$$

$$余量 = M - 2Gap - 2R_{max}$$

式中，2Gap 就是参数表上的放电间隙；R_{max} 可按 $4Ra$ 近似计算。

以下是常用参数铜打钢每个加工条件的余量计算，低损耗时如表 6-4 所示，标准值时如表 6-5 所示，高效率时如表 6-6 所示。

表 6-4　低损耗工艺留量

条件号	安全间隙 M/mm	放电间隙 2Gap/mm	$R_{max}/\mu m$	材料余量（双边）/mm
115	1.65	0.89	66.8	0.626
114	1.55	0.83	61.6	0.597
113	1.22	0.60	56	0.508
112	0.83	0.47	48.4	0.263
111	0.70	0.37	34	0.262
110	0.58	0.32	31.6	0.197
109	0.40	0.25	27.2	0.096
108	0.28	0.19	20	0.05
107	0.19	0.15	15.2	0.0096
106	0.12	0.070	10.4	0.029
105	0.11	0.065	7.6	0.0298
104	0.08	0.05	6	0.018
103	0.06	0.045	4	0.007
101	0.04	0.025	2.8	0.009
100	0	0.005		

表 6-5　标准值工艺留量

条件号	安全间隙 M/mm	放电间隙 2Gap/mm	$R_{max}/\mu m$	材料余量（双边）/mm
135	1.581	0.84	72	0.597
134	1.06	0.544	66.8	0.382
133	1.00	0.53	60.8	0.348
132	0.72	0.36	48	0.264
131	0.61	0.31	40.8	0.218
130	0.46	0.24	39.2	0.142
129	0.38	0.22	29.6	0.101
128	0.28	0.165	23.2	0.068
127	0.22	0.11	14.0	0.082
126	0.14	0.06	10.4	0.060
125	0.12	0.055	7.6	0.050
124	0.10	0.05	6.4	0.037
123	0.07	0.045	5.6	0.014
121	0.045	0.04	4.8	

表 6-6　高效率工艺留量

条件号	安全间隙 M/mm	放电间隙 2Gap/mm	$R_{\max}/\mu m$	材料余量（双边）/mm
155	1.6	0.81	76	0.638
154	1.22	0.59	68.8	0.492
153	0.97	0.457	56.8	0.399
152	0.71	0.35	48.8	0.262
151	0.61	0.3	36.8	0.236
150	0.43	0.22	32	0.146
149	0.346	0.19	24.8	0.106
148	0.29	0.145	21.6	0.102
147	0.23	0.122	19.2	0.070
146	0.18	0.08	14.8	0.070
145	0.15	0.07	10.4	0.059
144	0.13	0.065	8.4	0.048
143	0.11	0.06	6.4	0.037
142	0.09	0.055	5.6	0.024
141	0.046	0.04	4.8	

最理想的加工状况是第一个条件加工完后，其后的加工只是修光第一个加工条件所形成的表面不平度，而不打掉新的材料，也就是把每个条件的材料余量按零对待。但实际加工时，考虑到放电状况受到的制约因素千变万化，因此为了安全要考虑材料余量，余量的大小可根据实际的放电状况而定，对于那些放电比较稳定、加工状态比较好的零件，可适当减小材料余量，以提高加工速度，实际改变时，可参照表 6-4～表 6-6 所列的标准材料余量来确定。

改变材料余量的方法有两个，一是按一定的百分比减少每个所选条件的材料余量；二是只减少留量较大的一个或几个条件，一般为最后一个条件。

余量改变后，在程序上的实现方法是：在自动编程生成程序的基础上，按材料余量的减少量修改各加工条件的底面留量，由于最后一个加工条件的减小量会影响加工深度，可按其减小量在总深度（即 H970）上加以修正。若还想修改平动量方向上的材料余量，最好先按每个条件的材料余量减少量算出每个条件的安全间隙即 M 值，按此 M 值修改机床上标准参数的 M 值，然后再自动生成程序，则底面留量和平动量都是按小余量方式产生。

以下为一个余量改变前后加工深度留量和平动量变化对比的例子，加工条件为 C109→C104，如表 6-7 所示。

表 6-7　余量改变带来的变化　　　　　　　　　　　　单位：mm

条件号	标准 M 值	标准余量	余量减小 30%后余量	余量减小 30%后 M 值	标准底面留量	标准平动量	余量减小后底面留量	余量减小后平动量
C109	0.4	0.096	0.067	0.371	0.2	0	0.185	0.014
C108	0.28	0.05	0.035	0.265	0.14	0.088	0.132	0.094
C107	0.19	0.0096	0.007	0.187	0.095	0.124	0.094	0.125
C106	0.12	0.029	0.020	0.111	0.06	0.152	0.056	0.155
C105	0.11	0.0298	0.021	0.101	0.055	0.156	0.051	0.159
C104	0.08	0.018	0.013	0.075	0.025	0.175	0.025	0.175

表 6-7 最后一个加工条件 C104 的标准底面留量和标准平动量均是按放电间隙算的，不

留材料余量。此例 C104 加工前有材料余量，双边为 0.021，单边为 0.0105。如 C104 不作为最终加工条件，加工完还应留材料余量，双边为 0.013，单边为 0.0065，因此可根据该值来修改底面留量和平动量，以减少加工时间。例如将单边加工量减少 0.005，可将 C104 底面留量 0.025 改成 0.03，将 II970 加大 0.005，以保证实际加工深度不变，将 C104 之前的每个加工条件的平动量加大 0.005 从而使 C104 的平动加工量减小，而最终加工尺寸不变。

提高加工效率的另外一个方法就是采用定时加工。由于自动编程生成的程序最后一个条件留量由 M 变成 Gap，使得最后一个条件的加工余量较大，而最后一个条件的放电能量一般都较小，严格加工到程序要求的深度会花较长的时间。由于最后一个条件的尺寸变化已较小，实际上只要加工到要求的表面粗糙度后就可结束加工，加工多长时间可根据经验决定。对于深度要求较严的零件，可在加工前适当加大一点加工深度，一则补偿电极损耗带来的尺寸误差，二则补偿最后一个条件加工量减小的误差。

任务实施

1. 通过加工计算无平动状态下型腔的加工精度。
2. 演示 SE 电火花成型不同的平动类型。
3. 对机床的构成及各部分功能做进一步解释。

实训评估（表 6-8）

表 6-8　界面熟悉及功能操作评分表

姓名			总得分			
项目	序号	技术要求	配分	评分要求及标准	检测记录	得分
界面熟悉(20%)	1	界面熟悉	10	不正确全扣		
	2	操作正确	10	不熟练酌扣		
工艺选择(40%)	3	工艺选择	10	不正确全扣		
	4	工艺留量确定	20	不正确全扣		
	5	平动类型确定	10	不正确全扣		
参数选择(30%)	6	代码选择	10	不正确全扣		
	7	煤油液面及流量控制	20	不正确全扣		
	8	安全及文明操作	10	酌扣		

拓展探究

电火花加工对工艺的要求相当严格，要多参考一些资料，研究不同类型零件的加工工艺。特别是对一些高精度零件的加工，如何协调加工效率和加工质量，必须在不同的加工条件多总结。

巩固练习

1. 常用的电极材料有哪些？各有何特点？
2. 影响点加工质量的因素有哪些？
3. 常用的热处理方法有哪些？
4. 计算工艺留量：加工一个直径 20mm 圆柱孔，深 5mm，表面粗糙度 Ra 为 $2.0\mu m$，要求损耗效率兼顾，为铜打钢。
5. 试计算其工艺留量：加工一个 $10 \times 10mm$ 四方孔，深 10mm，表面粗糙度 Ra 为 $1.6\mu m$，要求低损耗，为铜打钢。

6.3　SE 电火花成型机编程基础

 任务描述

通过对 SE 电火花成型机编程的介绍，能使操作者对操作程序心中有数，并能根据工艺及图纸要求对相关程序进行修改。

相关知识点

SE 电加工成型机加工代码如表 6-9 所示。

表 6-9　SE 电加工成形机加工代码一览表

组	代码	功　　能	组	代码	功　　能
A	G00	快速移动，定位指令	O	G80	移动轴直到接触感知
	G01	直线插补，加工指令		G81	移动到机床的极限
	G02	顺时针圆弧插补指令		G82	移到原点与现位置的一半处
	G03	逆时针圆弧插补指令		G83	读取坐标值→H×××
	G04	暂停指令		G84	定义 H 起始地址
B	G05	X 镜像		G85	读取坐标值→H×××并 H×××+1
	G06	Y 镜像		G86	定时加工
	G07	Z 镜像		G87	退出子程序坐标系
	G08	X-Y 交换	P	G90	绝对坐标指令
	G09	取消镜像和 X-Y 交换		G91	增量坐标指令
C	G11	打开跳转(SKIP ON)		G92	指定坐标原点
	G12	关闭跳转(SKIP OFF)		I	圆心 X 坐标
	G15	返回 C 轴起始点		J	圆心 Y 坐标
D	G17	XOY 平面选择		K	圆心 Z 坐标
	G18	XOZ 平面选择		L×××	子程序重复执行次数
	G19	YOZ 平面选择		P××××	指定调用子程序号
E	G20	英制		M00	暂停指令
	G21	公制		M02	程序结束
F	G22	软极限开关 ON，未用		M05	忽略接触感知
	G23	软极限开关 OFF，未用		M98	子程序调用
G	G26	图形旋转打开(ON)		M99	子程序结束
	G27	图形旋转关闭(OFF)		N××××	程序号
H	G28	尖角圆弧过渡		O××××	程序号
	G29	尖角直线过渡		Q××××	跳转代码，未用
I	G30	按指定轴向抬刀		R	转角功能
	G31	按路径反方向抬刀		RA	图形或坐标旋转的角度
	G32	伺服回原点(中心)后再抬刀		RI	图形旋转的中心 X 坐标
J	G40	取消电极补偿		RJ	图形旋转的中心 Y 坐标
	G41	电极左补偿		S	R 轴转速，未用
	G42	电极右补偿		T84	启动液泵
L	G53	进入子程序坐标系		T85	关闭液泵
	G54	选择工作坐标系 1		X	轴指定
	G55	选择工作坐标系 2		Y	轴指定
	G56	选择工作坐标系 3		Z	轴指定
	G57	选择工作坐标系 4		C	加工条件号
	G58	选择工作坐标系 5		D×××	补偿码
	G59	选择工作坐标系 6		H×××	补偿码

（1）G05，G06，G07，G08，G09（轴镜像，X-Y轴交换，取消镜像、交换）

这组代码仅在自动方式下，执行程序时起作用，在手动方式下不起作用。

镜像指令：G05定义X轴，G06定义Y轴，G07定义Z轴。这里所说的镜像，是将原程序中镜像轴的值变号后所得到的图形。例如在XOY平面，X轴镜像是将X值变号后所得到的图形，它实际上是原图形关于Y轴的对称图形。这与几何中镜像的概念是不同的。

G08：图形X、Y轴交换，即将程序中的X、Y值互换所得到的图形。

G09：取消图形镜像，取消X、Y轴交换。

需要说明的是：

① 执行一个轴的镜像指令后，圆弧插补的方向将改变，即G02变为G03、G03变为G02，如果同时有两轴镜像，则方向不变。

② 执行轴交换指令，圆弧插补的方向将改变，即G02变为G03，G03变为G02。

③ 两轴同时镜像，与代码的先后次序无关，即"G05 G06；"与"G06 G05；"的结果相同。

④ 使用这组代码时，程序中的轴坐标值不能省略。例如：

G05；

G01 X10. Y0；Y0不能省略

G01 X0 Y10.；X0不能省略

直线插补的镜像见图6-10和图6-11。

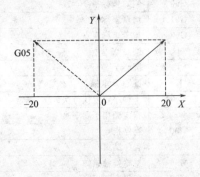

图6-10 X轴镜像

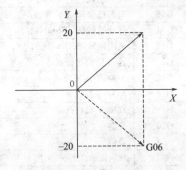

图6-11 Y轴镜像

圆弧插补的镜像见图6-12和图6-13。

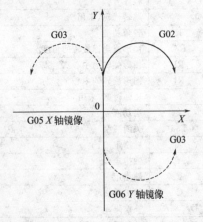

图6-12 X轴、Y轴单独镜像

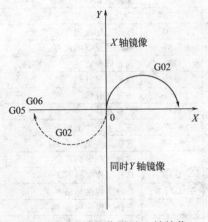

图6-13 X轴镜像同时Y轴镜像

（2）G11，G12（跳段）

G11："跳段 ON"，跳过段首有"/"符号的程序段，标识参数画面的 SKIP 显示 ON。

G12："跳段 OFF"，忽略段首的"/"符号，照常执行该程序段，标识参数画面的 SKIP 显示 OFF。

（3）G17，G18，G19（平面选择）

这组代码用来确定工作平面，如圆弧插补、轴镜像等指令都需要指定平面。G17 为 XOY 平面，也是开机后的默认平面。G18 为 XOZ 平面，G19 为 YOZ 平面。

（4）G30，G31，G32（指定抬刀方式）

G30：指定抬刀方向，后接轴向指定。例如"G30 Z＋"，即抬刀方向为 Z 轴正向。

G31：按加工路径的反方向抬刀，可以加工圆弧、斜线等一些轨迹。

G32：伺服轴回平动的中心点后再抬刀，可以结合平动功能加工一些特殊零件。

任务实施

（1）程序编制

1）圆形无平动加工程序

① 工艺数据

停止位置：1.000mm

加工轴向：$Z-$

材料组合：铜-钢

工艺选择：标准值

加工深度：10.000mm

尺寸差：0.600mm

粗糙度：2.000μm

投影面积：3.14cm²

平动方式：关闭

型腔数：0

② 加工程序（为便于阅读，指令间加了空格，实际编程是不需空格的）

T84；

G90；

G30 Z＋；

H970＝10.0000；（machine depth）

H980＝1.0000；（up-stop position）

G00 Z0＋H980；

M98 P0130；

M98 P0129；

M98 P0128；

M98 P0127；

M98 P0126；

M98 P0125；

T85 M02；

；

N0130；

G00 Z+0.5；

C130 OBT000；

G01 Z+0.230−H970；

M05 G00 Z0+H980；

M99；

；

N0129；

G00 Z+0.5；

C129 OBT000；

G01 Z+0.190−H970；

M05 G00 Z0+H980；

M99；

；

N0128；

G00 Z+0.5；

C128 OBT000；

G01 Z+0.140−H970；

M05 G00 Z0+H980；

M99；

；

N0127；

G00 Z+0.5；

C127 OBT000；

G01 Z+0.110−H970；

M05 G00 Z0+H980；

M99；

；

N0126；

G00 Z+0.5；

C126 OBT000；

G01 Z+0.070−H970；

M05 G00 Z0+H980

M99；

；

N0125；

G00 Z+0.5；

C125 OBT000；

G01 Z+0.027−H970；

M05 G00 Z0＋H980；

M99；

2）圆形有自由平动加工程序

① 工艺数据

停止位置：1.000mm

加工轴向：Z－

材料组合：铜-钢

工艺选择：标准值

加工深度：10.000mm

尺寸差：0.600mm

粗糙度：2.000μm

投影面积：3.14cm²

平动方式：打开

形腔数：0

自由圆形平动半径：0.30mm

② 加工程序

T84；

G90；

G30 Z＋；

H970＝10.0000；（machine depth）

H980＝1.0000；（up-stop position）

G00 Z0＋H980；

M98 P0130；

M98 P0129；

M98 P0128；

M98 P0127；

M98 P0126；

M98 P0125；

T85 M02；

；

N0130；

G00 Z＋0.5；

C130 OBT001 STEP0070；

G01 Z＋0.230－H970；

M05 G00 Z0＋H980；

M99；

；

N0129；

G00 Z＋0.5；

C129 OBT001 STEP0148；

G01 Z＋0.190－H970；

M05 G00 Z0＋H980；

M99；

；

N0128；

G00 Z＋0.5；

C128 OBT001 STEP0188；

G01 Z＋0.140－H970；

M05 G00 Z0＋H980；

M99；

；

N0127；

G00 Z＋0.5；

C127 OBT001 STEP0212；

G01 Z＋0.110－H970；

M05 G00 Z0＋H980；

M99；

；

N0126；

G00 Z＋0.5；

C126 OBT001 STEP0244；

G01 Z＋0.070－H970；

M05 G00 Z0＋H980；

M99；

N0125；

G00 Z＋0.5；

C125 OBT001 STEP0272；

G01 Z＋0.027－H970；

M05 G00 Z0＋H980；

M99；

3）方形有伺服平动加工程序

① 工艺数据

停止位置：1.000mm

加工轴向：Z－

材料组合：铜-钢

工艺选择：标准值

加工深度：10.000mm

尺寸差：0.610mm

粗糙度：2.000μm

投影面积：4cm^2

平动方式：打开

型腔数：0

示意图：

开始角度：0°

平动半径：0.30mm

角数：4

② 加工程序

T84；

G90；

G30 Z+；

H970＝10.0000；（machine depth）

H980＝1.0000；（up-stop position）

G00 Z0＋H980；

M98 P0131；

M98 P0130；

M98 P0129；

M98 P0128；

M98 P0127；

M98 P0126；

M98 P0125；

T85 M02；

；

N0131；

G00 Z+0.500；

C131 OBT000；

G01 Z+0.305－H970；

G32；

G91；

G90；

G30 Z+；

M05 G00 Z0＋H980；

M99；

；

N0130；

G00 Z+0.500；

C130 OBT000；

G01 Z+0.230－H970；

G32；

G91；

M05 G00 Z+0.171;

G01 X0.171 Y0.000 Z−0.171;

G01 X−0.171 Y−0.000 Z+0.171;

G01 X0.000 Y0.171 Z−0.171;

G01 X−0.000 Y−0.171 Z+0.171;

G01 X−0.171 Y0.000 Z−0.171;

G01 X0.171 Y−0.000 Z+0.171;

G01 X0.000 Y−0.171 Z−0.171;

G01 X−0.000 Y0.171 Z+0.171;

G90;

G30 Z+;

M05 G00 Z0+H980;

M99;

;

N0129;

G00 Z+0.500;

C129 OBT000;

G01 Z+0.190−H970;

G32;

G91;

M05 G00 Z+0.216;

G01 X0.216 Y0.000 Z−0.216;

G01 X−0.216 Y−0.000 Z+0.216;

G01 X0.000 Y0.216 Z−0.216;

G01 X−0.000 Y−0.216 Z+0.216;

G01 X−0.216 Y0.000 Z−0.216;

G01 X0.216 Y−0.000 Z+0.216;

G01 X0.000 Y−0.216 Z−0.216;

G01 X−0.000 Y0.216 Z+0.216;

G90;

G30 Z+;

M05 G00 Z0+H980;

M99;

;

N0128;

G00 Z+0.500;

C128 OBT000;

G01 Z+0.140−H970;

DC38 JP02;

G32;

G91;

M05 G00 Z+0.273；

G01 X0.273 Y0.000 Z−0.273；

G01 X−0.273 Y−0.000 Z+0.273；

G01 X0.000 Y0.273 Z−0.273；

G01 X−0.000 Y−0.273 Z+0.273；

G01 X−0.273 Y0.000 Z−0.273；

G01 X0.273 Y−0.000 Z+0.273；

G01 X0.000 Y−0.273 Z−0.273；

G01 X−0.000 Y0.273 Z+0.273；

G90；

G30 Z+；

M05 G00 Z0+H980；

M99；

；

N0127；

G00 Z+0.500；

C127 OBT000；

G01 Z+0.110−H970；

G32；

G91；

M05 G00 Z+0.307；

G01 X0.307 Y0.000 Z−0.307；

G01 X−0.307 Y−0.000 Z+0.307；

G01 X0.000 Y0.307 Z−0.307；

G01 X−0.000 Y−0.307 Z+0.307；

G01 X−0.307 Y0.000 Z−0.307；

G01 X0.307 Y−0.000 Z+0.307；

G01 X0.000 Y−0.307 Z−0.307；

G01 X−0.000 Y0.307 Z+0.307；

G90；

G30 Z+；

M05 G00 Z0+H980；

M99；

；

N0126；

G00 Z+0.500；

C126 OBT000；

G01 Z+0.070−H970；

G32；

G91；

M05 G00 Z+0.352；

G01 X0.352 Y0.000 Z−0.352；

G01 X−0.352 Y−0.000 Z+0.352；

G01 X0.000 Y0.352 Z−0.352；

G01 X−0.000 Y−0.352 Z+0.352；

G01 X−0.352 Y0.000 Z−0.352；

G01 X0.352 Y−0.000 Z+0.352；

G01 X0.000 Y−0.352 Z−0.352；

G01 X−0.000 Y0.352 Z+0.352；

G90；

G30 Z+；

M05 G00 Z0+H980；

M99；

；

N0125；

G00 Z+0.500；

C125 OBT000；

G01 Z+0.027−H970；

DC38 JP02；

G32；

G91；

M05 G00 Z+0.392；

G01 X0.392 Y0.000 Z−0.392；

G01 X−0.392 Y−0.000 Z+0.392；

G01 X0.000 Y0.392 Z−0.392；

G01 X−0.000 Y−0.392 Z+0.392；

G01 X−0.392 Y0.000 Z−0.392；

G01 X0.392 Y−0.000 Z+0.392；

G01 X0.000 Y−0.392 Z−0.392；

G01 X−0.000 Y0.392 Z+0.392；

G90；

G30Z+；

M05 G00 Z0+H980；

M99；

(2) 程序加工

1）开机准备

① 合上电柜右侧总开关，脱开急停按钮（蘑菇头按箭头方向旋转），启动。

② 约 20s 进入准备屏后，执行回原点动作。未进入准备屏之前，不要按任何键。

③ 将主轴头移动到加工所需位置。

④ 安装电极和工件。

2）编程

① 按 Alt+F2 进入加工屏。按照说明内容输入数据，生成 NC 文件。

② 按 Alt＋F3 进入编辑屏，手工编辑 NC 文件。也可以装入一个现成的 NC 文件进行修改。

③ 根据加工要求，设置好平动、抬刀数据，选择好加工条件。

3）加工

① 关闭液槽，闭合放油阀。

② 回到加工屏，移动光标到起始程序段，按回车执行。

③ 液泵的启停可以用手控盒操作，也可编入程序。

④ 液温、液面有自动检测，出现问题会有提示。

⑤ 加工中可以更改加工条件、暂停加工，但不能修改程序。

4）掉电后的恢复

加工过程中断电，重新开机后要继续加工，必须进行以下操作。

① 掉电前机床必须执行了回原点、设置零点的操作。设置零点可以在第一屏手动操作，也可以编入程序。

② 重新开机后进入第一屏，先执行回原点操作，然后回零。

③ 进入加工屏，将光标移到上次中断的程序段处，按回车继续加工。

5）手动加工

手动加工只能进行单轴向、单一加工条件和深度的单段加工。在加工屏，按 F9 键进入手动加工画面。这四项由用户选择和设定。

① 加工轴向：用空格键切换，有 Z－、Z＋、Y－、Y＋、X－、X＋六个方向。

② 加工深度：用增量坐标表示，不带符号。取值范围在 0～999.999mm 之间。

③ 加工条件号：选择加工条件，设置抬刀、平动等参数。

④ 加工开始：有两种选择，一种是当前点，即以电极当前位置为加工起点；另一种是感知定零，以电极和工件接触感知确定加工起点。

⑤ 手动加工中找正：在手动加工中，按键盘上的 J 键，然后按手控盒上的轴向键（不能是当前加工轴），可以单步移动该轴。利用这一功能，可以根据放电火花，调整电极位置。

按 F10 键退出手动加工方式。

6）脉冲宽度、脉冲间隙、管数设定值与实际值对应表（表 6-10）

表 6-10　参数设定值与实际值对照表

值	脉宽脉间/μs	电流/A	值	脉宽脉间/μs	电流/A
0	1	0	16	100	76.0
1	1.3	0.8	17	130	88.0
2	1.8	1.4	18	180	100.0
3	2.4	1.6	19	240	112.0
4	3.2	2.4	20	320	124.0
5	4.2	3.2	21	420	
6	5.6	4.0	22	560	
7	7.5	5.6	23	750	
8	10	9.4	24	1000	
9	13	11.0	25	1300	
10	18	14.2	26	1800	
11	24	18.4	27	2400	
12	32	25.6	28	3200	
13	42	37.0	29	4200	
14	56	50.0	30	5400	
15	75	64.0	31	5400	

实训评估（表 6-11）

表 6-11　电火花程序编译及加工评分表

姓名				总得分			
项目	序号	技术要求	配分	评分要求及标准	检测记录	得分
程序编译(20%)	1	电火花成型工艺选择正确	10	不正确全扣		
	2	程序正确	10	不熟练酌扣		
加工操作(40%)	3	电极安装	10	不正确全扣		
	4	工件安装	20	不正确全扣		
	5	加工操作正确	10	不正确全扣		
零件校正(30%)	6	尺寸正确	10	不正确全扣		
	7	表面粗糙度达要求	20	不正确全扣		
	8	安全及文明操作	10	酌扣		

拓展探究

不但要能利用机床本身的编程系统，更要能对简单的零件进行手工编译，这样能提高对程序的理解，从而能熟练地进行程序的修改及编辑。

巩固练习

1. 用直径 19mm 的圆铜打一个直径 20mm、深 10mm 的孔，试编制其程序。

2. 用 20×20 的电极加工一个深为 3mm、尺寸为 20.5mm×20.5mm 的孔，试编制其程序。

6.4　电切削工应会操作（四级）模拟试卷（电火花方向）

操作技能考核准备通知单（考场）

一、设备材料准备

序　号	设备材料名称	规　格	数　量	备　注
1	钢板	50mm×40mm×30mm	1	Cr12、T10
2	电火花机床		1	带平动功能
3	方形电极	10mm×10mm×50mm；20mm×20mm×50mm	各 2	长度可加长
4	圆周电极	$\phi 10$、$\phi 20$	各 2	长度 50mm 以上
5	夹具	电火花专用夹具	1	
6	划线平台	400mm×500mm	1	
7	钻夹头	台钻专用	若干	带直柄
8	钻夹头钥匙	台钻专用	若干	
9	切削液	电火花专用	若干	
10	活络扳手	通用	若干	
11	其他	电火花机床辅具	若干	

二、场地准备

1. 场地清洁　2. 拉警戒线　3. 机床标号　4. 抽签号码　5. 饮用水

三、其他准备要求

1. 电工、机修工应急保障
2. 工件备料图（a）、电极备料图（b）

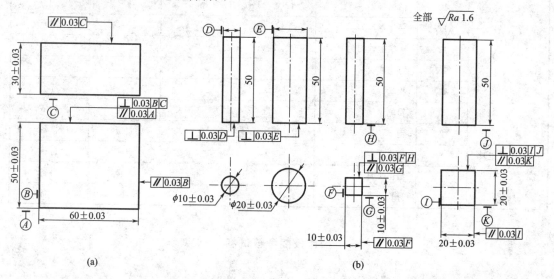

(a)　　　　　　　　　　　　　　　(b)

操作技能考核准备通知单（考生）

类别	序号	名　称	规　格	精度	数量
量　具	1	内径千分尺	0～25、25～50、50～75	0.01	各1
	2	游标卡尺	0～150	0.02	1
	3	钢直尺	0～150		1
	4	高度划线尺	0～300	0.02	1
	5	万能角度尺	0～320°	2′	1
	6	刀口角尺	63×100	0级	1
	7	刀口直尺	125	0级	1
	8	塞尺	0.02～1		1
	9	半径规	R1～R6.5；R7～R14.5		各1
	10	V形铁	90°		1
	11	钟形百分表	0～10	0.01	1
	12	杠杆百分表	0～0.8	0.01	1
工　具	1	平板锉	6寸中齿、细齿		若干
	2	什锦锉			若干
	3	手锤			1
	4	样冲			1
	5	磁力表座			1
	6	划针			1

类别	序号	名　称	规　格	精度	数量
工　具	7	靠铁			1
	8	蓝油			若干
	9	毛刷	2″		1
	10	活络扳手	12寸		1
	11	一字螺丝刀			若干
	12	十字螺丝刀			若干
	13	万用表			1
	14	棉丝			若干
编写工艺工具	1	铅笔		自定	自备
	2	钢笔		自定	自备
	3	橡皮		自定	自备
	4	绘图工具		1套	自备
	5	计算器			1

操作技能考核试卷

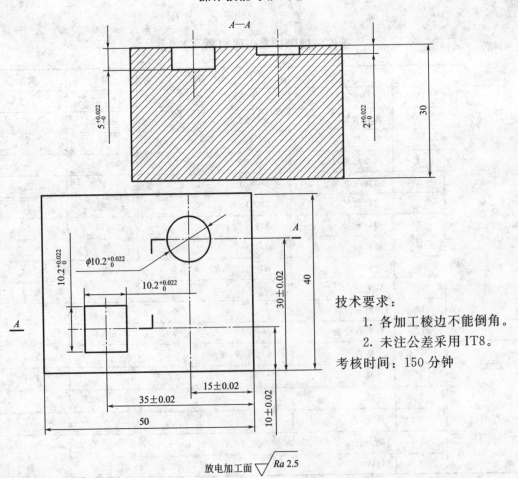

技术要求：

1. 各加工棱边不能倒角。

2. 未注公差采用IT8。

考核时间：150分钟

放电加工面 $\sqrt{Ra\,2.5}$

操作技能考核评分记录汇总表

项目	序号	技术要求	配分	评分标准	检测记录	得分
程序编制(10)	1	加工点设置符合工艺要求	3	不合理全扣		
	2	电切削参数选择符合工艺要求	2	不合理全扣		
	3	电极材料规格选择正确	2	不合理全扣		
	4	工件装夹找正符合工艺要求	3	不合理每处扣1~3分		
机床调整辅助技能 (10)	5	电极安装及找正符合规范	3	不符要求每次扣1分		
	6	工件装夹、找正操作熟练	3	不规范每次扣1分		
	7	机床清理、复位及保养	4	不符要求全扣		
加工质量评估(80)	8	30 ± 0.02	8	超差全扣		
	9	35 ± 0.02	8	超差全扣		
	10	15 ± 0.02	8	超差全扣		
	11	10 ± 0.02	8	超差全扣		
	12	$\phi10.2^{+0.022}_{0}$	6	超差全扣		
	13	$10.2^{+0.022}_{0}$	5×2	超差全扣		
	14	$2^{+0.022}_{0}$	5	超差全扣		
	15	$5^{+0.022}_{0}$	5	超差全扣		
	16	$Ra2.5$	2×7	超差全扣		
	17	工件缺陷	倒扣分	酌情扣分,严重缺陷加工质量评估项目不得分		
文明生产	18	人身、机床、刀具安全	倒扣分	每次倒扣5,重大事故记总分零分		

课题七　小孔机编程及操作

学习目的

1. 了解小孔机的基本结构，掌握小孔机的工作原理。
2. 掌握小孔机的编程与操作，并能对机床进行日常的保养及维护。

技能要求

1. 能进行零件基准的选择及校正，选择合适的电极及加工参数。
2. 能熟练操作小孔机机床。
3. 能按工艺要求选择合适的加工工艺。
4. 能根据图纸加工工艺要求检测零件是否合格。
5. 能对机床进行常规保养及日常维护。

7.1　小孔机基础

任务描述

随着电子工业的飞速发展，以及模具行业对小孔加工的日益增多，不仅要求能加工小孔，还要求加工的小孔精度高、速度快、控制性能好，因此传统的手动小孔机已不能适应现代加工工艺的需要，全功能数控高速电火花小孔机应运而生。这种小孔机从加工性能、加工精度、操作方便性等方面，都是手动加工机床无法比拟的，它将代替手动小孔机，成为机械特别是模具行业必需的一种加工设备。

图 7-1　电火花穿孔机

相关知识点

小孔机（又称电火花穿孔机），如图 7-1 所示，属于电火花加工机床的一种。在机械制造业中，内表面的加工与外表面的加工是比较困难的，尤其是微孔、孔系、深孔小孔的加工以及在超硬材料上的孔加工，一直是加工工艺上难以解决的问题。因为使用普通的金属切削加工是难以完成它们的加工的。

根据电火花加工的特点，由于在加工的过程中没有宏观作用力的产生，电极不受其刚性限制等特点，利用电火花进行微孔、孔系、深孔小孔的加工以及在超硬材料上的孔加工，是首选的加工手段。

(1) 电火花穿孔加工的原理

电火花穿孔加工是遵循电火花成型加工的原理进行的。

由于小孔、深孔的加工工艺难度主要表现在加工过程中电蚀物排除困难，为了解决这一困难，电火花穿孔加工必须采用特殊的工艺手段。

① 为了解决电蚀物排除问题，必须加强工作液的循环，使用中空管状电极，通入高压高速流动的工作液。

② 电极在加工过程中做匀速旋转，电极端面损耗均匀，以消除电火花加工时电极振颤带来的影响。

③ 电极在伺服系统的作用下，以高于成型加工技术的速度，进行轴向进给运动。由于高压高速工作液能迅速将电蚀物排出加工区域，从而为加大电火花加工的蚀除速度创造了有利条件。因此电火花穿孔加工的速度大大高于电火花成型加工，一般情况下的蚀除速度为 $20\sim60\text{mm}/\text{min}$，比机械钻孔加工快许多。该方法特别适合于直径在 $0.3\sim3\text{mm}$ 的小孔加工，而且其深径比可达 $300：1$。

（2）小孔机的结构

1）小孔机的结构

小孔机主要由主轴、旋转头、坐标工作台、机床电控系统和高压工作液循环等系统组成。

2）小孔机的工作原理

小孔机是利用连续移动的细金属丝（称为电极丝）作电极，对工件进行脉冲火花放电蚀除金属、切割成型。与电火花线切割机床、成型机不同的是，其电脉冲的电极是空心铜棒。介质从铜棒孔穿过与工件发生放电，腐蚀金属达到穿孔的目的，用于加工超硬钢材、硬质合金、铜、铝及任何可导电性物质的细孔，如图 7-2 所示。

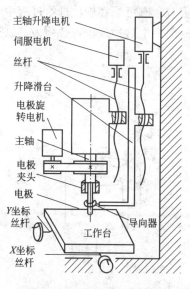

图 7-2　小孔机的工作原理

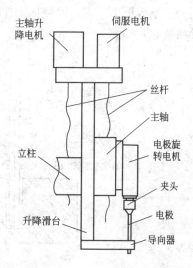

图 7-3　电火花高速穿孔机床主轴

（3）小孔机各部分的作用

1）主轴

主轴部分主要由升降滑台、主轴、密封旋转系统和导向系统组成，如图 7-3 所示。升降滑台安装在主轴前方的导轨上，在升降滑台电机的驱动下完成主轴的升降运动，当到达工作位置后，停机锁定。

管状电极在加工过程中是旋转的，其旋转原理如图 7-4 所示，它主要是通过旋转电极带动其同步带传动机构来实现其旋转运动的。

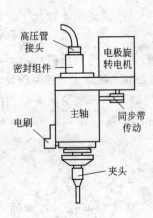

图 7-4　电极旋转原理

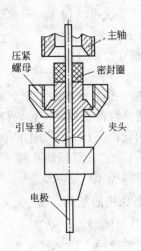

图 7-5　电极的安装

　　电极在主轴上的安装如图 7-5 所示。安装时，依次将所需的电极、夹头、密封圈等组件组合好，放入主轴端部内孔，旋转压紧螺母即可。然后接通高压工作液，检验密封组件的密封效果。

　　电极的导电主要是通过电刷组件来实现的，在安装时，应调整好电刷组件，保证加工时连续顺利。

　　穿孔加工时，因为空心管状电极比较细小，刚性很差，有可能在旋转进给过程中与工件电极相碰，造成电弧放电，而烧坏工件和电极，为了避免产生这种现象，必须为其制造一个进给导向装置，如图 7-6 所示。

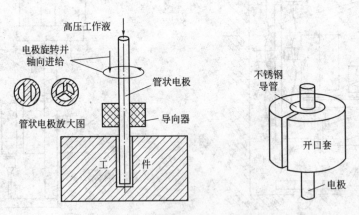

图 7-6　电极的导向与导向工具

　　在选配不锈钢套管时，必须注意与电极的配合间隙，要做到不松不紧，使电极在进给时无卡阻现象，如果间隙太大，就起不到导向的作用了。

　　2）高压作业的供给系统

　　该系统由工作液槽、过滤器、液压泵、压力控制阀以及循环管路系统组成。主要作用是将高压、高速的工作液通过管状电极送入深孔和小孔加工区域，强化电蚀物的排除，以保证加工精度和穿孔加工的顺利进行。

3）主轴伺服系统

在进行穿孔加工时，工件材料在加工区域不断地被蚀除，造成电极与工件之间的间隙增大，使放电加工无以为继。主轴进给伺服系统的主要作用就是在伺服电机的作用下，根据加工的实际速度，适时控制主轴带动电极向下做进给运动，保证断面放电间隙恒定，使加工过程连续稳定，如图 7-7 所示。

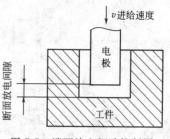

图 7-7　端面放电间隙控制图

4）工作台

与电火花成型加工机床一样，通过坐标控制 X、Y 两个方向的坐标值，准确地实现工件的找正。

7.2　小孔机的编程与操作

任务描述

小孔机是电加工机床的一种，其操作相对简单，且加工效率高，其加工工艺与其他电加工机床有所区别。本课题以北京阿奇 SD1 小孔机为蓝本，介绍小孔机的编程及操作。

相关知识点

(1) 装夹

1）工件的装夹

用专用的夹具或自备夹具将工件与工作台固定连接，并将电极与工件接通。

2）电极管的装夹（图 7-8）

① 当确定要加工的孔径后，应先选好与要加工孔径相同直径的电极管 7、导套 2、夹头 5 及宝石导向器 9。

② 按电极安装图所示，将导套 2、小垫 3、密封套 4 及夹头 5 穿在电极上，并装入旋转轴 1 的孔内，用钩形扳手 10 上紧螺母 6。

③ 将宝石导向器 9 装入辅助轴上的支架上 8，手动辅助轴将电极管 7 穿入宝石导向器 9 中。

(2) 操作面板

小孔机的操作面板如图 7-9 所示。

1）操作键

SP0：高速移动及其指示灯；SP1：中速移动及其指示灯；SP2：低速移动及其指示灯；SP3：单步移动及其指示灯。在手动方式下当该键按下时，相应的指示灯亮。

±X：X 轴正负向移动。在手动方式下当该键被按下时，X 轴以选定的速度正负向移动；松开按键，运动停止。

±Y：Y 轴正负向移动。手动方式下当该键被按下时，Y 轴以选定的速度正负向移动；松开按键，运动停止。

±Z：Z 轴正负向移动。手动方式下当该键被按下时，Z 轴以选定的速度正负向移动；松开按键，运动停止。

ST：忽略接触感知，当工件与电机接触后，轴移动将被禁止，此时按该键，可取消接触感知，轴可移动。松开该键接触感知生效。

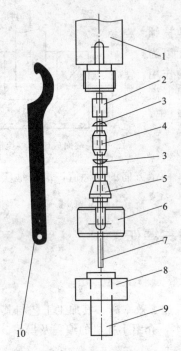

图 7-8 电极管的安装图

1—旋转轴；2—导套；3—小垫；4—密封套；
5—夹头；6—螺母；7—电极管；8—支架；
9—宝石导向器；10—钩形扳手

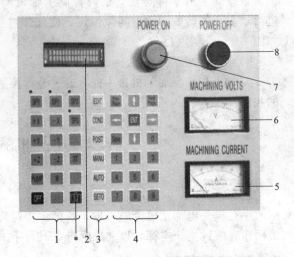

图 7-9 操作面板

1—操作键；2—VFD显示区；3—主菜单；4—编
辑键；5—电流表；6—电压表；7—电源
开；8—电源关；（＊）—穿透键

PUMP：高压泵开关，手动方式下，高压泵起动，再按一下高压泵停止。

R：R 轴开关，当该键按下时，R 轴旋转，再按一下 R 轴停止。

OFF：程序停止：按下该键时，程序停止执行且 Z 轴回退至当前孔的加工起始点。

（＊）：穿透键，当火花从工件底部穿出时，按下此键有助于快速穿透。

2）VFD 显示区

显示 XYZ 轴坐标、机床状态、加工参数、用户程序。

3）主菜单

EDIT：编程窗口。该键按下后，进入编辑可；移入新程序也可修改原程序。

COND：加工参数窗口。该键按下后，显示加工参数，可对参数进行修改。

MANU：手动窗口 SET0。设定坐标参考点。

4）编辑键

Prev Page：向前翻一屏。

Next Page：向后翻一屏。

↑：光标上移一行。

↓：光标下移一行。

→：光标右移一列。

←：光标左移一列。

ENT：功能键。

SAVE：功能键。

0～9：数字键。

5）电流表

显示加工电流。

6）电压表

指示加工间隙电压。

7）电源开

按下该按钮机床通电。

8）电源关

按下该按钮机床断电。

（3）小孔机的操作与编程

1）开机

① 如图 7-10 所示，旋转一下红色蘑菇头按钮 1，使其处于弹起状态，合上电源总开关 2，机床通电。

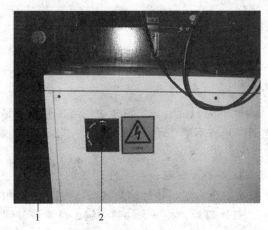

图 7-10 急停开关和电源开关
1—急停开关；2—电源开关

② 按下面板上（图 7-9）的绿色启动按钮，该按钮中的指示灯亮，表明机床正处于工作中，显示屏显示如下：

W	E	L	C	O	M		T	O	U	S	E.		S	D
P	L	E	A	S	E		W	A	I	T				

此时，主控制系统正与前台操作系统通信联络，通信成功后，将显示如下画面：

C	O	M	E		S	U	C	C	E	S	S	!.		
V	E	R	S	I	O	N				0	3	–	0	5

主控制系统软件版本号 ⎯⎯⎯⎯⎯⎯⎯

前台操作系统软件版本号 ⎯⎯⎯⎯⎯⎯⎯⎯⎯⎯⎯⎯

数秒钟后，系统进入 MANU 状态，此时，便可进行各种操作。

2）关机

在任何时候，按下面板上的 POWER OFF 按钮，指示灯灭，显示器灭，机床停止工作。在紧急情况下，按下红色蘑菇头按钮总开关断开，切断机床电源，机床停止工作。

3）手动窗口（MANU）

开机后，如果通信正常，系统将首先进入手动窗口的第一屏显示 X、Y 轴坐标，如下所示：

M	A	N	U			X	+	0	0	0	.	0	0	0
P	A	G	E	1		Y	–	0	0	0	.	0	0	0

屏幕号码 ⎯⎯⎯⎯⎯

当前坐标 ⎯⎯⎯⎯⎯

按下 "Prev Page" 或 "MANU" 键将回到第一屏显示 X、Y 轴坐标。手动窗口描述如下。

① 在 MANU 的任一屏中，均可移动 XYZ 轴（正在自动执行程序时除外），并即时显

示坐标。当在第一屏时，按下 "Z+" 或 "Z−" 键移动 Z 轴时，系统自动进入第二屏显示 Z 轴坐标；同样，当在第二屏时，按下 "X+" 或 "X−"、"Y+" 或 "Y−" 键移动 X 或 Y 轴时，系统自动回到第一屏显示 X 或 Y 轴坐标。

② 按下 "SP0"～"SP3" 键，其相应的指示灯亮，此后，手动移动 X、Y、Z 轴的速度为相应的速度。

③ 同时只能有一个轴移动，当在移动中或刚要移动时，如果电极与工件接触，则该轴立即停止或不能移动，并伴随一声 "Bi, Bi" 响。在 MANU 第二屏的状态显示栏将有提示：STU8 * * * * * 。

④ 如果要在电极与工件接触的情况下，移动 XYZ 轴，先按下 "ST" 键，然后松开，此时系统进入忽略接触感知状态，再按要移动的轴键，该轴可以移动。一旦松开该键，或按下 "ST" 键后，按下非轴移动键，系统恢复到接触感知状态。

⑤ 按下 "PUMP" 键后松开，高压泵开，再按 "PUMP" 键后松开，高压泵关。但是，当水箱水位太低时，高压泵会自动停止或不能开启。当高压泵开启或水位太低时，在 MANU 第二屏的状态显示栏将有提示：STU4 * * * 1 * 。

⑥ 按下 "R" 键后松开，R 旋转轴转动，再按 "R" 键后松开，R 旋转轴关。当 R 旋转轴开时，在 MANU 第二屏的状态显示栏将有提示：STU * * * * 2 * 。

⑦ 正在自动执行程序时，系统不允许以下操作：不允许手动移动工作台、不允许停高压泵、不允许关停 R 旋转轴。因此，此时，操作键区除 "OFF" 和 "穿透" 键外，其余键不起作用。

⑧ 按下 "EDIT" 键，系统进入编辑窗口，编辑程序或准备加工。

⑨ 按下 "COND" 键，系统进入参数窗口，查看或修改加工参数。

⑩ 按下 "SET0" 键，系统进入坐标设定窗口，设定当前坐标为 0 或任意值。正在自动执行程序时，按下 "SET0" 键，不起作用。

4）坐标设定窗口（SET0）

在非自动执行程序状态下，按下 "SET0" 键，系统进入坐标设定窗口，显示如下：

S	E	T	0				X	+	0	0	0	.	0	0	0
P	A	G	E	1			X	−	0	0	0	.	0	0	0

屏幕号码 ——

输入设定值 ——

此为坐标设定窗口第一屏，可设定 X 轴坐标为 0 或任意值。默认值为 0。光标只能在第二行移动。

① 欲设当前的 X 坐标为 0，按下 "ENT" 键。

② 欲设当前的 X 坐标为其他值，可用数值键和箭头键给定设定值（方法与 EDIT 状态同），确认无误后，按下 "ENT" 键。

"Next Page" 键，显示第二屏，可设定 Y 轴坐标为 0 或任意值。默认值为 0。其设置方法同上。显示如下：

S	E	T	0				Y	+	0	0	0	.	0	0	0
P	A	G	E	2			Y	−	0	0	0	.	0	0	0

再按"Next Page"键，显示第三屏，可设定 Z 轴坐标为 0 或任意值。默认值为 0。其设置方法同上。显示如下：

S	E	T	0			Z	+	0	0	0	.	0	0	0
P	A	G	E	3		Z	−	0	0	0	.	0	0	0

再按"Next Page"键，显示第四屏，可执行 F00～F99 特别功能。显示如下：

S	E	T	0			S	P	E	C	I	A	L		F
P	A	G	E	4		F		N	O	T	U	S	E	

屏幕号码 ──┘

特别功能00～99 ──┘

在第四屏中，F 后默认为空白，表示不执行 F00～F99 特别功能。在 F 后，输入欲执行的特别功能号后，按"ENT"键，执行指定的特别功能。

在坐标设定窗口中，可手动操作机床（泵，R 旋转轴，X、Y、Z 轴移动），一旦按下轴移动键，屏幕自动回到手动窗口下对应着所移动轴的那一屏。

按下"EDIT"键，系统进入编辑窗口，编辑程序或准备加工。

按下"COND"键，系统进入参数窗口，查看或修改加工参数。

按下"MANU"键，系统进入手动窗口，查看当前坐标和状态。

5）参数窗口（COND)

在任意窗口下，按下"COND"键，系统进入参数窗口，显示如下：

P			O	N		O	F		I	P		S	V		C
0	0		8	0		2	0	−	0	3		4	0		2

如果此时正在加工，则显示正在使用的加工条件号和参数。否则，默认条件号为 00。

确认后，按"SAVE"键，系统将当前参数值替换加工条件号 P 所指定的原参数，并将该参数作为要使用的参数送到前台操作系统中。

注意：

① 不按"SAVE"键，修改无效。

② 按"Next Page"键，显示后一个加工条件。

③ 按"Prev Page"键，显示前一个加工条件。

④ 光标移动到"P"下，直接输入条件号码，按"ENTER"键可调出号码所指定的参数内容。

⑤ 本系统提供 80 条加工条件，号码为 P00～P79，开机时，自动装入，用户可调出直接使用或修改，修改后的内容一直保持直到关机。下次再开机时，P00～P79 的内容仍为系统给定的。

用户可将自己的加工条件存储到 P80～P99 中，此为用户存储单元，不会被系统开机时自动覆盖。系统提供的加工条件详见机床的《工艺参数表》。

⑥ 在 COND 状态中，可手动操作机床（泵，R 旋转轴，X、Y、Z 轴移动），一旦按下轴移动键，屏幕自动回到手动窗口下对应着所移动轴的那一屏。

⑦ 按下"EDIT"键，系统进入编辑窗口，编辑程序或准备加工。

⑧ 按下"MANU"键，系统进入手动窗口，查看当前坐标和状态。

⑨ 按下"SET0"键，系统进入坐标设定窗口，设定当前坐标为0或任意值。

⑩ 正在自动执行程序时，按下"SET0"键，不起作用。

6）编辑窗口（EDIT）

在其他窗口下，按下"EDIT"键，系统进入编辑窗口，显示如下：

| E | D | I | T | | | X | + | 0 | 0 | 0 | . | 0 | 0 | 0 |
| N | 0 | 0 | 1 | | | Y | - | 0 | 0 | 0 | . | 0 | 0 | 0 |

加工点顺序号

输入此点的XY绝对坐标

① 如果此时正在自动执行程序，则显示正在执行的点的顺序号和坐标。否则，显示顺序号为001即第一点的坐标。

每个点的坐标内容为用户曾经编辑过的内容，否则，默认坐标值为0。用户编辑的程序将存在内部RAM中。

② 光标可用上下左右箭头键移动，在光标处键入数值键，可改变光标所在处的内容，输入完成后，光标自动右移一位。

③ 将光标移动到坐标符号位置处，每按一次左箭头键可交替改变"＋"、"－"符号。

④ 系统只将X和Y轴编程为移动。不能放电加工。

⑤ 每坐标点由两屏组成，按"Next Page"键，显示该点下一屏的内容。

输入此点的Z绝对坐标

| E | D | I | T | | | Z | - | 0 | 0 | 0 | . | 0 | 0 | 0 |
| N | 0 | 0 | 1 | | | P | 0 | 0 | | | | | | |

加工条件号

⑥ 系统默认将Z方向编程为放电加工，若想将该点的Z方向编辑为移动，按"POST"键，将在Z字符前出显"M"，再按一下"POST"键，"M"消失。

| E | D | I | T | | | M | Z | - | 0 | 0 | 0 | . | 0 | 0 | 0 |
| N | 0 | 0 | 1 | | | | P | 0 | 0 | | | | | | |

当Z轴被编辑为放电加工状态时，还要在P后键入加工条件号。

⑦ 按"Next Page"和"Prev Page"键可前后翻页。按"EDIT"键，回到N001点。

⑧ 编程结束后，按"SAVE"键结束编程，将在屏幕上出现"END"结束标识，此时不能用"Next Page"键向后翻页，再按"SAVE"键，取消"END"标识，可继续向后翻页。

| E | D | I | T | | | Z | - | 0 | 0 | 0 | . | 0 | 0 | 0 |
| N | 0 | 0 | 1 | | | P | 0 | 0 | | | | E | N | D |

⑨ 先按"ENT"键，松开后再按"PREV"键，可在目前点之前插入一点，插入点的坐标默认与当前点相同。

先按"ENT"键，松开后再按"NEXT"键，可将目前点的内容复制到下一点中。

先按"ENT"键，松开后再按"SAVE"键，删除目前点。插入、COPY 和删除都是以点为单位。

⑩ 用户如果想删除自己的程序，或显示内容有乱码，可先按"ENT"键，再按"0"键，屏幕显示如下：

C	L	E	A	R		U	S	E	R		P	R	O	G	M
	Y	=	<	1	>		N	=	<	2	>				

按"1"键，删除程序。

按"2"键，取消操作。

⑪ 按下"AUTO"键，程序从当前屏幕指示的程序点开始执行，到 END 标识结束。此时，在第一行第六列将出现"☺"符号，当显示的点号正在执行时，第二行第六列将出现"□"符号。程序结束时，符号消失。

【例 7-1】 屏幕显示如下：

E	D	I	T			X	+	1	2	1	.	0	0	0
N	0	1	0			Y	−	5	0	0	.	0	0	0

在此窗口下，按下"AUTO"键系统自动从目前点 N010 开始执行，先运行 X＋121.000，然后运行 Y－500.000，再运行 N010 的 Z 轴程序，如果没有"END"标识，继续运行 N011 点的程序，直到遇见"END"标识。

按下"AUTO"键后，屏幕自动回到手动窗口的第一屏，显示 X、Y 轴坐标。

【例 7-2】 屏幕显示如下：

E	D	I	T			Z	−	1	0	0	.	0	0	0
N	0	0	1			P	0	0				E	N	D

在此窗口下，按下"AUTO"键系统自动从目前点 N001 开始执行，用 P00 条件向 Z 轴负向加工 100mm 后，Z 轴返回到加工起始的位置，程序结束。

按下"AUTO"键后，屏幕自动回到手动窗口的第二屏，显示 Z 轴坐标。

⑫ 在程序执行过程中：可通过"COND"查看或修改当前正使用的加工条件；通过"MANU"查看当前坐标；再按"EDIT"键，回到编辑窗口，可查看或编辑程序。

⑬ 编程可在 N001～N100 之间进行，在自动执行中，除当前正在执行的那一屏外，其余屏均可编程。正在执行的那一屏第二行第六列有"□"符号。

⑭ 〔在编辑窗口中，可手动操作机床（泵，R 旋转轴，X、Y、Z 轴移动），一旦按下轴移动键，屏幕自动回到 MANU 状态下对应着所移动轴的那一屏。

⑮ 按下"COND"键，系统进入参数窗口，查看或修改加工参数。

7）特别功能 F00～F99 的功能及使用

实际上，特别功能 F00～F99 分别代表一个固定的子程序，完成一个规定的任务。其中，F00～F09 未用；F10～F89 供用户使用；F90～F99 供制造者使用。具体如下。（如图

7-11所示）

　　F10：－X 方向找边，电极沿 X 负向接触工件，最后停在接触点。

　　F11：＋X 方向找边，电极沿 X 正向接触工件，最后停在接触点，如图 7-11 所示。

　　F12：－Y 方向找边，电极沿 Y 负向接触工件，最后停在接触点。

　　F13：＋Y 方向找边，电极沿 Y 正向接触工件，最后停在接触点。

　　F14：－Z 方向找边，电极沿 Z 负向接触工件，最后停在接触点。

　　F15：＋Z 方向找边，电极沿 Z 正向接触工件，最后停在接触点。

　　F16：X 方向半程移动，轴移动到当前坐标值的一半。如当前 X 坐标为 107.5，执行该功能后 X 轴移动到 53.75 处。

　　F17：Y 方向半程移动，Y 轴移动到当前坐标值的一半。

　　F18：找孔中心，电极管沿 X 轴和 Y 轴方向接触工件，最后停在孔的中心位置，如图 7-12所示。

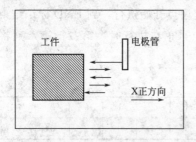

图 7-11　F11 功能

图 7-12　F18 的功能

　　F20：X 轴回到所设定的零点。

　　F21：Y 轴回到所设定的零点。

　　F22：Z 轴回到所设定的零点。

　　F23：X、Y 轴分别回到所设定的零点。

　　F30：执行 F30 后，X、Y 轴的当前点即被定义成接触感知参考点，且 Z 轴值为输入损耗补偿值。

　　F31：取消 F30 功能，即取消接触感知参考点。

　　例如：如图 7-13 所示，当坐标处于 M 点时，执行 F30 后则 M 点被设为接触感知参考点，且 Z 轴当前值作为损耗补偿值。当执行 A 点→B 点→C 点→D 点这样的程序时，执行顺序如下：首先移动到 A 点，在开始 A 点加工前回到 M 点，在 M 点感知后抬起 2mm，Z 轴清零，再移动到 A 点并加工到指定的尺寸，然后 Z 轴升起并移动到点；在点加工前回到接触感知参考点 M 点再感知，感知后抬起 2mm 移动到 B 点开始加工；如此反复直到程序结束。

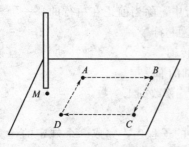

图 7-13　F30 功能举例

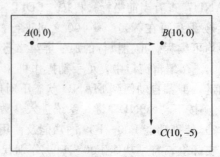

图 7-14　加工钢工件

【例7-3】 用φ1.0mm电极管加工10mm厚的钢工件，如图7-14所示，参数为P06。操作步骤如下。

① 移动X、Y轴到A点，Z轴感知，使工件与电极管接触。

② 按"SETO"键，设置X、Y、Z轴零点。

③ 按"EDIT"键，编辑程序：

N001 X、Y设为零，Z查参数表输入−20 P06；

N002 X输入10，Y输入0，Z输入−20 P06；

N003 X输入10，Y输入−5，Z输入−20 P06；

按"SAVE"键，编辑结束。

④ 移动X、Y轴到工件上任意一点：

按"SETO" PAGE3，输入Z值为8；

按"SETO" PAGE4，输入30；

按"ENTER"启动F30功能。

⑤ 回到"EDIT"页从N001开始加工。

下面以执行F90（X轴座标精度检测）为例，说明特殊功能的使用。

按"SET0"键，进入坐标设定窗口，连续按下"Next Page"键进入第四屏：

S	E	T	0			S	P	E	C	I	A.	L	F
P	A	G	E	4		F			N	O	T	U	S	E

此时，F后两位为空白。用光标键将光标移动到"F"后，键入"90"。按下"ENT"键，机床开始运行"X轴坐标精度检测"固定子程序，直到程序结束。同时屏幕自动回到手动屏（MANU）的相应页。中途欲停止，可按下"OFF"键。

【例7-4】 单点加工：用φ1.0mm的电极管加工40mm厚钢件。

查机床的《工艺参数表》知，加工钢件需用黄铜管，因此应选用φ1.0mm黄铜管，根据所需的电极的直径和工件材料，选择加工条件号，这里，选择P06。P06参数如下：脉宽ON＝79；间歇OFF＝19；管数IP＝04；伺服SV＝30；电容C＝1。

该加工条件的电极消耗约为122%，因此Z轴必须向下加工40×(1+1.22)＝88.8mm才能穿通，因机床的《工艺参数表》中给定的参数仅供参考，可能因实际的加工状态不同而与参数表的参考给定值有差异，为保证能全部穿通，加工深度再加10mm。因此，Z轴加工深度为88.8+10＝98.8，取整为99mm。

注意：单点加工时，为避免电极退出导向器也可采用F30功能输入损耗补偿值。

操作步骤如下。

① 将工件装卡在卡具上，工件距工作台面至少10mm，以便电极管能从工件底部穿出。

② 确认电极线连接在卡具或工件上。

③ 装好φ1.0mm的电极管。

④ 装卡电极管时，小心不要将电极管弄弯。弯的电极管将不能加工。

⑤ 按"PUMP"键，高压泵工作（如果水位太低，或防护罩未装，高压泵不会工作）。电极管中将会有高压水流出。如果无水流出，检查高压泵是否工作，如果高压泵在工作，则电极管不通，更换电极管。

⑥ 在任意窗口，用"X+""X−""Y+""Y−"键移动工件到要穿孔的位置。

⑦ 用 "Z−" "Z＋" 键移动 Z 轴，使电极管接近工件上表面，快要接触时，按下 "SP2" 键选择 "低速" 再移动 Z 轴，使电极管与工件接触短路。当接触后，Z 轴会自动停止。

⑧ 按 "SET0" 键，窗口如下：

S	E	T	0			X	+	0	0	0	.	0	0	0
P	A	G	E	1		X	−	0	0	0	.	0	0	0

⑨ 按 "ENT" 键，电极管与工件接触点被设为 X 轴零点。

⑩ 再按 "NEXT PAGE" 键转到第二屏：

S	E	T	0			Y	+	0	0	0	.	0	0	0
P	A	G	E	2		Y	+	0	0	0	.	0	0	0

⑪ 按 "ENT" 键，电极管与工件接触点被设为 Y 轴零点。

⑫ 再按 "NEXT PAGE" 键转到第三屏：

S	E	T	0			Z	+	0	0	0	.	0	0	0
P	A	G	E	3		Z	+	0	0	0	.	0	0	0

⑬ 按 "ENT" 键，电极管与工件接触点被设为 Z 轴零点。

⑭ 按 ST 键后再按 "Z＋" 键移动 Z 轴，使电极管与工件脱离接触，此例让电极管距工件 2mm。

M	A	N	U			Z	+	0	0	2	.	0	0	0
P	A	G	E	2		S	T	U			.			

⑮ 按 "EDIT" 键，窗口如下：

E	D	I	T			X	+	0	0	0	.	0	0	0
N	0	0	1			Y		0	0	0	.	0	0	0

⑯ 按 "NEXT PAGE" 键，窗口如下：

E	D	I	T			Z	−	0	0	0	.	0	0	0
N	0	0	1			P	0	0						

⑰ 用箭头键将光标移到 "Z" 后，按左箭头键，输入负号。

⑱ 依次输入 099.000，窗口如下：

E	D	I	T			Z	−	0	9	9	.	0	0	0
N	0	0	1			P	0	0						

⑲ 光标下移到 "P" 行。

⑳ 输入 06，窗口如下：

E	D	I	T				Z	−	0	0	0	.	0	0	0
N	0	0	1				P	.	0	6					

㉑ 按"SAVE"键结束编程，窗口如下：

E	D	I	T				Z	−	0	0	0	.	0	0	0
N	0	0	1				P	0	0				E	N	D

㉒ 按"AUTO"键，窗口自动转到 MANU 窗口的第二屏：

M	A	N	U		☺		Z	+	0	0	2	.	0	0	0
P	A	G	E	2			S	T	U						

高压水泵自动打开，旋转轴自动旋转，Z 轴开始用 P06 参数向负向加工直到 −099.000mm。Z 轴坐标开始向 −099.000 变化。

在第一行第六列将出现"☺"符号，表明正处于自动加工中。

㉓ 在加工过程中，如果想更改加工参数，按"COND"键，转 COND 窗口：

P		O	N		O	F		I	P	.	S		V		C
0	6	7	9		1	9		0	4	3	0				1

如想将 IP 改为 05，将光标移到 IP 下，键入 05，窗口如下：

P		O	N		O	F		I	P	.	S		V		C
0	6	7	9		1	9		0	5	3	0				1

按"SAVE"键后，该修改生效。

㉔ 按"MANU"键，转到 MANU 窗口第二屏，显示目前 Z 轴位置：

M	A	N	U		☺		Z	−	0	6	5	.	0	0	0
P	A	G	E	2			S	T	U						

㉕ 当火花从工件底部穿出，表明孔已打通，高压水从底部流出。电极管不易从底部穿出，此时按一下穿透键，系统将用专门的参数来加工，以助于快速穿透。再按一次该键，恢复原来的加工参数。

㉖ 加工到 −099.000 时或按"OFF"键后，系统停止加工，Z 轴自动回到加工起始点。高压水泵停止，旋转轴停止。在第一行第六列的"☺"符号消失，表明自动加工结束。

【例 7-5】 定位移动。如图 7-15 所示，从 A 点移动到 B 点（设 A 点为 0 点）。

操作步骤如下。

① 移动电极管到 A 点。

② 按"SET0"，进入 SET0 窗口：

S	E	T	0				X	+	0	0	0	.	0	0	0
P	A	G	E	1			X	+	0	0	0	.	0	0	0

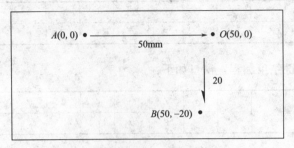

图 7-15 定位移动加工图

③ 按 "ENT" 键，将 A 点设为 X 轴零点。

④ 按 "NEXT PAGE" 进入 SET0 的第二屏：

S	E	T	0			Y	+	0	0	0	.	0	0	0
P	A	G	E	2		Y	+	0	0	0	.	0	0	0

⑤ 按 "ENT" 键，将 A 点设为 Y 轴零点。

⑥ 按 "NEXT PAGE" 进入 SET0 的第三屏：

S	E	T	0			Z	+	0	0	0	.	0	0	0
P	A	G	E	3		Z	+	0	0	0	.	0	0	0

⑦ 按 "ENT" 键，将 A 点的 Z 坐标设为 Z 轴零点。

⑧ 按 "EDIT" 键，进入 EDIT 窗口：

E	D	I	T			X	+	0	0	0	.	0	0	0
N	0	0	1			Y	−	0	0	0	.	0	0	0

⑨ 输入 X+050.000 Y−020.000，窗口如下：

E	D	I	T			X	+	0	5	0	.	0	0	0
N	0	0	1			Y	−	0	2	0	.	0	0	0

⑩ 按 "NEXT PAGE"，窗口如下：

E	D	I	T			Z	+	0	0	0	.	0	0	0
N	0	0	1			P	0	0						

⑪ Z 轴不移动，输入 Z+000.000，因为不加工，所以参数 P 无关。

⑫ 按 "SAVE" 键结束编程，窗口如下：

E	D	I	T			Z	−	0	0	0	.	0	0	0
N	0	0	1			P	0	0			.	E	N	D

⑬ 按 "EDIT" 或按 "PREV PAGE" 键，回到 EDIT 第一页窗口：

E	D	I	T		X	+	0	5	0	.	0	0	0
N	0	0	1		Y	−	0	2	0	.	0	0	0

⑭ 按"AUTO"键，窗口自动转到 MANU 窗口的第一屏：

M	A	N	U		☺	X	+	0	0	0	.	0	0	0
P	A	G	E	1		Y	+	0	0	0	.	0	0	0

在第一行第六列将出现"☺"符号，表明正处于自动运行中。X 运行到＋50.000 后，再运行 Y：

M	A	N	U		☺	X	+	0	5	0	.	0	0	0
P	A	G	E	1		Y	+	0	0	0	.	0	0	0

⑮ Y 运行到－020.000 后，因 Z 编程为 0，所以不移动。程序结束。在第一行第六列的"☺"消失：

M	A	N	U		X	+	0	5	0	.	0	0	0
P	A	G	E	1		Y	−	0	2	0	.	0	0	0

⑯ 完成从 A 点到 B 点的定位。

注意：

① 加工前检查机床各部位的润滑、显示液面是否正确，有无错误信息，各移动轴是否正常，行程限位开关是否可靠。

② 检查空过滤器是否良好可靠。

③ 若机床出现故障应停机，及时维修。

④ 使用不同的电极及加工不同材料应注意参数的变化。

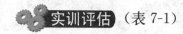　任务实施

1. 安装电极。

2. 安装工件。

3. 根据加工要求进行编程及加工。

4. 工件校验。

实训评估 （表 7-1）

表 7-1　小孔机操作实训评分表

姓名					总得分			
项目	序号	技术要求	配分	评分要求及标准	检测记录	得分		
节点计算（30%）	1	程序原点设定	10	不正确全扣				
	2	电极停留位置设定	10	不正确全扣				
	3	起割点设定	10	不正确全扣				

续表

姓名			总得分			
项目	序号	技术要求	配分	评分要求及标准	检测记录	得分
程序规范(40%)	4	电极选择	20	不正确扣5分/处		
	5	参数设定	20	不正确扣2分/处		
工艺安排(30%)	6	工件装夹	10	不正确全扣		
	7	工件变形	10	不正确全扣		
	8	程序停止及工艺停止	10	不正确全扣		

巩固练习

1. 电火花穿孔机的常用加工类型有哪些?

2. 电火花穿孔加工的原理是什么?

课题八　电切削工职业资格鉴定

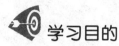 学习目的

通过对职业简介、职业标准、鉴定方案、鉴定细目表及鉴定试卷等内容的学习，了解电切削工职业所从事的工作、需面对的问题，以及在参加此工作前要从事哪些培训、掌握哪些基本知识。

安全规范

1. 电火花加工机床必须接地，防止电器设备绝缘损坏而发生触电。

2. 训练场地严禁烟火，必须配置灭火器材；防止工作液等导电物进入机床的电器部分，一旦发生因电器短路造成火灾时，应首先切断电源，立即用四氯化碳等合适的灭火器灭火，不准用水灭火。

3. 进入操作场地，必须穿好工作服，不得穿凉鞋、高跟鞋、短裤、裙子进入操作场地。

4. 严禁戴手套、围巾进行机床操作，女同志（及留长发的男同志）必须戴好工作帽，并将头发塞入帽内。

5. 进行操作时，严禁触摸电极、工件，不可将身体的任何部位伸入加工区域，防止触电。

6. 加工完毕后，必须关闭机床电源，收拾好工具，并将机床、场地清理干净。

 知识要求

1. 了解电切削工从事的工作。
2. 了解不同等级的电切削工需具备的知识。
3. 能熟悉电切削工操作时的安全规范。
4. 能了解电切削工鉴定时需考核的内容。

8.1　职业标准

任务描述

该任务主要描述电切削工这个职业的特点。

相关知识点

电切削加工一般是指利用线切割、电脉冲或电火花机械设备进行各种几何形状的型腔、模具电腐蚀及线切割加工，属于特种加工的技术范畴，是先进制造技术的一个重要组成部

分，是机械制造业中最广泛采用的机械切削加工和磨削加工的重要补充和发展，主要包括电火花成型加工和电火花线切割加工。电切削加工共设五个等级，分别为初级（国家职业资格五级）、中级（国家职业资格四级）、高级（国家职业资格三级）、技师（国家职业资格二级）、高级技师（国家职业资格一级）。

（1）报考条件

1）具备下列条件之一的，可申请报考初级工

① 经本职业初级正规培训达规定标准学时数，并取得结业证书。

② 在本职业连续见习工作 1 年以上。

③ 本职业学徒期满。

2）具备下列条件之一的，可申请报考中级工

① 取得本职业初级职业资格证书后，连续从事本职业工作 2 年以上，经本职业中级正规培训达规定标准学时数，并取得结业证书。

② 取得本职业初级职业资格证书后，连续从事本职业工作 4 年以上。

③ 连续从事本职业工作 5 年以上。

④ 取得经劳动保障行政部门审核认定的、以中级技能为培养目标的中等以上职业学校本职业（专业）毕业证书。

3）具备下列条件之一的，可申请报考高级工：

① 取得本职业中级职业资格证书后，连续从事本职业工作 3 年以上，经本职业高级正规培训达规定标准学时数，并取得结业证书。

② 取得本职业中级职业资格证书后，连续从事本职业工作 5 年以上。

③ 取得高级技工学校或经劳动保障行政部门审核认定的、以高级技能为培养目标的高等职业学校本职业（专业）毕业证书。

④ 取得本职业中级职业资格证书的大专以上本专业或相关专业毕业生，连续从事本职业工作 1 年以上。

4）具备下列条件之一的，可申请报考技师

① 取得本职业高级职业资格证书后，连续从事本职业工作 3 年以上，经本职业技师正规培训达规定标准学时数，并取得结业证书。

② 取得本职业高级职业资格证书后，连续从事本职业工作 5 年以上。

③ 取得本职业高级职业资格证书的高级技工学校本职业（专业）毕业生和大专专业或相关专业毕业生，连续从事本职业工作 2 年以上。

5）具备下列条件之一的，可申请报考高级技师

① 取得本职业技师职业资格证书后，连续从事本职业工作 3 年以上，经本职业高级技师正规培训达规定标准学时数，并取得结业证书。

② 取得本职业技师职业资格证书后，连续从事本职业工作 5 年以上。

（2）基本要求

1）职业道德

① 职业道德基本知识

② 职业守则

a. 遵守法律、法规和有关规定。

b. 爱岗敬业，具有高度的责任心。

c. 严格执行工作程序、工作规范、工艺文件和安全操作规程。

d. 工作认真负责，团结合作。

e. 爱护设备及工具、夹具、刀具、量具。

f. 着装整洁，符合规定；保持工作环境清洁有序，文明生产。

2）基础知识

① 基础理论知识

a. 机械识图知识。

b. 公差与配合、形位公差和表面粗糙度知识。

c. 常用金属材料及热处理知识。

d. 计算机应用基础知识。

② 专业知识

a. 冷加工原理、加工工艺基础知识。

b. 机械传动知识。

c. 机械加工常用设备知识（分类、用途）。

d. 金属切削常用刀具知识。

e. 设备润滑及切削液的使用知识。

f. 电加工原理、加工工艺基础知识。

g. 常用电加工设备的名称、型号、规格、性能、结构和传动系统以及维护、保养知识。

h. 编制加工工艺规程基本知识。

i. 工具、夹具、量具使用与维护知识。

③ 钳工基础知识

a. 划线知识。

b. 钻孔和攻丝、套丝知识。

④ 电工知识

a. 电工基础知识。

b. 常用通用设备、常用电器的种类及用途。

c. 电力拖动及控制原理基础知识。

d. 安全用电知识。

⑤ 安全文明生产与环境保护知识

a. 现场文明生产要求。

b. 安全操作与劳动保护知识。

c. 防火知识。

d. 环境保护知识。

⑥ 质量管理知识

a. 企业的质量方针。

b. 岗位的质量要求。

c. 岗位的质量保证措施与责任。

⑦ 相关法律、法规知识

a.《中华人民共和国劳动法》相关知识。

b.《中华人民共和国合同法》相关知识。

c.《中华人民共和国环境保护法》相关知识。

(3) 工作要求 (表 8-1)

表 8-1 电切削工工作要求

职业功能	工作内容	技能要求	相关知识
工艺准备	读图	能够读懂机械制图中的各种线型和标注尺寸 能够读懂标准件和常用件的表示方法 能够读懂较复杂零件的三视图、局部视图、剖视图和一般模具装配图 能够读懂零件的材料、加工部位、尺寸公差及技术要求	机械制图国家标准 标准件和常用件的规定画法 零件三视图、局部视图和剖视图的表达方法 公差配合的基本概念 形状、位置公差与表面粗糙度的基本概念 金属材料的性质
	编制简单加工工艺	能够制定简单的加工工艺 能够合理选择电规准	模具零件加工工艺的基本概念和一般性编制方法 电规准的选择原则
	工件的准备	能够依据加工工艺加工出工件的定位和夹紧表面 能够加工出工件上的预孔（用成型电极加工工件型孔和型腔前的预孔、用电火花线切割加工前的穿丝孔）	车、钻、铣、扩、铰、镗、磨、攻螺纹等的工艺特点 加工余量的选择方法
	工件的定位和装夹	能够正确使用压板、永磁吸盘、线切割工件基准装夹系统等通用夹具 能够正确选择工件的定位基准 能够用量表找正工件 能够正确夹紧工件	定位、夹紧原理 压板、永磁吸盘、线切割工件基准装夹系统等通用夹具的调整及使用方法 量表的使用方法
	工具电极准备	能够依据加工要求选择成型工具电极材料，设计、计算一般的电极 能够在数控电火花成型加工机床主轴头上正确装卸工具电极 能够校正工具电极的工艺基准 能够在数控电火花线切割机床上对电极丝进行更换、上丝、穿丝及找正	工具电极材料的种类及用途 设计、计算工具电极的一般方法 工具电极夹头的种类及结构 工具电极工艺基准的校正方法 电极丝更换、上丝、穿丝及找正的方法
编制程序	手工编制加工程序	能够手工编制成型电极电火花加工的加工程序 能够手工编制简单形状工件的电火花线切割加工程序（含直线插补、圆弧插补二维轮廓的加工程序）	常用数控指令（G 代码、M 代码）的含义 S 指令、T 指令和 F 指令的含义 数控指令的结构与格式 工具电极和电极丝偏置的作用与设置偏置量的方法
	自动编制加工程序	能够使用数控电火花线切割机床的自动编程功能 能够使用常用自动编程软件，采用计算机辅助编程方法编制程序	机床自动编程的方法 常用自动编程软件的使用方法
基本操作及日常维护	日常维护	看懂常用电火花、线切割机床说明书、原理图和装配图 常用电火花、线切割机床部分主要结构的调整 能够进行加工前电、气、液、开关等常规检查 能够在加工完毕后，清理机床及周围环境	常用设备的控制原理图及方框图 工业电子学基本知识 常用电器、电子元件的型号、性能、用途和原理 液压传动基本知识 常用设备的性能、结构、调整方法 日常保养的内容
	基本操作	能够按照操作规程启动及停止机床 能够使用操作面板上的各种功能键 能够通过操作面板手动输入加工程序及有关参数 能够通过外部计算机输入加工程序 能够进行程序的编辑、修改 能够设定工件坐标系 能够正确进行工具电极与工件的找正 能够正确进行冲油、抽油或抬刀 能够进行程序单步运行、空运行 能够进行加工程序试切削并做出正确判断 能够正确变换电规准	数控电火花成型加工机床和数控电火花线切割机床安全操作规程 操作面板的使用方法 外部计算机输入加工程序的方法 机床坐标系与工件坐标系的含义及其关系 相对坐标系、绝对坐标系的含义 找正工具电极与工件之间位置的方法 冲油、抽油与抬刀的方法 程序试运行的操作方法

职业功能	工作内容	技能要求	相关知识
工件加工	成型电极电火花加工	能够对各种较复杂、精密工件的单个型孔和型腔进行加工	加工精度、加工效率、电极损耗与可选择的加工电参数之间的相互关系和规律 常用金属材料的电火花加工性能
	电火花线切割加工	能够对各种较复杂、精密工件的垂直壁面型孔和斜面、锥度等进行加工	加工斜面和锥度的方法
	运行给定程序	能够检查及运行给定的加工程序	运行给定加工程序的方法 程序检查方法
精度检验	内、外径检验	能够使用游标卡尺测量工件内、外径 能够使用内径百(千)分表测量工件内径 能够使用外径千分尺测量工件外径	游标卡尺的使用方法 内径百(千)分表的使用方法 外径千分尺的使用方法
	长度检验	能够使用游标卡尺测量工件长度 能够使用外径千分尺测量工件长度	
	深(高)度检验	能够使用游标卡尺或深(高)度尺测量深(高)度	深度尺的使用方法 高度尺的使用方法
	角度检验	能够使用角度尺检验工件角度	角度尺的使用方法
	机内检验	能够利用机床的位置显示功能自检工件的有关尺寸	机床坐标的位置显示功能
培训与管理	培训与指导	能指导本职业从业人员的实际操作 能对本职业相应的技术人员进行理论培训	培训讲义的编写
	管理	能组织实施质量攻关项目 能参加产品的质量评审 能协助部门领导进行生产计划、调度及人员管理	产品质量评审的相关质量标准 生产管理基本知识

巩固练习

1. 电切削加工主要从事哪些工作？

2. 电切削加工共设几个等级？是哪几个等级？

8.2　鉴定方案

任务描述

分析电切削工考核时的鉴定方式和鉴定内容。

相关知识点

电切削工的鉴定方式分为理论知识考核和操作技能考核。理论知识考核采用笔试的考试方式，操作技能考核采用现场实际操作方式。理论知识考试和操作技能考核均采用百分制，成绩皆达 60 分及以上者为合格。理论知识或操作技能不及格者可按规定分别补考。

(1) 理论知识考试方案（表 8-2、表 8-3）

表 8-2　四级理论知识考试方案（考试时间 100 分钟）

题型	考试方式	鉴定题量	分值/(分/题)	配分/分	备注
单选	闭卷考试	40～60	1	40～60	4 选 1
多选		20	1	20	5 选 2～5
判断		40～20	1	40～20	
合计		100	—	100	

表 8-3 三级理论知识考试方案（考试时间 120 分钟）

题型	考试方式	鉴定题量	分值/(分/题)	配分/分	备注
单选	闭卷考试	40	1	40	4 选 1
多选		20	1	20	5 选 2～5
判断		40	1	40	
合计		100	—	100	

(2) 操作技能考核方案

操作技能考核分为两个方向，即线切割加工和电火花加工两个方向。操作技能考核时，由考生自行从线切割加工和电火花加工中选择一个即可。线切割加工（四级）电火花加工（四级）、线切割加工（三级）、电火花加工（三级）的操作技能考核内容结构如表 8-4～表 8-7 所示。

表 8-4 线切割加工（四级）

级别	核心技能										辅助技能				
	程序编制			机床调整			加工质量评估				设备维护与保养			工作液配制	
	较复杂零件加工图绘制	加工点设置	电切削参数选择	直线圆程序编制	工件装夹找正	电极丝材料规格选择	电极丝安装及找正	电切削参数调整	尺寸公差评估(IT8)	形位公差评估	表面质量评估(Ra2.5)	文明生产评估	常见故障排除	选择润滑油	机床复位及清理	工作液选择	工作液配制	工作液的使用
四级	必考(10%)			必考(5%)			必考(80%)				选考(5%)				

表 8-5 电火花加工（四级）

级别	核心技能										辅助技能				
	程序编制			机床调整			加工质量评估				设备维护与保养			工作液配制	
	较复杂零件加工图识读	加工点设置	电切削参数选择	电极选择及损耗量计算	直线圆程序编制	工件装夹找正	电极修正	电极安装及找正	电切削参数调整	尺寸公差评估(IT8)	形位公差评估	表面质量评估(Ra2.5)	文明生产评估	常见故障排除	选择润滑油	机床复位及清理	工作液选择	工作液配制	工作液的使用
四级	必考(10%)			必考(5%)			必考(80%)				选考(5%)				

表 8-6 线切割加工（三级）

级别	核心技能										辅助技能				
	程序编制			机床调整			加工质量评估				设备维护与保养			工作液配制	
	复杂零件加工图绘制	加工点设置	电切削参数选择	规则曲线程序编制	工件装夹找正	电极丝材料规格选择	电极丝安装及找正	电切削参数调整	尺寸公差评估(IT7)	形位公差评估	表面质量评估(Ra1.6)	文明生产评估	常见故障排除	选择润滑油	机床清理及复位	工作液选择	工作液配制	工作液的使用
三级	必考(10%)			必考(5%)			必考(80%)				选考(5%)				

表 8-7　电火花加工（三级）

级别	核心技能										辅助技能				
	程序编制				机床调整			加工质量评估				设备维护与保养			工作液配制	
	复杂零件加工图识读	加工点设置	电切削参数选择	电极选择及损耗量计算	规则曲线程序编制	工件装夹找正	电极修正	电极安装及找正	电切削参数调整	尺寸公差评估（IT7）	形位公差评估	表面质量评估（Ra1.6）	文明生产评估	常见故障排除	选择润滑油	机床复位及清理	工作液选择	工作液配制	工作液的使用
三级	必考（10%）					必考（5%）			必考（80%）					选考（5%）					

（3）鉴定要素细目表

四级和三级电切削工理论知识鉴定要素细目表如表 8-8 和表 8-9 所示。

表 8-8　四级电切削工理论知识鉴定要素细目表

职业：电切削工　　　　　　等级：四级（中级）　　　　　鉴定方式：理论知识

鉴定范围						鉴定点		
一级		二级		三级				
名称（代码）	鉴定比重/%	名称（代码）	鉴定比重/%	名称（代码）	鉴定比重/%	代码	名称	备注
基本要求（A）	25	职业道德（A）	5	职业道德（A）	2	1	职业道德的定义	
						2	职业道德的内容	
						3	职业道德的含义	
						4	职业道德的特点	
						5	职业道德的作用	
						6	职业道德的具体表现	
				安全文明生产（B）	3	1	爱岗敬业的基本要求	
						2	现场文明生产要求	
						3	安全操作与劳动保护知识	
						4	防火知识	
						5	环境保护知识	
						6	企业的质量方针	
						7	岗位的质量要求	
						8	岗位的质量保证措施与责任	
						9	文明仪表	
		基础知识（B）	20	电工基础知识（A）	2	1	电路的组成	
						2	电路的主要物理量	
						3	简单电路图的识读	
						4	串联、并联电路的识别	
						5	功率的计算	
						6	开路的含义	
						7	短路的含义	
				公差与测量知识（B）	7	1	基本尺寸的概念	
						2	实际尺寸的概念	
						3	极限尺寸的概念	
						4	极限尺寸的计算	
						5	极限偏差的概念	
						6	极限偏差的计算	

鉴 定 范 围						鉴 定 点		
一级		二级		三级		代码	名 称	备注
名称 (代码)	鉴定 比重 /%	名称 (代码)	鉴定 比重 /%	名称 (代码)	鉴定 比重 /%			
基本 要求 (A)	25	基础 知识 (B)	20	公差 与测 量知 识 (B)	7	7	公差的概念	
						8	公差的计算	
						9	标准公差等级的主要应用判别	
						10	直线度的概念	
						11	直线度的识读	
						12	直线度的测量方法	
						13	平面度的概念	
						14	平面度的识读	
						15	平面度的测量方法	
						16	圆度的概念	
						17	圆度的识读	
						18	圆度的测量方法	
						19	圆柱度的概念	
						20	圆柱度的识读	
						21	圆柱度的测量方法	
						22	垂直度的概念	
						23	垂直度的识读	
						24	垂直度的测量方法	
						25	平行度的概念	
						26	平行度的识读	
						27	平行度的测量方法	
						28	倾斜度的概念	
						29	倾斜度的识读	
						30	倾斜度的测量方法	
						31	对称度的概念	
						32	对称度的识读	
						33	对称度的测量方法	
						34	同轴度的概念	
						35	同轴度的识读	
						36	同轴度的测量方法	
						37	表面粗糙度的概念	
						38	表面粗糙度的识读	
						39	表面粗糙度的测量方法	
				机械 基础 知识 (C)	3	1	传动比的定义	
						2	传动比的表述	
						3	螺纹的种类	
						4	普通螺纹的主要参数	
						5	螺纹的标记识读	
						6	螺纹的标注识读	

鉴 定 范 围						鉴 定 点		
一级		二级		三级		代码	名 称	备注
名称(代码)	鉴定比重/%	名称(代码)	鉴定比重/%	名称(代码)	鉴定比重/%			
基本要求(A)	25	基础知识(B)	20	金属材料热处理知识(D)	2	1	变形的定义	
						2	变形的分类	
						3	力学性能的内容	
						4	碳素钢的牌号识读	
						5	钢热处理方法的内容	
						6	钢退火的主要目的	
						7	钢退火方法的种类	
						8	钢淬火的目的	
						9	钢回火的目的	
						10	调质的定义	
						11	钢表面热处理方法的种类	
						12	合金钢的牌号识读	
				钳工知识(E)	6	1	量具的综合使用	
						2	常用量具的维护与保养	
						3	量块的使用	
						4	百分表的使用	
						5	万能角度尺的使用	
						6	正选规的使用	
						7	塞尺的使用	
						8	高度划线尺的使用	
						9	万能分度头的使用	
						10	游标卡尺的使用	
						11	千分尺的使用	
						12	划线的分类	
						13	划线的作用	
						14	划线基准的选择	
						15	常用划线工具	
						16	手锯的组成	
						17	锯齿的粗细的应用	
						18	锉削的操作要领	
						19	锯削的概念	
						20	锯削工具	
						21	锉削概念	
						22	锉刀的种类	
						23	钻孔的概念	
						24	普通麻花钻的构成	
						25	钻削的类型	
						26	钻削用量的选择	
						27	钻床运动的分类	

| 鉴 定 范 围 | | | | | | 鉴 定 点 | | |
| 一级 | | 二级 | | 三级 | | | | |
名称 （代码）	鉴定 比重 /%	名称 （代码）	鉴定 比重 /%	名称 （代码）	鉴定 比重 /%	代码	名　　称	备注
相关 知识 （B）	75	线切 割电 火花 加工 相关 知识	75	机械 识图 （A）	3	1	图幅的分类	
						2	比例的定义	
						3	比例的标注方法	
						4	图线名称	
						5	图线应用	
						6	标注尺寸的基本规则	
						7	常用标注符号及缩写词判别	
						8	尺寸标注的项目分类	
						9	常用尺寸标注的项目说明	
						10	视图的分类	
						11	视图的判别	
						12	基本视图的分类	
						13	尺寸基准的定义	
						14	常用尺寸基准选择的对象	
						15	设计基准的定义	
						16	设计基准的识读	
						17	工艺基准的定义	
						18	工艺基准的识读	
						19	零件图的识读内容	
						20	零件图的识读步骤	
						21	各种剖视图的识读	
						22	装配图的识读内容	
						23	装配图的识读步骤	
					电切 削加 工原 理 （B）	7	1	脉冲放电是能量密度状态	
						2	电加工时作用力分析	
						3	电加工材料的要求	
						4	电场强度的定义	
						5	电切削的物理本质	
						6	材料电腐蚀过程	
						7	两电极临近状态	
						8	两电极击穿状态	
						9	电切削的必备条件	
						10	两电极间电压要求	
						11	极性效应的概念	
						12	覆盖效应的概念	
						13	伺服控制的概念	
						14	放电间隙的概念	
						15	线切割中的开路概念	
						16	线切割中的短路概念	
						17	线切割中的偏移概念	
						18	线切割中的锥度概念	
						19	线切割电极材料的选择	
						20	电火花电极材料的选择	
						21	线切割加工对象选择	
						22	电火花加工对象选择	

鉴定范围						鉴定点		
一级		二级		三级				
名称（代码）	鉴定比重/%	名称（代码）	鉴定比重/%	名称（代码）	鉴定比重/%	代码	名　称	备注
相关知识（B）	75	线切割电火花加工相关知识	75	电切削加工控制与参数调节（C）	5	1	电容的概念	
						2	伺服速度的概念	
						3	脉冲宽度的调整	
						4	脉冲间隙的概念	
						5	脉冲间隙的调整	
						6	功率管数的概念	
						7	功率管数的调整	
						8	幅值电压、加工电压的概念	
						9	幅值电压、加工电压的调整	
						10	间隙电压的概念	
						11	间隙电压的应用	
						12	电切削加工精度的含义	
						13	脉冲宽度的概念	
				数控电加工机床基础（D）	2	1	数控机床的概念	
						2	数控加工的内容	
						3	数控加工的步骤	
						4	数控手工编程概念	
						5	数控自动编程概念	
						6	数控自动编程软件特征	
						7	数控机床的组成部分	
						8	数控机床各组成部分功能	
				数控编程（E）	19	1	坐标系的确定原则	
						2	X 运动方向的确定原则	
						3	Y 运动方向的确定原则	
						4	Z 运动方向的确定原则	
						5	选择运动 A、B 的确定	
						6	附加坐标系的确定	
						7	数控加工程序的组成	
						8	程序段的组成	
						9	G00 代码应用	
						10	G01 代码应用	
						11	G02 代码应用	
						12	G03 代码应用	
						13	G04 代码应用	
						14	G90 代码应用	
						15	G91 代码应用	
						16	G92 代码应用	
						17	G17 代码应用	
						18	G18 代码应用	
						19	G19 代码应用	
						20	G80 代码应用	
						21	间隙计算	
						22	G40 代码应用	

鉴 定 范 围						鉴 定 点		
一级		二级		三级				
名称（代码）	鉴定比重/%	名称（代码）	鉴定比重/%	名称（代码）	鉴定比重/%	代码	名 称	备注
相关知识（B）	75	线切割电火花加工相关知识	75	数控编程（E）	19	23	G41 代码应用	
						24	G42 代码应用	
						25	G20 代码应用	
						26	G21 代码应用	
						27	G 代码综合应用	
						28	T84 代码应用	
						29	T85 代码应用	
						30	T86 代码应用	
						31	T87 代码应用	
						32	T 代码综合应用	
						33	M02 代码应用	
						34	M30 代码应用	
						35	M98 代码应用	
						36	M99 代码应用	
						37	M 代码综合应用	
						38	ISO 代码综合应用	
						39	加工间隙补偿的处理	
						40	加工时长度补偿的处理	
						41	3B 代码的格式	
						42	3B 代码编程的坐标系	
						43	3B 代码编程的 X、Y 值	
						44	计数方向 G 的确定	
						45	计数长度方向的确定	
						46	加工指令 Z 的确定	
						47	3B 代码综合应用	
						48	凸模程序编制	
						49	凹模程序编制	
						50	编制一般电火花加工工艺规程	
						51	电火花加工工艺留量的确定	
						52	平动的特点	
						53	平动的应用	
						54	平动的类别	
					线切割工作液配制（L）	3	1	线切割工作液的选择	
						2	工作液的配置	
						3	线切割工作液的种类	
						4	电火花工作液种类	
						5	工作液的浓度	
						6	工作液的给量	
						7	工作液的作用	

鉴定范围						鉴定点		
一级		二级		三级				
名称 （代码）	鉴定 比重 /%	名称 （代码）	鉴定 比重 /%	名称 （代码）	鉴定 比重 /%	代码	名　　称	备注
相关 知识 （B）	75	线切 割电 火花 加工 相关 知识	75	绘图 及自 动编 程 （G）	6	1	绘图软件启动方式	
						2	绘图软件的主界面构成部分	
						3	绘图功能区的作用	
						4	状态栏的作用	
						5	3B 代码文件读入的方法	
						6	DXF 文件读入的方法	
						7	文件存盘的方法	
						8	点输入方法	
						9	直线输入方法	
						10	圆输入方法	
						11	过渡圆输入方法	
						12	加工路径的选取	
						13	加工路径的检查与调整	
						14	起割点的设定	
						15	穿丝孔的设定	
						16	补偿参数的设定	
						17	补偿方向的选择	
						18	代码存盘的方法	
						19	送入控制台的方法	
				装夹 与定 位 （H）	10	1	工件定位的概念	
						2	六点定位原理	
						3	完全定位	
						4	不完全定位	
						5	欠定位	
						6	过定位	
						7	粗定位基准的确定方法	
						8	精定位基准的确定方法	
						9	电火花加工工件的定位与调整	
						10	电火花加工电极的定位与调整	
						11	夹紧力方向的确定	
						12	夹紧力作用点的确定	
						13	悬臂式装夹	
						14	板式装夹	
						15	压板夹具使用	
						16	磁力夹具使用	
						17	精密虎钳的使用	
				线切 割机 床操 作 （I）	9	1	机床型号的含义	
						2	数控线切割加工机床的组成	
						3	机床主机的主要组成部分	
						4	脉冲电源参数	
						5	机床电柜控制按钮的作用	
						6	主机控制盒按钮的作用	
						7	系统启动方式	
						8	系统退出方式	
						9	电极丝安装	

续表

鉴定范围						鉴定点		
一级		二级		三级				
名称(代码)	鉴定比重/%	名称(代码)	鉴定比重/%	名称(代码)	鉴定比重/%	代码	名称	备注
相关知识(B)	75	线切割电火花加工相关知识	75	线切割机床操作(I)	9	10	电极丝调整	
						11	电极丝找正	
						12	工件装夹夹具的使用	
						13	工件装夹位置的调整	
						14	按规定精度加工零件	
						15	能分析工件误差的原因	
						16	线切割机床手动的操作	
						17	手动模式的操作	
						18	编辑模式的操作	
						19	自动模式的操作	
						20	自动编程系统的操作	
						21	系统参数的设置	
						22	钼丝安装及调整	
						23	机床放电加工的操作	
						24	零件的检验	
				电火花机床操作(J)	9	1	电火花电极结构形式的选择	
						2	电火花电极尺寸的选择	
						3	电极的制造方法	
						4	电极的装夹方法	
						5	电极的校正方法	
						6	电极极性的选择	
						7	电规准的选择	
						8	手动的操作	
						9	准备屏的操作	
						10	程序生成操作	
						11	编辑程序	
						12	参数调整操作	
						13	补偿屏的操作	
						14	电火花加工操作	
						15	影响电加工质量的因素	
						16	电火花液面控制	
						17	电火花加工时短路、拉弧烧伤工件的预防	
				设备维护与保养(K)	2	1	设备的打扫清洗	
						2	润滑周期	
						3	设备润滑	
						4	废旧钼丝的处理	
						5	废油的处理	
		总计100题 100%（90分钟）						

表 8-9　三级电切削工理论知识鉴定要素细目表

职业：电切削工　　　　　等级：三级（高级）　　　　鉴定方式：理论知识

鉴定范围						鉴定点		
一级		二级		三级				
名称（代码）	鉴定比重/%	名称（代码）	鉴定比重/%	名称（代码）	鉴定比重/%	代码	名　称	重要程度
基本要求（A）	25	职业道德（A）	5	职业道德（A）	2	1	职业道德的定义	
						2	职业道德的内容	
						3	职业道德的含义	
						4	职业道德的特点	
						5	职业道德的作用	
						6	职业道德的具体表现	
				安全文明生产（B）	3	1	爱岗敬业的基本要求	
						2	现场文明生产要求	
						3	安全操作与劳动保护知识	
						4	防火知识	
						5	环境保护知识	
						6	企业的质量方针	
						7	岗位的质量要求	
						8	岗位的质量保证措施与责任	
						9	文明仪表	
		基础知识（B）	20	电工基础知识（A）	2	1	电路的组成	
						2	电路的主要物理量	
						3	简单电路图的识读	
						4	串联、并联电路的识别	
						5	功率的计算	
						6	开路的含义	
						7	短路的含义	
				公差与测量知识（B）	6	1	基本尺寸的概念	
						2	实际尺寸的概念	
						3	极限尺寸的概念	
						4	极限尺寸的计算	
						5	极限偏差的概念	
						6	极限偏差的计算	
						7	公差的概念	
						8	公差的计算	
						9	标准公差等级的主要应用判别	
						10	直线度的概念	
						11	直线度的识读	
						12	直线度的测量方法	
						13	平面度的概念	
						14	平面度的识读	
						15	平面度的测量方法	
						16	圆度的概念	
						17	圆度的识读	
						18	圆度的测量方法	
						19	圆柱度的概念	
						20	圆柱度的识读	

鉴 定 范 围						鉴 定 点	
一级		二级		三级			
名称 （代码）	鉴定 比重 /%	名称 （代码）	鉴定 比重 /%	名称 （代码）	鉴定 比重 /%	代码	名　　称	重要 程度
基本 要求 （A）	25	基础 知识 （B）	20	公差 与测 量知 识 （B）	6	21	圆柱度的测量方法	
						22	垂直度的概念	
						23	垂直度的识读	
						24	垂直度的测量方法	
						25	平行度的概念	
						26	平行度的识读	
						27	平行度的测量方法	
						28	倾斜度的概念	
						29	倾斜度的识读	
						30	倾斜度的测量方法	
						31	对称度的概念	
						32	对称度的识读	
						33	对称度的测量方法	
						34	同轴度的概念	
						35	同轴度的识读	
						36	同轴度的测量方法	
						37	表面粗糙度的概念	
						38	表面粗糙度的识读	
						39	表面粗糙度的测量方法	
				机械 基础 知识 （C）	4	1	传动比的定义	
						2	传动比的表述	
						3	螺纹的种类	
						4	普通螺纹的主要参数	
						5	螺纹的标记识读	
						6	螺纹的标注识读	
						7	齿轮传动比的计算	
						8	直齿圆柱齿轮的基本参数	
						9	齿数的概念及代号	
						10	齿轮模数的概念及代号	
						11	齿数、模数、分度圆直径的计算	
						12	齿轮的压力角定义及代号	
						13	齿轮的压力角的取值	
				金属 材料 热处 理知 识 （D）	2	1	变形的定义	
						2	变形的分类	
						3	力学性能的内容	
						4	碳素钢的牌号识读	
						5	钢热处理方法的内容	
						6	钢退火的主要目的	
						7	钢退火方法的种类	
						8	钢淬火的目的	
						9	钢回火的目的	
						10	调质的定义	
						11	钢表面热处理方法的种类	
						12	合金钢的牌号识读	

续表

鉴定范围						鉴定点		
一级		二级		三级				
名称（代码）	鉴定比重/%	名称（代码）	鉴定比重/%	名称（代码）	鉴定比重/%	代码	名　称	重要程度
基本要求（A）	25	基础知识（B）	20	钳工知识（E）	6	1	量具的综合使用	
						2	常用量具的维护与保养	
						3	量块的使用	
						4	百分表的使用	
						5	万能角度尺的使用	
						6	正选规的使用	
						7	塞尺的使用	
						8	高度划线尺的使用	
						9	万能分度头的使用	
						10	游标卡尺的使用	
						11	千分尺的使用	
						12	划线的分类	
						13	划线的作用	
						14	划线基准的选择	
						15	常用划线工具	
						16	手锯的组成	
						17	锯齿的粗细的应用	
						18	锉削的操作要领	
						19	锯削的概念	
						20	锯削工具	
						21	锉削概念	
						22	锉刀的种类	
						23	钻孔的概念	
						24	普通麻花钻的构成	
						25	钻削的类型	
						26	钻削用量的选择	
						27	钻床运动的分类	
相关知识（B）	75	线切割电火花加工相关知识	75	机械识图（A）	8	1	图幅的分类	
						2	比例的定义	
						3	比例的标注方法	
						4	图线名称	
						5	图线应用	
						6	标注尺寸的基本规则	
						7	常用标注符号及缩写词判别	
						8	尺寸标注的项目分类	
						9	常用尺寸标注的项目说明	
						10	视图的分类	
						11	视图的判别	
						12	基本视图的分类	
						13	尺寸基准的定义	
						14	常用尺寸基准选择的对象	
						15	设计基准的定义	
						16	设计基准的识读	
						17	工艺基准的定义	
						18	工艺基准的识读	
						19	零件图的识读内容	
						20	零件图的识读步骤	
						21	各种剖视图的识读	
						22	装配图的识读内容	
						23	装配图的识读步骤	

鉴定范围						鉴定点		
一级		二级		三级				
名称 (代码)	鉴定 比重 /%	名称 (代码)	鉴定 比重 /%	名称 (代码)	鉴定 比重 /%	代码	名　称	重要 程度
相关 知识 (B)	75	线切 割电 火花 加工 相关 知识	75	电切 削加 工原 理(B)	7	1	脉冲放电是能量密度状态	
						2	电加工时作用力分析	
						3	电加工材料的要求	
						4	电场强度的定义	
						5	电切削的物理本质	
						6	材料电腐蚀过程	
						7	两电极临近状态	
						8	两电极击穿状态	
						9	电切削的必备条件	
						10	两电极间电压要求	
						11	极性效应的概念	
						12	覆盖效应的概念	
						13	伺服控制的概念	
						14	放电间隙的概念	
						15	线切割中的开路概念	
						16	线切割中的短路概念	
						17	线切割中的偏移概念	
						18	线切割中的锥度概念	
						19	线切割电极材料的选择	
						20	电火花电极材料的选择	
						21	线切割加工对象选择	
						22	电火花加工对象选择	
				电切 削加 工控 制与 参数 调节 (C)	5	1	电容的概念	
						2	伺服速度的概念	
						3	脉冲宽度的调整	
						4	脉冲间隙的概念	
						5	脉冲间隙的调整	
						6	功率管数的概念	
						7	功率管数的调整	
						8	幅值电压、加工电压的概念	
						9	幅值电压、加工电压的调整	
						10	间隙电压的概念	
						11	间隙电压的应用	
						12	电切削加工精度的含义	
						13	脉冲宽度的概念	
				数控 电加 工机 床基 础 (D)	2	1	数控机床的概念	
						2	数控加工的内容	
						3	数控加工的步骤	
						4	数控手工编程概念	
						5	数控自动编程概念	
						6	数控自动编程软件特征	
						7	数控机床的组成部分	
						8	数控机床各组成部分功能	

续表

| 鉴定范围 | | | | | | 鉴定点 | | |
| 一级 | | 二级 | | 三级 | | | | |
名称(代码)	鉴定比重/%	名称(代码)	鉴定比重/%	名称(代码)	鉴定比重/%	代码	名　称	重要程度
相关知识(B)	75	线切割电火花加工相关知识	75	数控编程(E)	5	1	坐标系的确定原则	
						2	X 运动方向的确定原则	
						3	Y 运动方向的确定原则	
						4	Z 运动方向的确定原则	
						5	选择运动 A、B 的确定	
						6	附加坐标系的确定	
						7	数控加工程序的组成	
						8	程序段的组成	
						9	G00 代码应用	
						10	G01 代码应用	
						11	G02 代码应用	
						12	G03 代码应用	
						13	G04 代码应用	
						14	G90 代码应用	
						15	G91 代码应用	
						16	G92 代码应用	
						17	G17 代码应用	
						18	G18 代码应用	
						19	G19 代码应用	
						20	G80 代码应用	
						21	间隙计算	
						22	G30 代码应用	
						23	G31 代码应用	
						24	G40 代码应用	
						25	G41 代码应用	
						26	G42 代码应用	
						27	G20 代码应用	
						28	G21 代码应用	
						29	G51 代码应用	
						30	G52 代码应用	
						31	过切指令应用	
						32	上下异形指令应用	
						33	四轴联动指令应用	
						34	G 代码综合应用	
						35	T84 代码应用	
						36	T85 代码应用	
						37	T86 代码应用	
						38	T87 代码应用	
						39	T 代码综合应用	
						40	M02 代码应用	
						41	M30 代码应用	
						42	M98 代码应用	

续表

鉴定范围						鉴定点		
一级		二级		三级				
名称（代码）	鉴定比重/%	名称（代码）	鉴定比重/%	名称（代码）	鉴定比重/%	代码	名　称	重要程度
相关知识（B）	75	线切割电火花加工相关知识	75	数控编程（E）	5	43	M99 代码应用	
						44	M 代码综合应用	
						45	ISO 代码综合应用	
						46	加工间隙补偿的处理	
						47	加工时长度补偿的处理	
						48	3B 代码的格式	
						49	3B 代码编程的坐标系	
						50	3B 代码编程的 X、Y 值	
						51	计数方向 G 的确定	
						52	计数长度方向的确定	
						53	加工指令 Z 的确定	
						54	3B 代码综合应用	
						55	凸模程序编制	
						56	凹模程序编制	
						57	编制一般电火花加工工艺规程	
						58	电火花加工工艺留量的确定	
						59	平动的特点	
						60	平动的应用	
						61	平动的类别	
						62	平动量的计算	
						63	电火花程序编制	
				图形编程（F）	3	1	正交直线的编程	
						2	绝对相对坐标编程	
						3	斜直线的编程	
						4	逆时针圆弧编程	
						5	顺时针圆弧编程	
						6	综合编程	
						7	带补偿量的编程	
				绘图及自动编程（G）	7	1	绘图软件启动方式	
						2	绘图软件的主界面构成部分	
						3	绘图功能区的作用	
						4	状态栏的作用	
						5	3B 代码文件读入的方法	
						6	DXF 文件读入的方法	
						7	文件存盘的方法	
						8	点输入方法	
						9	直线输入方法	
						10	圆输入方法	
						11	椭圆输入方法	
						12	齿轮输入方法	
						13	过渡圆输入方法	
						14	加工路径的选取	
						15	加工路径的检查与调整	
						16	起割点的设定	
						17	穿丝孔的设定	
						18	补偿参数的设定	
						19	补偿方向的选择	
						20	代码存盘的方法	
						21	送入控制台的方法	

续表

鉴 定 范 围						鉴 定 点		
一级		二级		三级				
名称（代码）	鉴定比重/%	名称（代码）	鉴定比重/%	名称（代码）	鉴定比重/%	代码	名　　称	重要程度
相关知识（B）	75	线切割电火花加工相关知识	75	装夹与定位（H）	5	1	工件定位的概念	
						2	六点定位原理	
						3	完全定位	
						4	不完全定位	
						5	欠定位	
						6	过定位	
						7	粗定位基准的确定方法	
						8	精定位基准的确定方法	
						9	异形堆件的定位方法	
						10	电火花成型加工工件和电极的定位与调整	
						11	夹紧力方向的确定	
						12	夹紧力作用点的确定	
						13	悬臂式装夹	
						14	板式装夹	
						15	压板夹具使用	
						16	磁力夹具使用	
						17	精密虎钳的使用	
					线切割机床操作（I）	9	1	机床型号的含义	
						2	数控线切割加工机床的组成	
						3	机床主机的主要组成部分	
						4	脉冲电源参数	
						5	机床电柜控制按钮的作用	
						6	主机控制盒按钮的作用	
						7	系统启动方式	
						8	系统退出方式	
						9	电极丝安装	
						10	电极丝调整	
						11	电极丝找正	
						12	工件装夹夹具的使用	
						13	工件装夹位置的调整	
						14	按规定精度加工零件	
						15	能分析工件误差的原因	
						16	线切割机床手动的操作	
						17	手动模式的操作	
						18	编辑模式的操作	
						19	自动模式的操作	
						20	自动编程系统的操作	
						21	系统参数的设置	
						22	钼丝安装及调整	
						23	机床放电加工的操作	
						24	零件的检验	

续表

鉴定范围						鉴定点		
一级		二级		三级		代码	名称	重要程度
名称(代码)	鉴定比重/%	名称(代码)	鉴定比重/%	名称(代码)	鉴定比重/%			
相关知识(B)	75	线切割电火花加工相关知识	75	电火花机床操作(J)	9	1	电火花电极结构形式的选择	
						2	电火花电极尺寸的选择	
						3	电极的制造方法	
						4	电极的装夹方法	
						5	电极的校正方法	
						6	电极极性的选择	
						7	电规准的选取	
						8	手动的操作	
						9	准备屏的操作	
						10	程序生成操作	
						11	编辑程序	
						12	参数调整操作	
						13	补偿屏的操作	
						14	电火花加工操作	
						15	影响电加工质量的因素	
						16	电火花液面控制	
						17	电火花加工时短路、拉弧烧伤工件的预防	
				设备维护与保养(K)	2	1	设备的打扫清洗	
						2	润滑周期	
						3	设备润滑	
						4	废旧钼丝的处理	
						5	废油的处理	
总计 100 题 100%（90 分钟）								

巩固练习

1. 电切削工加工操作考核时可以在哪两个操作中选择？

2. 电切削三级加工操作考核时，主要包括哪些部分？

3. 电切削四级加工操作考核时，主要包括哪些部分？

8.3 电切削工四级模拟试卷

电切削工四级理论知识模拟试卷

一、判断题（每题 1 分，共 40 分）

（ ）1. 使用塞尺时，只能用一片合适的塞尺塞入间隙内进行检验。

（ ）2. 普通麻花钻主要由柄部、颈部以及工作部分组成。

（ ）3. 目前加工电压有两种选择，常压选择和高压选择。

（ ）4. 伺服系统是数控系统和机床本体之间的电传动联系环节。

（ ）5. 在有回转刀具的机床上，Y 轴垂直于主要切削方向。

（ ）6. 旋转运动 A、B、C 相应的表示其轴平行于 X、Y、Z 的旋转运动。

（　　）7. G00、G01 指令都能使机床坐标轴准确到位，因此它们都是插补指令。

（　　）8. G91 为相对坐标指令。

（　　）9. G80 常用于孔的循环电切削加工。

（　　）10. 在实际加工中，电火花线切割数控机床是通过控制电极丝的中心轨迹来加工的。

（　　）11. 职业道德有助于增强企业凝聚力，但无助于促进企业技术进步。

（　　）12. 爱岗敬业就是要抓住择业机遇。

（　　）13. 工作后要及时清理工作台、夹具等上面的工作液，并涂上适量的润滑油，以防工作台、夹具等锈蚀。

（　　）14. 极限尺寸就是工件最大极限尺寸。

（　　）15. 圆度公差就是限制实际圆相对于理想圆的变动。

（　　）16. 被测要素和基准要素为中心平面或轴线的称为对称轴公差。

（　　）17. 带传动的传动比是指主动轮转速与从动轮转速之比。

（　　）18. 公称直径为 18mm，螺距为 3mm，中径，顶径公差带代号为 6H8H 的普通细牙内螺纹的表达式为 M18×3-6h8H 。

（　　）19. 快走丝线切割加工速度快，慢走丝线切割加工速度慢。

（　　）20. 锉削时右手的压力要随锉刀的推动而逐渐减小，左手的压力要随锉刀的推动而逐渐增加。

（　　）21. M98 为启动运丝机构指令。

（　　）22. M30 程序结束后，光标停留在程序结束处。

（　　）23. 线切割粗加工时，工作液浓度低些，精加工时浓度高些。

（　　）24. 电火花切割机床的坐标工作台，由一个步进电动机控制运动。

（　　）25. 过渡圆的半径超出该相交线段中任意一线段的有效范围时，过渡圆无法生成。

（　　）26. 采用布置恰当的 6 个支承点来消除工件 6 个自由度的方法，称为六点定位。

（　　）27. 工件的实际定位点数，多于应有的定位点数，称为欠定位。

（　　）28. 因为毛坯表面的重复定位精度差，所以粗基准一般只能使用一次。

（　　）29. 采用磁性工作台或磁性表座夹持工件时，不需要压板和螺钉。

（　　）30. 线切割机床关闭时可以直接切断电源开关。

（　　）31. 自动模式状态下可以自动找中心。

（　　）32. 电极长度应在满足装夹和加工需要的条件下尽量减短，以提高电极刚度和加工稳定性。

（　　）33. 自然校正就是利用电极在电极柄和机床主轴上的正确定位来保证电极与机床的正确关系 。

（　　）34. 在机床控制柜上不能对机床坐标系工作台的运动进行数字控制。

（　　）35. 补偿屏可显示编程时所用到的变量数值，可浏览 H 补偿码的值。

（　　）36. 两电极击穿时，电源通过放电通道释放能量，其温度达 3000℃。

（　　）37. 铁块可以进行电火花线切割加工。

（　　）38. 减小脉间可提高加工速度，但是其不能太大，否则消电离不充分。

（　　）39. 电极工具的进给速度小于材料的蚀除速度，致使电极工具与工件距离大于放电间隙，不能正常放电，称为短路。

（　　）40. 数控电加工机床各部位的润滑周期均为半年。

二、单项选择题（每题1分，共40分。）

41. 职业道德主要通过调节（　　）的关系，增强企业的凝聚力。

A. 职工家庭间　　　　　　　　　　B. 领导与市场

C. 职工与企业　　　　　　　　　　D. 企业与市场

42. 属于爱岗敬业的基本要求是（　　）。

A. 树立生活理想　　　　　　　　　B. 强化职业道德

C. 提高职工待遇　　　　　　　　　D. 抓住择业机遇

43. 不属于安全生产五项基本原则的是（　　）。

A. 管生产必须管安全的原则　　　　B. 安全第一，预防为主的原则

C. 坚持事故查处"四不放过"的原则　D. 安全问题协调后执行的原则

44. 下列关于功率 P 的计算公式中正确的是（　　）。（P 功率；U 电压；I 电流；F 拉力；V 伏特；R 电阻）

A. $P=U/I$　　　　B. $P=UI$　　　　C. $P=F/V$　　　　D. $P=IR$

45. （　　）是基本尺寸。

A. 测量获得的尺寸　　　　　　　　B. 图纸上给定的尺寸

C. 公差内的尺寸　　　　　　　　　D. 上下偏差内的尺寸

46. 下列可以检测圆度误差的工具是（　　）。

A. 水平仪　　　　B. 千分尺　　　　C. 深度尺　　　　D. 刀口角尺

47. 垂直度公差属于（　　）。

A. 形状公差　　　　B. 定向公差　　　　C. 定位公差　　　　D. 跳动公差

48. Tr 表示（　　）的代号。

A. 三角形螺纹　　　B. 梯形螺纹　　　C. 矩形螺纹　　　D. 锯齿形螺纹

49. 以下属于化学热处理的是（　　）。

A. 激光加热淬火　　B. 火焰加热淬火　　C. 碳氮共渗　　　D. 回火

50. 为了工作方便，减小累积误差，选用量块时应尽可能采用（　　）的量块。

A. 多　　　　　　B. 少　　　　　　C. 不一定　　　　D. 没有限制

51. 下列划线作用不正确的是（　　）。

A. 可以减少加工余量　　　　　　　B. 可以找正位置

C. 避免加工后造成的损失　　　　　D. 能补救误差不大的毛坯

52. 标注角度尺寸时，尺寸数字一律水平写，尺寸界线沿径向引出，（　　）画成圆弧，圆心是角度的顶点。

A. 尺寸界线　　　B. 尺寸线　　　C. 尺寸线及其终端　D. 尺寸数字

53. 电加工时，两电极间电压一般为（　　）。

A. $10\sim30V$　　　B. $100\sim500V$　　　C. $60\sim300V$　　　D. $0\sim240V$

54. 关于极性效应，下面（　　）说法是不正确的。

A. 相同材料的两电极被蚀除量是一样的。

B. 电火花通常采用正极性加工

C. 有正极性加工和负极性加工两种

D. 快走丝线切割采用负极性加工

55. 对脉冲宽度叙述正确的一项是（　　）。

A. 在特定的工艺条件下，脉宽增加，切割速度提高，表面粗糙度增大

B. 通常情况下，脉宽的取值不一定要考虑工艺指标及工件的性质、厚度

C. 一般设置脉冲放电时间，最大取值范围是 $50\mu s$

D. 中、粗加工，工件材质切割性能差，脉宽取值一般为偏小

56. 实现自动编程的步骤不包括（　　）。

A. 工艺分析　　　　　　　　　　B. 对零件进行几何造型

C. 打印　　　　　　　　　　　　D. 数控程序制作

57. 对坐标系的确定原则述说正确的是（　　）。

A. 工件相对刀具运动的原则

B. 刀具相对于静止的工件运动的原则

C. 标准的坐标是采用左手直角笛卡儿坐标系

D. 按实际需要确定

58. 下列关于数控机床 A、B 轴方向确定的说法正确的是（　　）。

A. A、B 和 C 相应地表示其轴线平行于 X、Y 和 Z 坐标的旋转运动

B. A、B 和 C 的正方向，相应地表示在 X、Y 和 Z 坐标正方向上按照左旋螺纹前进的方向

C. A、B 和 C 的正方向，相应地表示在 X、Y 和 Z 坐标负方向上按照右旋螺纹前进的方向

D. 以上说法都正确

59. 逆时针圆弧插补指令正确的是（　　）。

A. G04　　　　B. G01　　　　C. G90　　　　D. G03

60. XOY 平面选择正确的是（　　）。

A. G17　　　　B. G18　　　　C. G19　　　　D. 以上都不是

61. （　　）的工件不可采用精密虎钳来装夹。

A. 装夹余量小　　B. 精度要求高　　C. 多次装夹形状复杂　　D. 大于100mm

62. 坐标工作台的运动分别由（　　）步进电机控制。

A. 一个　　　　B. 两个　　　　C. 三个　　　　D. 四个

63. 主机控制盒不可以用来控制机床（　　）的动作。

A. 电源开　　　　B. 电流大小选择　　C. 冷却液开　　　　D. 冷却液关

64. 造成运丝电机不运转的原因，与（　　）有关。

A. 机床电器板故障　　B. 配重块　　　　C. 上下导轮　　　　D. 断丝、无丝

65. 下列哪些操作不会影响到工件的精度误差（　　）。

A. 加工过程中切削液不能一直畅通　　B. 照明灯未打开

C. 钼丝过紧　　　　　　　　　　　D. 钼丝过松

66. 下列（　　）材料可以作为电极材料。

A. 铜　　　　　　B. 碳　　　　　　C. 木　　　　　　D. 塑料

67. 下列关于电规准的选择不正确的是（　　）。

A. 粗规准一般选择较大的峰值电流，较长的脉冲宽度

B. 精规准多采用小的峰值电流及窄的脉冲宽度

C. 精规准多采用大的峰值电流及窄的脉冲宽度

D. 中规准采用的脉冲宽度为 $6\sim20\mu s$

68. 在线切割加工中，当穿丝孔靠近装夹位置时，开始切割时电极丝的走向应（　　）。

A. 沿靠近夹具的方向进行加工　　　　B. 沿与夹具平行的方向进行加工

C. 无特殊要求　　　　　　　　　　　D. 沿离开夹具的方向进行加工

69. 工件加工深度很浅时，排屑容易，只需要（　　）。

A. 上冲油　　　　B. 不用冲油　　　　C. 下冲油　　　　D. 以上三项均不正确

70. 下述电加工操作中属于废旧钼丝正确处理的方法为（　　）。

A. 重新再利用　　　　B. 和环保部门联系　C. 随意排放　　　　D. 可以直接扔掉

71. 用 $\phi0.18mm$ 的钼丝加工 $20mm \times 20mm$ 的四方零件，假设钼丝单边放电间隙为 0.01mm。编程时补偿间隙值取（　　）。

A. 0.1mm　　　　B. 0.09mm　　　　C. 0.11mm　　　　D. 0.19mm

72. 在使用电火花加工较厚的工件时，孔口的宽度与孔底的宽度相比（　　）。

A. 相同　　　　B. 较大　　　　C. 较小　　　　D. 不一定

73. 表示主轴停止的指令是（　　）。

A. M00　　　　B. M01　　　　C. M03　　　　D. M05

74. 下列 3B 指令格式正确的是（　　）。

A. BXBYBZGZ　　B. BXBYBJGZ　　C. BXBYBZBJ　　D. BJBXBYGZ

75. 不会影响电火花加工工艺留量的因素是（　　）。

A. 单边放电间隙　　B. 安全间隙　　　C. 加工时间　　　D. 电加工规准

76. 状态栏不能用来提示操作者进行了以下（　　）项操作。

A. 绘图时间　　　B. 比例系数　　　C. 光标位置　　　D. 公英制切换

77. 下列文件格式中，（　　）是线切割编程系统中可以兼容的文件格式。

A. .igs　　　　B. .doc　　　　C. .txt　　　　D. .dxf

78. 保证工件在夹具中有一个确定的位置，称之为工件的（　　）。

A. 定位　　　　B. 夹紧　　　　C. 紧固　　　　D. 连接

79. 采用压板压紧工件时，其夹紧点必须（　　）加工部位。

A. 远离　　　　B. 靠近　　　　C. 大于　　　　D. 等于

80. 电加工时，夹紧力方向应该有助于（　　）稳定。

A. 电极　　　　B. 装夹　　　　C. 定位　　　　D. 装卸

三、多项选择题（每题 1 分，共 20 分。）

81. 电火花加工时，人工校正电极，若电极为长方体形状，则必须校正电极的（　　）。

A. 平行度　　　B. 垂直度　　　C. X 水平方向

D. Y 水平方向　　E. 对称度

82. 电火花成型加工时，关于电极的装夹正确的是（　　）。

A. 钻夹头适用于圆柄电极的装夹。

B. 固定板结构装夹主要用来适用于重量较大、面积较大的电极。

C. 由于电加工没有较大的作用力，对于装夹细长的电极，伸出部分长度可以很长。

D. 采用各种方式装夹电极，都应保证电极与夹具接触良好、导电。

E. 人工校正一般以工作台面的 X、Y 水平方向为基准，对电极横、纵两个方向作垂直校正或水平校正。

83. 下列系统中（　　）是装在快走丝线切割机床的控制柜中的。

A. 电源控制系统　　B. 脉冲电源控制系统　　　C. 伺服控制系统

D. 自动编程系统　　E. 冷却系统

84. 在电火花线切割加工中，采用正极性接法的目的有（　　）。

A. 提高加工速度　　　B. 减少电极丝的损耗

C. 提高加工精度　　　D. 提高表面质量　　E. 增加工件的厚度

85. 下列功能键哪些为FW快走丝线切割机床手动模式下存在的（　　）。

A. 置零　　　　　　B. 起点　　　　　　C. 中心　　　　　　D. 找正　　　E. 条件

86. 在电火花成型加工机床中，补偿操作界面主要作用是（　　）。

A. 修改补偿变量数值　　　　　　　　B. 修改进给速度

C. 修改电规准　　　　　　　　　　　D. 修改电压幅值

E. 浏览H补偿码的值

87. 两电极加工达临近状态时，两电极间距离可能在（　　）之间。

A. 数毫米　　　　　B. 数厘米　　　　　C. 数微米

D. 数十微米　　　　E. 数纳米

88. 对偏移相关知识叙述正确的是（　　）。

A. 电极丝中心相对于理论轨迹要偏在一边，称为偏移

B. 为了保证理论轨迹正确，偏移量等于电极丝直径与放电间隙之和

C. 偏移分为左偏和右偏，但要根据理论尺寸的计算确定

D. 从电极丝的前进方向看，电极丝位于实际轨迹的左边为左偏

E. 钼丝在实际轨迹的左边即为左补偿

89. 脉冲宽度上升时，工艺指标的变化情况中，正确的是（　　）。

A. 加工速度上升明显　　　　　　　B. 电极损耗降低明显

C. 表面粗糙度降低明显　　　　　　D. 放电间隙增大明显

E. 综合影响评价显著

90. 通常情况下，脉宽的取值要考虑工艺指标及工件的材质、厚度。下列说法中不正确的是（　　）。

A. 表面粗糙度要求较高，脉宽取值较大

B. 中、粗加工，工件材质切割性能差，脉宽取值一般偏小

C. 工件材质易加工，厚度适中时，脉宽取值较小

D. 工件较厚时，脉宽取值一般偏小

E. 以上都是

91. 表面粗糙度对零件的（　　）有影响。

A. 耐磨性　　　　　B. 抗腐蚀性　　　　C. 配合质量

D. 接触刚度　　　　E. 抗拉、抗压强度

92. 下列划线基准的选择正确的有（　　）。

A. 划线基准应尽量不与设计基准重合

B. 形状对称的工件应以对称中心线为基准

C. 有孔的工件应以主要孔的中心线为基准

D. 在未加工的毛坯上划线应以主要不加工表面为基准

E. 所有毛坯面都不可以作为划线基准

93. 乳化液的配置方法正确的有（　　）。

A. 加工表面粗糙度和精度要求较高，工件较薄时，配比应较浓，约$8\%\sim15\%$

B. 要求切割速度高或较厚工件时，浓度应淡些，约$5\%\sim8\%$，以便于排屑

C. 用蒸馏水配制乳化液，可提高加工效率和表面粗糙度

D. 对较厚工件切割时，可适当加入洗涤剂

E. 新配制的工作液切割效果最好

94. 已知物体的主、俯视图，正确的左视图是（　　　）。

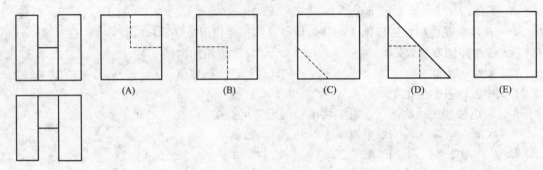

95. 电火花线切割加工中，当工作液的绝缘性能太高时会（　　　）。

A. 产生电解　　　　B. 放电间隙小　　　C. 排屑困难

D. 切割速度缓慢　　E. 切削费力

96. 数控电火花加工中用于子程序控制的代码有（　　　）。

A. M98　　　　　B. M00　　　　　C. M02　　　　D. M30　　　E. M99

97. 指令 M99 的功能包括（　　　）。

A. 调用子程序　　　　B. 子程序结束　　　C. 用于主程序最后程序段

D. 返回所指定的程序段　　E. 返回程序的开始

98. 影响电火花加工工艺留量的因素有（　　　）。

A. 单边放电间隙　　B. 安全间隙　　　C. 表面粗糙度

D. 电加工规准　　　E. 工件材料

99. 线切割控制系统中，状态栏可以用来提示操作者进行了以下（　　　）项操作。

A. 输入图号　　　B. 比例系数　　　C. 光标位置

D. 公英制切换　　　E. 绘图步骤

100. 在进行线切割软件存盘操作时，以下（　　　）说法是正确。

A. 文件名可以采用任意数字和符号

B. 文件名可以采用任意数字和字母

C. 采用原文件名存盘时，会覆盖原来的文件内容

D. 采用原文件名存盘时，不会覆盖原来的文件内容

E. 存盘后，软件启动后能打开存盘文件

电切削工四级操作模拟试卷 1 (线切割方向)

操作技能考核模拟试卷准备通知单（考场）

一、设备材料准备

序号	设备材料名称	规　格	数　量	备　注
1	板料	80mm×80mm×10mm	1	45#钢
2	线切割机床		1	
3	夹具	线切割专用夹具	1	
4	划线平台	400mm×500mm	1	
5	台钻	Z4012	1	
6	钻夹头	台钻专用	1	
7	钻夹头钥匙	台钻专用	1	
8	切削液	线切割专用	若干	
9	手摇柄	线切割专用	1	
10	紧丝轮	线切割专用	1	
11	铁钩	线切割专用	1	
12	活络扳手		若干	
13	钼丝	$\phi0.18$、$\phi0.20$	若干	
14	其他	线切割机床辅具	若干	

二、场地准备

1. 场地清洁　2. 拉警戒线　3. 机床标号　4. 抽签号码　5. 饮用水

三、其他准备要求

1. 电工、机修工应急保障

2. 工件备料图

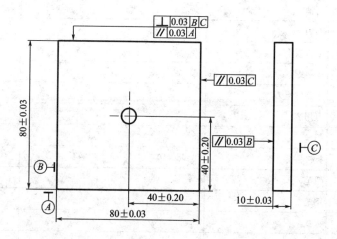

操作技能考核模拟试卷准备通知单（考生）

类别	序号	名称	规格	精度	数量
量具	1	外径千分尺	0～25、25～50、50～75	0.01	各1
	2	游标卡尺	0～150	0.02	1
	3	钢直尺	0～150		1
	4	高度划线尺	0～300	0.02	1
	5	万能角度尺	0～320°	2′	1
	6	刀口角尺	63×100	0级	1
	7	刀口直尺	125	0级	1
	8	塞尺	0.02～1		1
	9	半径规	$R1～R6.5;R7～R14.5;R15～R25$		各1
	10	V形铁	90°		1
	11	钟形百分表	0～10	0.01	1
	12	杠杆百分表	0～0.8	0.01	1
刃具	1	平板锉	6寸中齿、细齿		若干
	2	什锦锉			若干
	3	钻头	$\phi3、\phi6$		若干
	4	剪刀			1
其他工具	1	手锤			1
	2	样冲			1
	3	磁力表座			1
	4	悬臂式夹具			1
	5	划针			1
	6	靠铁			1
	7	蓝油			若干
	8	毛刷	2″		1
	9	活络扳手	12″		1
	10	一字螺丝刀			若干
	11	十字螺丝刀			若干
	12	万用表			1
	13	棉丝			若干
	14	标准圆棒	$\phi6、\phi8、\phi10$		
编写工艺工具	1	铅笔		自定	自备
	2	钢笔		自定	自备
	3	橡皮		自定	自备
	4	绘图工具		1套	自备
	5	计算器		1	自备

操作技能考核模拟试卷 1（线切割方向）

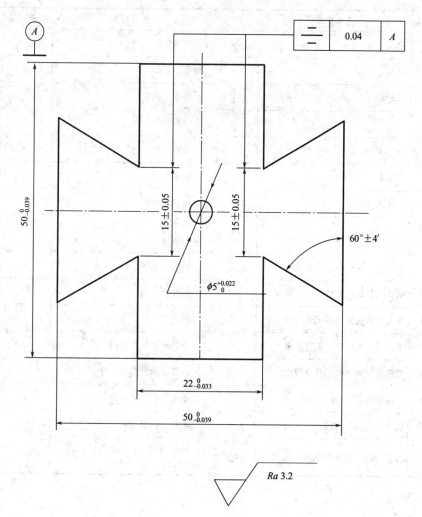

技术要求：1. 各加工棱边不能倒角。

2. 未注公差采用 IT8。

3. 各加工表面一次切割成型，不能修整。

考核时间：130 分钟

操作技能考核模拟试卷 1 评分记录汇总表

项目	序号	技术要求	配分	评分标准	检测记录	得分
加工质量评估 (80)	1	$50_{-0.039}^{0}$	4×2	超差全扣		
	2	$22_{-0.033}^{0}$	4	超差全扣		
	3	15 ± 0.05	4×2	超差全扣		
	4	$\phi5_{0}^{+0.022}$	4	超差全扣		
	5	$60°\pm4'$	3×4	超差全扣		
	6	$Ra3.2$	2×15	超差全扣		
	7	对称度≤0.05	7×2	超差全扣		
	8	工件缺陷	倒扣分	酌情扣分，重大缺陷加工质量评估项目全扣		
程序编制 (10)	9	加工点设置符合工艺要求	3	不合理全扣		
	10	电切削参数选择符合工艺要求	2	不合理全扣		
	11	电极材料规格选择正确	2	不合理全扣		
	12	工件装夹找正符合工艺要求	3	不合理每处扣1～3分		
机床调整辅助技能 (10)	13	电极丝安装及找正符合规范	3	不符要求每次扣1分		
	14	工件装夹、找正操作熟练	3	不规范每次扣1分		
	15	机床清理、复位及保养	4	不符合要求全扣		
文明生产	16	人身、机床、刀具安全	倒扣分	每次倒扣5，重大事故记总分零分		

电切削工四级操作模拟试卷 2 (电火花方向)

操作技能考核模拟试卷准备通知单 (考场)

一、设备材料准备

序　号	设备材料名称	规　格	数　量	备　注
1	钢板	50mm×40mm×30mm	1	
2	电火花机床		1	带平动功能
3	方形电极	10mm×10mm×50mm 20mm×20mm×50mm	各2	长度可加长
4	圆周电极	ϕ10、ϕ20	各2	长度50mm以上
5	夹具	电火花专用夹具	1	
6	划线平台	400mm×500mm	1	
7	钻夹头	台钻专用	若干	带直柄
8	钻夹头钥匙	台钻专用	若干	
9	切削液	电火花专用	若干	
10	活络扳手	通用	若干	
11	其他	电火花机床辅具	若干	

二、场地准备

1. 场地清洁　　2. 拉警戒线　　3. 机床标号　　4. 抽签号码　　5. 饮用水

三、其他准备要求

1. 电工、机修工应急保障
2. 工件备料图、电极备料图

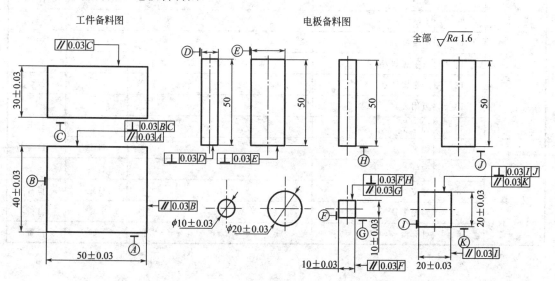

操作技能考核模拟试卷准备通知单（考生）

类别	序号	名　称	规　　格	精度	数量
量具	1	内径千分尺	0～25、25～50、50～75	0.01	各1
	2	游标卡尺	0～150	0.02	1
	3	钢直尺	0～150		1
	4	高度划线尺	0～300	0.02	1
	5	万能角度尺	0～320°	2′	1
	6	刀口角尺	63×100	0级	1
	7	刀口直尺	125	0级	1
	8	塞尺	0.02～1		1
	9	半径规	$R1～R6.5；R7～R14.5$		各1
	10	V形铁	90°		1
	11	钟形百分表	0～10	0.01	1
	12	杠杆百分表	0～0.8	0.01	1
工具	1	平板锉	6寸中齿、细齿		若干
	2	什锦锉			若干
	3	手锤			1
	4	样冲			1
	5	磁力表座			1
	6	划针			1
	7	靠铁			1
	8	蓝油			若干
	9	毛刷	2″		1
	10	活络扳手	12″		1
	11	一字螺丝刀			若干
	12	十字螺丝刀			若干
	13	万用表			1
	14	棉丝			若干
编写工艺工具	1	铅笔		自定	自备
	2	钢笔		自定	自备
	3	橡皮		自定	自备
	4	绘图工具		1套	自备
	5	计算器		1	自备

操作技能考核模拟试卷 2（电火花方向）

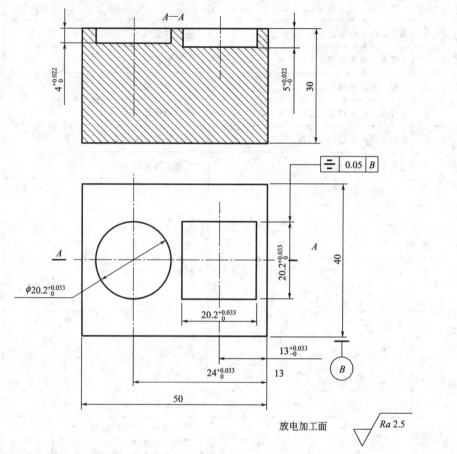

放电加工面 $\sqrt{Ra\,2.5}$

技术要求：1. 各加工棱边不能倒角。

2. 未注公差采用 IT8。

考核时间：130 分钟

操作技能考核模拟试卷 2 评分记录汇总表

项目	序号	技术要求	配分	评分标准	检测记录	得分
程序编制 (10)	1	加工点设置符合工艺要求	3	不合理全扣		
	2	电切削参数选择符合工艺要求	2	不合理全扣		
	3	电极材料规格选择正确	2	不合理全扣		
	4	工件装夹找正符合工艺要求	3	不合理每处扣1～3分		
机床调整辅助技能 (10)	5	电极安装及找正符合规范	3	不符要求每次扣1分		
	6	工件装夹、找正操作熟练	3	不规范每次扣1分		
	7	机床清理、复位及保养	4	不符要求全扣		
加工质量评估 (80)	8	$20.2^{+0.033}_{0}$	8×2	超差全扣		
	9	$4^{+0.022}_{0}$	6	超差全扣		
	10	$24^{+0.033}_{0}$	8	超差全扣		
	11	$20.2^{+0.033}_{0}$	8	超差全扣		
	12	$13^{+0.033}_{0}$	8	超差全扣		
	13	$5^{+0.022}_{0}$	6	超差全扣		
	14	⊜ | 0.05 | B	7	超差全扣		
	15	$Ra2.5$	3×7	超差全扣		
	16	工件缺陷	倒扣分	酌情扣分,严重缺陷加工质量评估项目不得分		
文明生产	17	人身、机床、刀具安全	倒扣分	每次倒扣5,重大事故记总分零分		

电切削工四级理论知识模拟试卷答案

一、判断题（第 1～40 题）

评分标准：每题答对给 1 分；答错或漏答不给分，也不扣分。

1	2	3	4	5	6	7	8	9	10
错	对	错	对	错	对	错	对	对	对
11	12	13	14	15	16	17	18	19	20
错	错	对	错	对	对	对	错	错	错
21	22	23	24	25	26	27	28	29	30
错	错	对	错	对	对	错	对	对	错
31	32	33	34	35	36	37	38	39	40
错	错	对	错	对	错	对	错	错	错

二、选择题（第 41～80 题）

评分标准：每题答对给 1 分；答错或漏答不给分，也不扣分。

41	42	43	44	45	46	47	48	49	50
C	B	D	B	B	B	B	B	C	B
51	52	53	54	55	56	57	58	59	60
A	B	C	A	A	C	B	A	D	A
61	62	63	64	65	66	67	68	69	70
D	B	B	A	B	A	C	D	D	B
71	72	73	74	75	76	77	78	79	80
A	B	D	B	C	A	D	A	B	B

三、多选题（第 81～100 题）

评分标准：每题答对给 1 分；答错或漏答不给分，也不扣分。

81	82	83	84	85	86	87	88	89	90
BCD	ABDE	ABCD	ABC	ABCDE	AE	CD	ACD	ABDE	ABD
91	92	93	94	95	96	97	98	99	100
ABCD	BCD	ABCD	BCD	BCD	AE	BCE	ABCDE	ABCDE	BCE

8.4 电切削工三级模拟试卷

电切削工三级理论知识模拟试卷

一、判断题（每题 1 分，共 20 分）

（ ）1. 功率管数的增、减决定脉冲峰值电流的大小，电流越大切削速度越高。

（ ）2. 电切削的物理本质是两极之间电场增大，击穿介质形成放电通道，释放大量能量，工件表面被电蚀出一个坑。

（ ）3. 如果在 X、Y 和 Z 主要坐标以外，还有平行于它们的坐标，可分别指定为 U、V、W。如果还有第三组运动，则分别指定为 P、Q 和 R。

（ ）4. M98 表示调用子程序。

（ ）5. 3B 代码中"J"代表的含义是加工线段的计数方向。

（ ）6. 在电火花加工工艺留量的确定中，余量等于安全间隙减两倍的单边放电间隙。

（ ）7. 加工如图所示圆弧，A 为起点，B 为终点，试用 ISO 格式编制线切割程序。程序为：G02 X14.0 Y2.0 I4.0 J8.0。程序正确与否。

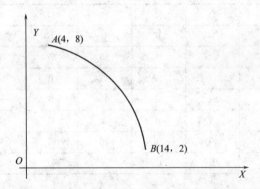

（ ）8. 过渡圆的半径超出该相交线段中任意一线段的有效范围时，过渡圆无法生成。

（ ）9. 线切割时，工件采用桥式装夹，通用性不强，只适用于小型工件。

（ ）10. 只要程序编制正确，工件的精度就能符合图纸上所设定的要求。

（ ）11. 安全色与安全标识是为了防止事故的发生，作为形象而醒目的标示向人们提供表达禁止、警告、指令、提示等信息。

（ ）12. 实训时，衣着要符合要求：要穿绝缘的工作鞋，女生要戴安全帽，长辫要盘起。

（ ）13. 电路通常是由电源、负载、导线和开关组成。

（ ）14. 垂直度就是评价直线之间、平面之间或直线与平面之间的垂直状态。

（ ）15. 公差等级就是确定尺寸精确程度的等级。

（ ）16. 孔的加工精度要求较高以及表面粗糙度值要求较小时，就选取较大的进给量。

（ ）17. 划线时要尽量多划几次才能使划出的线条清晰准确。

（ ）18. 常用的尺寸标注符号有倒角 C、半径 R、直径 φ、厚度 t、球直径 Sφ、球半径 SR、均布 EQS 等。

（ ）19. 将机件向不平行于任何基本投影面进行投影，所得到的视图称为斜视图。

（　）20. 通常情况下，脉宽的取值不一定要考虑工艺指标及工件的性质、厚度。

二、单项选择题（每题 1 分，共 40 分。）

21. 爱岗敬业作为职业道德的重要内容，是指员工（　　）。

A. 热爱自己喜欢的岗位　　　　　　　　B. 热爱有钱的岗位

C. 强化职业责任　　　　　　　　　　　D. 不应多转行

22. 下列关于电切削机床操作的叙述中，不正确的是（　　）。

A. 即使长时间接触工作液，也不一定要戴胶皮手套

B. 工作后要及时清理工作台、夹具等上面的工作液，并涂上适量的润滑油，以防工作台、夹具等锈蚀

C. 定期检查机床的保护接地是否可靠，注意电器的各个部位是否漏电，在电路中尽量采用防触电开关

D. 在电加工时，由于电流强度足以危及人员生命，因此在电加工期间尽可能不要用手触及电极、工件、工作台，更不能同时接触工件和机床工作台

23. 对于一个电路中，（　　）电路是危险的。

A. 短路　　　　　B. 通路　　　　　C. 开路　　　　　D. 并路

24. 下列哪个公式可以算出轴的公差（　　）。

A. $|d_{max} - d_{min}|$　　　　　　　　B. $|D_{max} - D_{min}|$

C. $|EI + ES|$　　　　　　　　　　　　D. $|es + ei|$

25. 下列在平板上可以测量平行度误差的精确值的工具有（　　）。

A. 游标卡尺　　　B. 千分尺　　　C. 百分表　　　D. 刀口角尺

26. D7132 代表电火花成型机床工作台的宽度是（　　）。

A. 32mm　　　　B. 320mm　　　C. 3200mm　　　D. 32000mm

27. 窄 V 带的相对高度值与普通 V 带的相对高度值相比，其数值（　　）。

A. 大　　　　　　B. 小　　　　　C. 相同　　　　　D. 不一定

28. 齿轮端面上，相邻两齿同侧齿廓之间在分度圆上的弧长，称为（　　）。

A. 齿距　　　　　B. 齿厚　　　　C. 齿宽　　　　　D. 齿长

29. 钢经表面淬火后将获得（　　）。

A. 较高的硬度　　B. 较好的塑性　　C. 较好的韧性　　D. 较好的表面质量

30. 下列不属于锉削应用范围内的有（　　）。

A. 平面　　　　　B. 槽　　　　　C. 内孔　　　　　D. 螺纹

31. 下面所述 G19 代码功能正确的是（　　）。

A. XOY 平面选择　B. XOZ 平面选择　C. YOZ 平面选择　D. 以上都不是

32. 下面所述 G41 代码功能正确的是（　　）。

A. 进入子程序坐标系　　　　　　　　　B. 电极右补偿

C. 电极左补偿　　　　　　　　　　　　D. 取消电极补偿

33. 下面所述 G52 代码功能正确的是（　　）。

A. 右锥度　　　　B. 左锥度　　　C. 取消锥度　　　D. 电极右补偿

34. 下面所述 M03 代码功能正确的是（　　）。

A. 主轴正传　　　B. 主轴反转　　C. 关闭液泵　　　D. 启动液泵

35. 下面所述 M02 代码功能正确的是（　　）。

A. 子程度调用　　B. 忽略接触感知　C. 程序结束　　　D. 暂停指令

36. 下列对数控机床组成部分的功能叙述错误的是（　　）。

A. 数控系统是机床实现自动加工的核心

B. 伺服系统是数控系统和机床本体之间的电传动联系环节

C. 辅助装置主要包括自动换刀装置、液压控制系统、切削装置等

D. 机床本体是指机械电气实体

37. 用线切割加工如图所示斜线段，终点为 A，试用 ISO 格式编制线切割程序。正确的选项为（　　）。

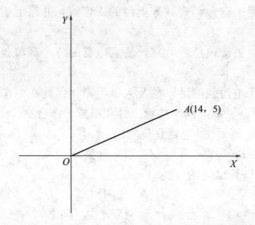

A. G90　G01　X14.0　Y5.0　　　　　B. G91　G00　X14.0　Y5.0

C. G90　G01　X14　Y5　F100;　　　　D. G90　G00　X14.0　Y5.0;

38. 加工如图所示圆弧，A 为起点，B 为终点，试用 ISO 格式编制线切割程序。正确选项为（　　）。

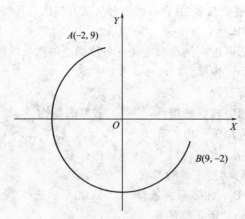

A. G03　X9.0　Y−2.0　I2.0　J−9.0;

B. G02　X9.0　Y−2.0　I2.0　J−9.0

C. G03　X9.0　Y−2.0　I−2.0　J−9.0

D. G02　X9.0　Y−2.0　I2.0　J−9.0

39. 线切割编程软件主要完成 CAD 作图和生成（　　）。

A. 加工轨迹　　　　B. 穿丝点位置　　　C. B 代码　　　　　D. ISO 代码

40. 下列在自动编程系统中输入圆方式正确的是（　　）。

A. 两点确定一圆　　　　　　　　　B. 四点确定一圆

C. 给定圆心坐标和直径　　　　　　　　D. 输入两条相交直线。

41. 加工内圆弧面时，应使用（　　）。

A. 方锉　　　　　　B. 板锉　　　　　　C. 三角锉　　　　　　D. 半圆锉

42. 装配图中当剖切平面（　　）螺栓、螺母、垫圈等紧固件及实心件时，按不剖绘制。

A. 横剖　　　　　　B. 纵剖　　　　　　C. 局剖　　　　　　D. 半剖

43. 一幅完整的零件图应包括一组视图、（　　）、技术要求和标题栏。

A. 必要的公差　　　B. 零件的名称　　　C. 装配的要求　　　D. 必要的尺寸

44. 已知带有圆孔的球体的四组投影，正确的一组是（　　）。

A　　　　　　　　B　　　　　　　　C　　　　　　　　D

45. 下列常用的尺寸标注符号（　　）是均布。

A. EQS　　　　　　B. SR　　　　　　C. Sφ　　　　　　D. t

46. 对线切割开路的叙述正确的是（　　）。

A. 开路是由于电极工具的进给速度大于材料的腐蚀速度

B. 开路不但影响加工速度，还会形成二次放电

C. 开路对加工表面精度的影响小，但使加工的状态变得不稳定

D. 开路状态不可以从电流表上反映，只可从电压表上反应

47. 下列哪种材料可以作为电极材料（　　）。

A. 钼丝　　　　　　B. 碳　　　　　　C. 木　　　　　　D. 塑料

48. 在电火花加工过程中，电蚀产物在两极表面转移，形成一定厚度的覆盖层，这种现象称为（　　）。

A. 极性效应　　　　B. 电极损耗　　　C. 覆盖效应　　　D. 二次放电

49. 下面所述 G00 代码功能正确的是（　　）。

A. 快速移动，定位指令　　　　　　　　B. 直线插补，加工指令

C. 顺时针圆弧插补指令　　　　　　　　D. 逆时针圆弧插补指令

50. 下面所述 G90 代码功能正确的是（　　）。

A. 绝对坐标指令　　B. 增量坐标指令　　C. 相对指令　　　　D. 暂停指令

51. 用校表校正工件时必须要有一个明确的、容易定位的基准面。这个基准面必须经过（　　）。

A. 机加工　　　　　B. 粗加工　　　　　C. 精密加工　　　　D. 热处理

52. 在启动线切割机床后发生报警声，（　　）不可能是产生的原因。

A. 急停开关被压下　　　　　　　　　　B. 钼丝突然断丝

C. 张紧轮滑落　　　　　　　　　　　　D. 照明灯打开

53. 对电极丝调整正确的说法是（　　）。

A. 加工前要对钼丝松紧程度进行检查

B. 加工前不必对钼丝松紧程度进行检查

C. 快走丝机床及慢走丝机床都要进行紧丝操作

D. 快走丝机床上丝后不要对钼丝进行紧丝

54. 关于悬臂式支撑的特征中，错误的是（　　）。

A. 通用性差　　　　　　　　　　　B. 装夹方便

C. 容易出现上仰或倾斜　　　　　　D. 用在工件精度要求不高的情况下

55. 对于钼丝安装，下列（　　）是正确的。

A. 钼丝安装后必须调整钼丝与工作台的垂直度

B. 钼丝安装后，不必进行钼丝紧丝

C. 加工过程中，只要钼丝不断，可以不更换钼丝

D. 不管钼丝的粗细多少，其配重是一致的

56. 对于大中型及型腔复杂的模具，可以采用多个电极加工，各个电极可以是（　　）。

A. 独块　　　　　B. 镶拼的　　　　　C. 视情况而定　　　　D. 以上都可以

57. 人工校正时，若圆柱形电极全部为旋转体形状，则只须校正（　　）。

A. 平行度　　　　B. 垂直度　　　　　C. X 水平方向　　　　D. Y 水平方向

58. 在电脉冲机床的准备屏中不可以进行（　　）操作。

A. 置零　　　　　B. 工艺选择　　　　C. 感知　　　　　D. 选坐标系

59. 在电火花成型加工机床中，补偿操作界面主要用来修改（　　）参数。

A. 补偿变量　　　B. 进给速度　　　　C. 电规准　　　　D. 电压幅值

60. 数控线切割中哪些部件是每日必须润滑的（　　）。

A. 贮丝筒　　　　B. X、Y 向导轨　　C. 导轨丝杠　　　D. 滑枕上下移动导轨

三、多项选择题（每题 1 分，共 40 分。）

61. 职业道德主要通过（　　）的关系，增强企业的凝聚力。

A. 协调企业职工间　　　　　　　　B. 调节领导与职工

C. 协调职工与企业　　　　　　　　D. 调节企业与市场

E. 协调企业与社会之间

62. 图纸上标准的形位公差的符号正确的为（　　）。

A. 圆度〇　　　　B. 直线/〇/　　　　C. 圆柱度⌒

D. 垂直度//　　　E. 平行度//

63. 下列牌号的识读（　　）是正确的。

A. GC r15 是滚动轴承钢

B. GCr15SiMn 钢的含铬量是 1.5%

C. T12 表示平均含碳量为 12% 的碳素工具钢

D. 40Cr 属于调质钢

E. A3 为普通碳素钢

64. 下列（　　）是常用的划线工具。

A. 钢直尺　　　　B. 划线平板　　　　C. 划针

D. 游标卡尺　　　E. 千分尺

65. 下列有关锉削姿势中，正确的有（　　）。

A. 以台虎钳中心线为基准

B. 操作者的身体平面与台虎钳中心线成 45°

C. 左脚在前，右脚在后，左脚脚面中心线与台虎钳中心线成30°

D. 右脚脚面中心线与台虎钳中心线成75°

E. 左脚膝盖略有弯曲，右脚膝盖崩直

66. 六个基本视图的名称中正确的有（　　　）。

A. 主视图　　　　　B. 俯视图　　　　　C. 左视图

D. 右视图　　　　　E. 仰视图

67. 读装配图通常分（　　）三个步骤。

A. 概括了解　　　　B. 详细分析　　　　C. 归纳总结

D. 简单分析　　　　E. 看图

68. 工具电极加工时，（　　）的说法是正确的。

A. 工具电极与工件材料不直接接触

B. 工具电极与工件材料产生摩擦作用力

C. 工具电极材料要比加工材料硬

D. 工具电极材料要比加工材料软

E. 工具电极材料不需要比加工材料硬

69. 单个脉冲放电时，材料的电腐蚀过程包含（　　　）过程。

A. 介质击穿　　　　B. 放电通道形成　　　C. 能量转换和传递

D. 电蚀产物抛出　　E. 两电极短路，产生大量热量

70. 两电极间加以（　　）脉冲电压可以进行放电加工。

A. 12V　　　　B. 24V　　　　C. 100V　　　　D. 200V　　　　E. 300V

71. 凸模零件加工时，以下（　　）表述是正确。

A. 钼丝运动轨迹比凸模图形大　　　　B. 钼丝运动轨迹比凸模图形小

C. 可以采用左补偿进行加工　　　　　D. 可以采用右补偿进行加工

E. 不要考虑钼丝半径和放电间隙等因素

72. 关于平动正确的说法有（　　　）。

A. 电切削加工机床都有平动功能

B. 平动分自由平动和伺服平动

C. 如果加工电极是方形的，可采用四方平动进行清角

D. 如果加工电极是圆形的，也可采用四方平动进行清角

E. 平动只能用于精加工不能用于粗加工

73. 数控手工编程包括（　　　）。

A. 分析零件图　　　　　　　　　B. 编写加工程序

C. 输入程序　　　　　　　　　　D. 加工工件　　　　E 对刀

74. 开机后屏幕无显示，可能是（　　　）。

A. 电源没合上　　　B. 熔丝断了　　　C. 显卡没插好

D. 内存条没插好　　E. 断丝

75. 关于点的输入方法中不正确的是（　　　）。

A. 在点图标状态下，将光标移至键盘命令框，在命令框下方将出现一输入框。然后用键盘按格式：【X 坐标，Y 坐标】即完成点数据的输入。输入中的逗号可以省略

B. 在点图标状态下，将光标移至键盘命令框，在命令框下方将出现一输入框。然后用键盘按格式：【X 坐标，Y 坐标】即完成点数据的输入。输入中的逗号不可以省略

C. 在点图标状态下，将光标移至键盘命令框，在命令框下方将出现一输入框。然后用键盘按格式：【X 坐标，Y 坐标】即完成点数据的输入。输入中的逗号可以省略也可以不省略

D. 点无大小，所以在屏幕上无法显示

E. 以上都不正确

76. 状态栏可以用来提示操作者进行了以下（　　）项操作。

A. 输入图号　　　　B. 比例系数　　　　C. 光标位置

D. 公英制切换　　　E. 绘图步骤

77. 线切割加工时，关于补偿方向选择正确的说法是（　　）。

A. 加工过程中，如果加工图形根据钼丝半径等内容进行了修正，加工时不必考虑补偿方向

B. 加工过程中，由于放电间隙，钼丝半径，加工方向的存在，编程时要考虑补偿方向

C. 线切割软件不能改变加工方向的选择

D. 线切割软件能改变加工方向的选择

E. 如果加工方向选择错误，其补偿量正负号正好相反

78. 若现加工一零件，在满足精度条件的情况下，需要限制 4 个自由度，下列（　　）情况容易产生欠定位。

A. 限制了 4 个自由度　　　　　　　　B. 限制了 3 个自由度

C. 限制了 2 个自由度　　　　　　　　D. 限制了 5 个自由度

E. 限制了 6 个自由度

79. 电火花成型加工时，关于电极的装夹正确的是（　　）。

A. 钻夹头适用于圆柄电极的装夹

B. 固定板结构装夹主要适用于重量较大、面积较大的电极

C. 由于电加工没有较大的作用力，对于装夹细长的电极，伸出部分长度可以很长

D. 采用各种方式装夹电极，都应保证电极与夹具接触良好、导电

E. 人工校正一般以工作台面的 X、Y 水平方向为基准，对电极横、纵两个方向作垂直校正或水平校正

80. 对于压板夹具的使用（　　）说法是正确的。

A. 一般成对使用　　　　　　　　　　B. 装夹较大平板状工件

C. 通用性强　　　　　　　　　　　　D. 适于装夹较长的零件

E. 适于悬臂较短的零件

81. 影响伺服控制的因素有（　　）。

A. 材料的蚀除速度　　B. 极间放电状况　　C. 电极丝运行速度

D. 电极丝进给速度　　E. 极间电压、电流

82. 脉冲间隙上升时，工艺指标的变化情况中，正确的是（　　）。

A. 加工速度下降明显　　　　　　　　B. 电极损耗上升明显

C. 表面粗糙度降低不明显　　　　　　D. 放电间隙减小不明显

E. 综合影响评价不显著

83. 在快走丝线切割加工中，电极丝张紧力的大小应根据（　　）的情况来确定。

A. 电极丝的直径　　　　　　　　　　B. 加工工件的厚度

C. 电极丝的材料　　　　　　　　　　D. 加工工件的精度要求

E. 加工的时间

84. 直齿圆柱齿轮的参数有（   ）。

A. 齿顶高　　　　　B. 分度圆直径　　　C. 齿距

D. 模数　　　　　　E. 齿形角

85. 一对标准直齿圆柱齿轮正确啮合，两齿轮的（   ）相等。

A. 模数　　　　　　B. 分度圆上齿形角　C. 齿数

D. 大径　　　　　　E. 齿厚

86. 下述 X 坐标方向正确的说法是（   ）。

A. 对于工件旋转的机床，X 坐标的方向是在工件的径向上，且平行于横滑座

B. 刀具离开工件旋转中心的方向为 X 坐标正方向

C. 对于刀具旋转的机床（如铣床、镗床、钻床等），如 Z 轴是垂直的，当从刀具主轴向立柱看时，X 运动的正方向指向右

D. 如 Z 轴（主轴）是水平的，当从主轴向工件方向看时，X 运动的正方向指向右方

E. 以上都错

87. 属于坐标方式的指令有（   ）。

A. G54　　　　B. G90　　　　　C. G91　　　　　D. G92　　　　E. G94

88. 表示刀具补偿功能的代码有（   ）。

A. G41　　　　B. G33　　　　　C. G43　　　　　D. G42　　　　E. G40

89. 下列哪些尺寸可以相互取代（   ）。

A. G20 和 G21　　　B. G00 和 G01　　　C. G04 和 G03

D. G90 和 G91　　　E. G23 和 G92

90. 指令 M99 的功能包括（   ）。

A. 调用子程序　　　　　　　　　B. 子程序结束

C. 用于主程序最后程序段　　　　D. 返回所指定的程序段

E. 返回程序的开始

91. 造成运丝电机不运转，与（   ）有关。

A. 机床电器板故障　B. 换向开关　　　C. 上下导轮

D. 断丝、无丝　　　E. 配重块

92. 关于悬臂式支撑的特征中，哪些是正确的（   ）。

A. 通用性强　　　　　　　　　　B. 装夹方便

C. 容易出现上仰或倾斜　　　　　D. 用在工件精度要求不高的情况下

E. 如果由于加工部位所限只能采用此装夹方法而加工又有垂直度要求时，要拉表找正工件上表面。

93. 利用线切割的手动模式，可进行（   ）操作。

A. 找正　　　　　　B. 找边　　　　　C. 试切割

D. 移动 X 轴　　　　E. 移动 Z 轴

94. 下列关于线切割自动编程系统正确的是（   ）。

A. 自动编程系统可以自动选取电加工参数

B. 能生成 3B 线切割程序

C. 能生成 ISO 代码的程序

D. 不能读写 AUTOCAD 文件

E. 只能读入 AUTOCAD 文件

95. 机床进行放电加工时，下列（　　）说法是正确的。

A. 只要能进行放电加工，就不必进行电加工参数调整

B. 放电加工时，要确保切削液能正常覆盖钼丝

C. 慢走丝机床能进行二次放电加工

D. 快走丝机床能进行二次放电加工

E. 在放电加工过程中，能将机床进行暂停，进行尺寸公差的测量

96. 石墨和紫铜电极一般采用（　　）加工。

A. 车削　　　　　　　B. 铣削　　　　　　　C. 刨削

D. 磨削　　　　　　　E. 钳工

97. 在电火花成型加工机床中，补偿操作界面主要作用是（　　）。

A. 修改补偿变量数值　　　　　　B. 修改进给速度

C. 修改电规准　　　　　　　　　D. 修改电压幅值

E. 浏览 H 补偿码的值

98. 影响电脉冲加工质量的因素有（　　）。

A. 电极材料　　　　B. 电极的缩放尺寸　C. 电极装夹和工件找正

D. 加工规准的选用　E. 显示器分辨率

99. 防止电脉冲加工中的电弧烧伤的操作有（　　）。

A. 增大脉间　　　　B. 加大冲油　　　　C. 增加抬刀频率

D. 增加抬刀幅度　　E. 改善排屑条件

100. 下述电加工操作中属于废旧钼丝正确处理的方法为（　　）。

A. 妥善处理　　　　B. 和环保部门联系　C. 不可随意排放

D. 可以直接倒入　　E. 个人保管

电切削工三级操作模拟试卷 1 (线切割方向)

操作技能考核模拟试卷准备通知单（考场）

一、设备材料准备

序 号	设备材料名称	规 格	数 量	备 注
1	板料	120mm×100mm×10mm	1	45♯钢
2	线切割机床		1	
3	夹具	线切割专用夹具	1	
4	划线平台	400mm×500mm	1	
5	台钻	Z4012	1	
6	钻夹头	台钻专用	1	
7	钻夹头钥匙	台钻专用	1	
8	切削液	线切割专用	若干	
9	手摇柄	线切割专用	1	
10	紧丝轮	线切割专用	1	
11	铁钩	线切割专用	1	
12	活络扳手		若干	
13	钼丝	$\phi0.18$、$\phi0.20$	若干	
14	其他	线切割机床辅具	若干	

二、场地准备

1. 场地清洁　2. 拉警戒线　3. 机床标号　4. 抽签号码　5. 饮用水

三、其他准备要求

1. 电工、机修工应急保障

2. 工件备料图

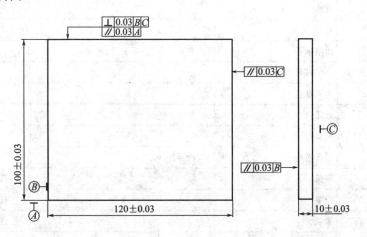

操作技能考核模拟试卷准备通知单（考生）

类别	序号	名　称	规　　格	精度	数量
量具	1	外径千分尺	0～25、25～50、50～75	0.01	各1
	2	游标卡尺	0～150	0.02	1
	3	钢直尺	0～150		1
	4	高度划线尺	0～300	0.02	1
	5	万能角度尺	0～320°	2′	1
	6	刀口角尺	63×100	0级	1
	7	刀口直尺	125	0级	1
	8	塞　尺	0.02～1		1
	9	半径规	R1～R6.5；R7～R14.5；R15～R25		各1
	10	V形铁	90°		1
	11	钟形百分表	0～10	0.01	1
	12	杠杆百分表	0～0.8	0.01	1
刃具	1	平板锉	6寸中齿、细齿		若干
	2	什锦锉			若干
	3	钻头	$\phi3$、$\phi6$		若干
	4	剪刀			1
其他工具	1	手锤			1
	2	样冲			1
	3	磁力表座			1
	4	悬臂式夹具			1
	5	划针			1
	6	靠铁			1
	7	蓝油			若干
	8	毛刷	2″		1
	9	活络扳手	12寸		1
	10	一字螺丝刀			若干
	11	十字螺丝刀			若干
	12	万用表			1
	13	棉丝			若干
	14	标准芯棒	$\phi6$、$\phi8$、$\phi10$、$\phi12$		
编写工艺工具	1	铅笔		自定	自备
	2	钢笔		自定	自备
	3	橡皮		自定	自备
	4	绘图工具		1套	自备
	5	计算器		1	自备

操作技能考核模拟试卷 1（线切割方向）

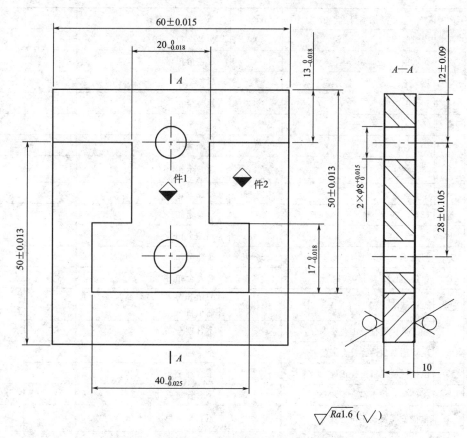

技术要求：1. 以件 1 尺寸配作件 2，配合间隙≤0.04。

　　　　　2. 侧边错位量≤0.06。

　　　　　3. 各加工表面不能修整。

　　　　　4. 未注公差为 IT7。

考核时间：180 分钟

操作技能考核模拟试卷评分记录汇总表

项目	序号	技术要求	配分	评分标准	检测记录	得分
加工质量评估（80）	1	$13_{-0.018}^{0}$	4	超差全扣		
	2	$20_{-0.018}^{0}$	4	超差全扣		
	3	$17_{-0.018}^{0}$	4	超差全扣		
	4	50 ± 0.013	4×2	超差全扣		
	5	60 ± 0.015	4×2	超差全扣		
	6	$40_{-0.025}^{0}$	4	超差全扣		
	7	$\phi8_{0}^{+0.015}$	4	超差全扣		
	8	$Ra1.6$	1×14	超差全扣		
	9	12 ± 0.09	4	超差全扣		
	10	28 ± 0.105	4	超差全扣		
	11	间隙不大于0.04	2×9	超差全扣		
	12	单边错位不大于0.04	2×2	超差全扣		
	13	工件缺陷	倒扣分	酌情扣分,重大缺陷加工质量评估项目全扣		
程序编制（10）	1	加工点设置符合工艺要求	3	不合理全扣		
	2	电切削参数选择符合工艺要求	2	不合理全扣		
	3	电极材料规格选择正确	2	不合理全扣		
	4	工件装夹找正符合工艺要求	3	不合理每处扣1~3分		
机床调整辅助技能（10）	1	电极安装及找正符合规范	3	不符要求每次扣1分		
	2	工件装夹、找正操作熟练	3	不规范每次扣1分		
	3	机床清理、复位及保养	4	不符合要求全扣		
文明生产	1	加工点设置符合工艺要求	3	不合理全扣		

电切削工三级操作模拟试卷2 (电火花方向)

操作技能考核模拟试卷准备通知单（考场）

一、设备材料准备

序　号	设备材料名称	规　格	数　量	备　注
1	钢板	60mm×50mm×30mm	1	Cr12、T10
2	电火花机床		1	带平动功能
3	方形电极	10mm×10mm×50mm 20mm×20mm×50mm	各2	长度可加长
4	圆周电极	φ10、φ20	各2	长度50mm以上
5	夹具	电火花专用夹具	1	
6	划线平台	400mm×500mm	1	
7	钻夹头	台钻专用	1	带直柄
8	钻夹头钥匙	台钻专用	1	
9	切削液	电火花专用	若干	
10	活络扳手	通用	若干	
11	其他	电火花机床辅具	若干	

二、场地准备

1. 场地清洁　　2. 拉警戒线　　3. 机床标号　　4. 抽签号码　　5. 饮用水

三、其他准备要求

1. 电工、机修工应急保障

2. 工件备料图（a）、电极备料图（b）

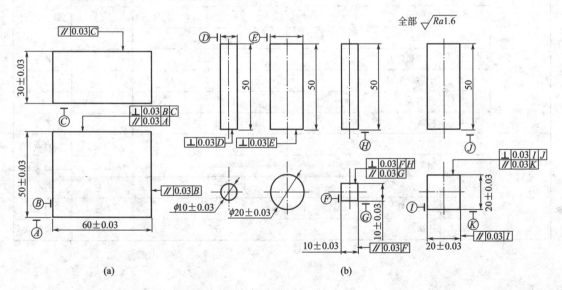

(a)　　　　　　　　　　　　　　　　(b)

操作技能考核模拟试卷准备通知单（考生）

类别	序号	名　称	规　格	精度	数量
量　具	1	内径千分尺	0～25、25～50、50～75	0.01	各1
	2	游标卡尺	0～150	0.02	1
	3	钢直尺	0～150		1
	4	高度划线尺	0～300	0.02	1
	5	万能角度尺	0～320°	2′	1
	6	刀口角尺	63×100	0级	1
	7	刀口直尺	125	0级	1
	8	塞尺	0.02～1		1
	9	半径规	$R1～R6.5;R7～R14.5$		各1
	10	V形铁	90°		1
	11	钟形百分表	0～10	0.01	1
	12	杠杆百分表	0～0.8	0.01	1
工　具	1	平板锉	6寸中齿、细齿		若干
	2	什锦锉			若干
	3	手锤			1
	4	样冲			1
	5	磁力表座			1
	6	划针			1
	7	靠铁			1
	8	蓝油			若干
	9	毛刷	2″		1
	10	活络扳手	12寸		1
	11	一字螺丝刀			若干
	12	十字螺丝刀			若干
	13	万用表			1
	14	棉丝			若干
编写工艺工具	1	铅笔		自定	自备
	2	钢笔		自定	自备
	3	橡皮		自定	自备
	4	绘图工具		1套	自备
	5	计算器		1	自备

操作技能考核模拟试卷 2（电火花方向）

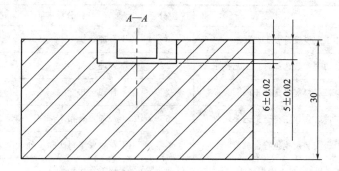

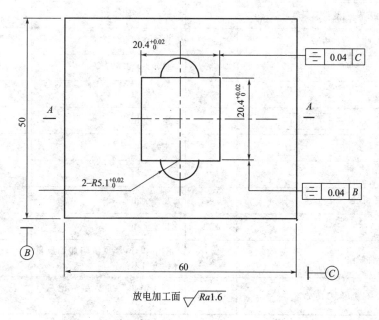

放电加工面 $\sqrt{Ra1.6}$

技术要求：1. 各加工棱边不能倒角。

　　　　　2. 未注公差采用 IT7。

考核时间：210 分钟

操作技能考核模拟试卷评分记录汇总表

项目	序号	技术要求	配分	评分标准	检测记录	得分
程序编制(10)	1	加工点设置符合工艺要求	3	不合理全扣		
	2	电切削参数选择符合工艺要求	2	不合理全扣		
	3	电极材料规格选择正确	2	不合理全扣		
	4	工件装夹找正符合工艺要求	3	不合理每处扣1~3分		
机床调整辅助技能(10)	1	电极安装及找正符合规范	3	不符合要求每次扣1分		
	2	工件装夹、找正操作熟练	3	不规范每次扣1分		
	3	机床清理、复位及保养	4	不符合要求全扣		
加工质量评估(80)	1	$20.4^{+0.02}_{0}$(四方)	6×2	超差全扣		
	2	$20.4^{+0.02}_{0}$(圆弧)	6	超差全扣		
	3	$R5.1^{+0.02}_{0}$	5×2	超差全扣		
	4	⟂ 0.04 C	5	超差全扣		
	5	⟂ 0.04 B	5	超差全扣		
	6	6 ± 0.02	4	超差全扣		
	7	5 ± 0.02	5×4	超差全扣		
	8	$Ra1.6$	2×9	超差全扣		
	9	工件缺陷	倒扣分	酌情扣分,严重缺陷加工质量评估项目不得分		
文明生产	1	人身、机床、刀具安全	倒扣分	每次倒扣5,重大事故记总分零分		

电切削工三级理论知识模拟试卷 1 答案

一、判断题（第 1～20 题）

评分标准：每题答对给 1 分；答错或漏答不给分，也不扣分。

1	2	3	4	5	6	7	8	9	10
对	对	对	对	错	错	错	对	错	错
11	12	13	14	15	16	17	18	19	20
对	对	对	对	对	错	错	对	对	错

二、选择题（第 21～60 题）

评分标准：每题答对给 1 分；答错或漏答不给分，也不扣分。

21	22	23	24	25	26	27	28	29	30
C	A	A	A	C	B	A	A	A	D
31	32	33	34	35	36	37	38	39	40
C	C	A	A	C	D	A	A	A	C
41	42	43	44	45	46	47	48	49	50
D	B	D	D	A	B	A	A	A	A
51	52	53	54	55	56	57	58	59	60
C	D	A	A	A	D	B	B	A	A

三、多选题（第 61～100 题）

评分标准：每题答对给 1 分；答错或漏答不给分，也不扣分。

61	62	63	64	65	66	67	68	69	70
ABC	AE	ABDE	ABC	ABCDE	ABCDE	ABC	AE	ABCD	CDE
71	72	73	74	75	76	77	78	79	80
ACD	BC	ABC	ABCD	ACD	ABCD	ABDE	BC	ABDE	AB
81	82	83	84	85	86	87	88	89	90
ABDE	ACDE	ABC	ABCDE	AB	ABCD	BC	ADE	ABD	BCD
91	92	93	94	95	96	97	98	99	100
AB	ABCDE	ABCD	BC	BC	ABE	AE	ABCD	ABCDE	ABC

附 录

附录1　FW 快走丝切割机床提示
信息、原因及采取的措施

编号	名　称	原　因	措　施
01	接触感知	电极丝与工件接触 为了便于操作,对于点动、手动的 G00 操作,自动忽略接触感知	用点动移离工件
02	到极限	在加工或移动时,X、Y、U、V 轴之一碰到限位开关 在 ALT-2 的输入方式可知道是哪一个轴向到限位	1. 按 OFF 退出 2. 调整限位,按 RST 继续
03	轴向选择错误	在 NC 程序中没有指定轴向	检查 NC 程序
04	工件厚度不能是零	在手动的"参数"方式中,工件厚度一项为零	应使工件厚度大于 0.5mm。当加工锥度时,应输入实际的厚度值
05	OFF 键退出	在加工或移动中,OFF 被按	1. 按 ACK 取消 2. 按 RST 继续执行
06	回退太长	在加工中,由于间隙状态不好而回退,回退长度超过 4mm	在间隙状态变好后,按 RST 继续执行
07	在缓冲区中无 NC 程序	NC 程序缓冲区为空,无任何 NC 代码	在编辑方式,从硬盘或软盘中装入 NC 程序,或手动输入 NC 代码
08	＊＊＊＊行 NC 代码错误	本系统不支持"＊＊＊＊行"的代码格式,＊＊＊＊代表行号	1. 请对照代码定义,输入正确代码 2. 请确认 ISO/3B 格式选择
09	找不到子程序	在 NC 程序缓冲区中找不到由"P＊＊＊＊"定义的子程序	请在 NC 程序缓冲区中增加"N＊＊＊＊"子程序
10	M99 不匹配	在 NC 程序中没有相应的 M98 或 M98 对应的子程序号	检查 NC 程序
11	嵌套层数太多	NC 程序中调用的子程序种类数超过 9 个	减少子程序种类数
12	未取消半径补偿	在执行代码 M02、G80/G81/G82 时,未取消 G41/G42 补偿	用 G40 取消补偿
13	无运动指令的连续段数太多	无运动指令(G00/G01/G02/G03)的连续段数超过 8 段	检查 NC 程序
14	执行 G80/G81/G82 应先取消补偿	在执行 G80/G81/G82 时,未取消 G41/G42 补偿	用 G40 取消补偿
15	G74 应在补偿以前设置	G74 应在 G41/G42 之前设置	检查 NC 程序
16	圆弧半径误差超出设定范围(圆弧半径不能是负值)	圆弧的起点半径与终点半径之差值大于所设的"允许半径误差"值	1. 检查该段 NC 程序 2. 放大"允许半径误差"值

编号	名　称	原　因	措　施
17	过切或圆弧半径太大	1. 在向着圆弧半径的方向补偿时,补偿值大于圆弧半径 2. 补偿前后,起点与终点的位置关系发生改变	1. 减小补偿值 2. 检查补偿方向是否正确 3. 检查补偿后起点与终点的位置关系
18	两曲线无交点	1. 补偿后直线—直线无交点 2. 圆弧—圆弧补偿方向不一致且补偿后无交点	修改补偿方向或相应的程序段
19	两方程无解	1. 两曲线补偿前无解 2. 直线—圆弧补偿方向不一致且补偿后无交点	检查相应的程序段
20	圆弧—圆弧处理错误	两曲线无法用圆弧过渡	1. 检查补偿方向 2. 检查补偿后的交点状况
21	一点不能定义一条直线	G01 代码所指示的直线是一个点,即起止点重合	检查该 G01 代码
22	在一曲线中不能用倒角	在 NC 程序中所指定的 R 角不能用在该曲线中。两段直线方向相同或相反	检查 NC 程序
23	转角半径不能小于偏移量半径	在 NC 程序中所指定的 R 角不能用在该曲线中 1. 两曲线的补偿方向不一致 2. 补偿值大小不一致	检查 NC 程序
24	进入或退出补偿状态的运动段必须是直线	进入或退出补偿状态的运动段不是直线	检查 NC 程序
25	快速移动时不能有补偿	在 G00 前未取消补偿	在 G00 之前加 G40H＊＊＊代码
26	暂停	手控盒上的 HALT 键被按	
27	M00 暂停	在 NC 程序中遇到了 M00 代码	
28	NC 程序太长	NC 程序超出了允许范围	
29	单段暂停	自动模式的"单段"设为 ON	
30	断丝	断丝或断丝开关被按	
31	未运丝	在执行加工以前未运丝	
32	未喷加工液	在执行加工以前未喷液	
33	你希望从断点处继续加工吗?	如果在执行 NC 程序时掉电,则下一次启动时有此提示	
34	换向开关被压,请移开	丝筒在限位处	按 RST 继续运丝
35	加工条件号太大	加工条件号超出了加工条件表所设的范围	
36	输入格式错误	手动模式中输入代码格式错误	请对照手动模式右边提示框中的正确格式输入
37	轴重复错误	手动模式中输入了多个一样的轴	
38	坐标值太大	手动模式中输入的坐标值超出范围	
39	进入或退出锥度状态的运动段必须是直线	在进入或退出锥度状态时,必须用 G01 代码	修改 NC 程序
40	太小的圆弧半径	圆弧半径小于 $1\mu m$	检查 NC 程序

编号	名　　称	原　　因	措　　施
41	机床被锁住,您必须与销售商联系	机床工作在限时加工模式且限时加工时间已到	请与销售商联系
12	分辨率错误	分辨率小于零	检查机床参数
43	温度太高	电柜内温度高于42℃	检查电柜
44	4轴加工不能与锥度或异形同时使用	在NC编程时,不能同时使用恒锥度、上下异形或4轴联动,只能使用其一	检查NC程序
45	锥度角太大	在G51/G52时,锥度角太大	检查NC程序
46	在UOV平面无法加上所需倒角	两曲线在UOV平面无交点,在该平面无法加上所需倒角	检查NC程序
47	强电开关断,请按下强电开关	控制系统检测到$X+$、$X-$、$Y+$、$Y-$、$U+$、$U-$、$V+$、$V-$都在限位状态	检查电柜

附录2　SE电火花成型机床提示信息、原因及采取的措施

信息号	信　　息	原　　因	措　　施
E001	接触感知	电极和工件接触	1. 按住🔲键后,把电极向相反方向移动离开工件 2. 检查电极线连接是否正确 3. 通知BACTS
E002	接触限位开关	运动过程中触及限位开关	1. 检查行程 2. 通知BACTS
E003	和电源同步失败	运动过程中在一定时间内未收到脉冲电源计算机传来的同步信号	1. 检查通信板 2. 检查脉冲电源计算机
E004	操作错误	主计算机收到错误命令	1. 检查通信板 2. 检查计算机
E005	轴向选择错误	运动轴不是允许的轴	1. 检查系统配置 2. 检查NC码 3. 程序未按顺序执行
E006	浮子开关未闭合	液面太低或液面传感器出故障	1. 打开工作液泵 2. 通知BACTS
E007	油温太高	工作液的温度高于55℃	1. 加装冷却装置 2. 检查温度传感器
E008	🛑键被按下	程序运行中遥控盒上的🛑键被按下	按🚶键清除信息后重新执行程序
E009	回退太长	加工中电极和工件短路,电极向相反方向回退一定距离后,短路仍然不能解除	1. 清除电极和工件上的积炭 2. 减小自由平动的半径 3. 通知BACTS
E010	AJC故障	在抬刀过程中出现错误	1. 检查NC码 2. 检查定时抬刀参数
E011	缓冲区无更多的零件程序	NC码中无M02	检查数控程序
E012	错误的NC代码	数控程序中发现错误	检查数控程序

信息号	信 息	原 因	措 施
E013	找不到子程序	调用的子程序未被定义	检查数控程序
E014	M99 不匹配	子程序的结尾无子程序的结束代码 M99	检查数控程序
E015	嵌套层数太多	子程序嵌套不大于 9 层	检查数控程序
E016	未取消补偿	数控程序错误	检查数控程序
E017	无运动指令的连续段太多	数控程序中空段太多	检查数控程序
E018	执行 G80/G81/G82 时应先取消补偿	数控程序错误	检查数控程序
E019	刀具半径不能是负值	刀具补偿量为负值	检查数控程序
E020	过切或圆弧半径太大	电极加工路径上出现过切	检查数控程序
E021	两曲线无交点	数控程序错误	检查数控程序
E022	两曲线接头错误	数控程序错误	检查数控程序
E023	两方程无解	数控程序错误	检查数控程序
E024	圆弧处理错误	数控程序错误	检查数控程序
E025	一点不能定义一条直线	数控程序错误,直线的起点和终点为同一点	检查数控程序
E026	在一个曲线中不能有转角	数控程序错误,使用转角代码时至少要有两段曲线	检查数控程序
E027	转角半径不能小于偏移量值	数控程序错误,转角半径必须大于半径补偿量	检查数控程序
E028	进入或退出补偿状态的运动段必须是直线	刀具补偿的建立和撤销必须在直线段上	检查数控程序
E029	镜像未取消	在使用 G92 代码时镜像指令未取消	检查数控程序,在使用 G92 代码前使用 G09 指令取消镜像
E030	快速移动时不能有补偿	在使用 G00 代码时刀具的半径补偿必须取消	检查数控程序
E031	平面选择错误	执行圆弧插补时平面选择不正确	检查数控程序
E032	太小的圆弧半径	圆弧半径小于 0.001mm	检查数控程序
E033	键被按下	在执行过程中遥控盒上的键被按下	按键重新启动或按键结束程序的执行
E034	M00 暂停	在执行过程中数控程序的过程中遇到了 M00 代码	按键重新启动或按键结束程序的执行
E035	液面太低,请上油	加工时液面未到达设定的位置	1. 打开工作液泵 2. 检查浮子开关 3. 通知 BACTS
E036	平动参数错误	自由平动数据设置不正确	重新设置自由平动的参数
E037	单段暂停	程序的执行处于单段执行模式时,一段程序执行完毕	按键重新启动或按键结束程序的执行
E039	气压不够	气压低于设置值	按键结束程序的执行,作如下的检测后再重新执行程序 1. 打开气泵开关 2. 检查气路是否有泄漏

信息号	信 息	原 因	措 施
E040	没有恢复上次的断点	在执行"设置"或开始执行程序前未执行"回零"	先执行"回零"后再执行相应操作或按 🔲 键忽略报警
E041	未定义的中断号	主计算机收到错误命令	1. 检查通信板 2. 检查计算机
E042	未开始放电	主计算机发出放电指令后未收到响应信号	检查通信板或脉冲电源的计算机板
E043	超时错误	主计算机 RS232 通信出错	通知 BACTS
E044	和电源同步失败	开机时主计算机和脉冲电源计算机握手失败	1. 检查通信板 2. 检查脉冲电源计算机
E045	振荡器未工作	脉冲电源故障	1. 更换 BSE-12 2. 通知 BACTS
E046	初始化内部 RAM 错误	SDC-12 上的 8032 微控制器故障	更换 SDC-12
E047	初始化外部 RAM 错误	SDC-12 上的双口 RAM 故障	更换 SDC-12
E048	校验和错误	SDC-12 上的 EPROM 故障	更换 SDC-12
E049	X 轴错误,请检查后重新上电	X 轴马达驱动器出现故障	更换 X 马达驱动器
E050	Y 轴错误,请检查后重新上电	Y 轴马达驱动器出现故障	更换 Y 马达驱动器
E051	Z 轴错误,请检查后重新上电	Z 轴马达驱动器出现故障	更换 Z 马达驱动器
E052	C 轴错误,请检查后重新上电	C 轴马达驱动器出现故障	更换 C 马达驱动器
E053	X 轴回原点失败	X 轴在回原点时在规定的范围内未到零点信号	通知 BACTS
E054	Y 轴回原点失败	Y 轴在回原点时在规定的范围内未到零点信号	通知 BACTS
E055	Z 轴回原点失败	Z 轴在回原点时在规定的范围内未到零点信号	通知 BACTS
E056	C 轴回原点失败	C 轴在回原点时在规定的范围内未到零点信号	通知 BACTS
E057	请把 X 轴正限位向外移 $500\mu m$	原点必须距限位开关 $500\mu m$ 以外	把 X 轴正限位开关向外移 2mm
E058	请把 Y 轴正限位向外移 $500\mu m$	原点必须距限位开关 $500\mu m$ 以外	把 Y 轴正限位开关向外移 2mm
E059	请把 Z 轴正限位向外移 $500\mu m$	原点必须距限位开关 $500\mu m$ 以外	把 Z 轴正限位开关向外移 2mm
E060	请把 C 轴正限位向外移 $500\mu m$	原点必须距限位开关 $500\mu m$ 以外	调节 C 轴限位开关
E061	未执行回原点动作	在执行其他操作前未执行"回原点"动作	先执行"回原点"后再执行相应操作或按 🔲 键忽略报警
E062	程序太长	NC 程序超出了程序缓冲区的范围	把 NC 程序限制在 25kB 内
E063	AEC 伸出未到位	主计算机发出 AEC 伸出指令后在一定时间内未收到 AEC 伸出到位信号	检查气压等待信号正常后自动继续或按 🚶 键结束程序的执行
E064	AEC 缩回未到位	主计算机发出 AEC 缩回指令后在一定时间内未收到 AEC 缩回到位信号	检查气压等待信号正常后自动继续或按 🚶 键结束程序的执行

信息号	信 息	原 因	措 施
E065	夹头未夹紧	主计算机发出关闭夹头指令后在一定时间内未收到夹头已夹紧信号	检查气压等待信号正常后自动继续或按 🔧 键结束程序的执行
E066	夹头未打开	主计算机发出打开夹头指令后在一定时间内未收到夹头已打开信号	检查气压等待信号正常后自动继续或按 🔧 键结束桿序的执行
E067	限时加工时间到,请和销售商联系	机床工作在限时加工模式且限时加工时间已到	请和销售商联系
E068	强电开关未闭合	移动轴或加工时强电开关未按下	按下强电开关后再进行相应操作
E069	电阻箱风扇故障	风扇或传感器有故障	1. 检查哪一元件故障 2. 通知 BACTS
E070	BMP-50 上 MOS-FET 短路	高频时假故障或 BMP-50 上晶体管出现故障	增长"脉冲宽度"或更换 BMP-50 板
E071	电阻箱风扇故障	风扇或传感器有故障	1. 检查哪一元件故障 2. 通知 BACTS
E072	AEC 初始位置错	执行 AEC 操作时刀架未在缩回位置	使刀架处于缩回位置后再执行 AEC 指令
E078	电柜内温度过高	电柜内温度超过 42℃	1. 检查电柜内风扇 2. 更换进出风口的过滤网
	"电极收缩量"或"加工深度"不能为零	使用自动编程时,"电极收缩量"或"加工深度"一定要大于零	
	磁盘未准备好	读写磁盘时驱动器中无软盘	插入软盘
	磁盘中无 NC 文件	装入 NC 程序时磁盘中无 NC 程序文件	插入有 NC 文件的磁盘
	磁盘写保护	写磁盘时软盘处于写保护状态	打开写保护
	打印机错误	未安装打印或打印机接口错误	通知 BACTS
	不能打开文件	读磁盘时不能打开文件	1. 更换磁盘 2. 更换磁盘驱动器
	"电极收缩量"太小,会增加加工时间	"电极收缩量"与加工面积不匹配	按"Y"键重新输入或按"N"键忽略报警

附录3　FW 线切割机床加工参数表

```
C × × ×
    │ │ └──×10mm:工件厚度
    │ └──── 0:φ0.2丝—钢,精加工
    └────── 1:φ0.2丝—钢,中加工
            2:φ0.2丝—铜
            3:φ0.2丝—铝
            4:φ0.13丝—钢
            5:φ0.15丝—钢
            6:φ0.2丝—合金(未用)
            7:分组加工参数
```

1　精加工参数表

（工件材料：Cr12；热处理 C59-C65；钼丝直径：0.2mm）

参数号	ON	OFF	IP	SV	GP	V	加工速度/(mm²/min)	粗糙度 $Ra/\mu m$
C001	02	03	2.0	01	00	00	11	2.5
C002	03	03	2.0	02	00	00	20	2.5
C003	03	05	3.0	02	00	00	21	2.5

参数号	ON	OFF	IP	SV	GP	V	加工速度/(mm²/min)	粗糙度 Ra/μm
C004	06	05	3.0	02	00	00	20	2.5
C005	08	07	3.0	02	00	00	32	2.5
C006	09	07	3.0	02	00	00	30	2.5
C007	10	07	3.0	02	00	00	35	2.5
C008	08	09	4.0	02	00	00	38	2.5
C009	11	11	4.0	02	00	00	30	2.5
C010	11	09	4.0	02	00	00	30	2.5
C011	12	09	4.0	02	00	00	30	2.5
C012	15	13	4.0	02	00	00	30	2.5
C013	17	13	4.0	03	00	00	30	3.0
C014	19	13	4.0	03	00	00	34	3.0
C015	15	15	5.0	03	00	00	34	3.0
C016	17	15	5.0	03	00	00	37	3.0
C017	19	15	5.0	03	00	00	40	3.0
C018	20	17	6.0	03	00	00	40	3.5
C019	23	17	6.0	03	00	00	44	3.5
C020	25	21	7.0	03	00	00	56	4.0

2 中加工参数表

（工件材料：Cr12；热处理 C59-C65；钼丝直径：0.2mm）

参数号	ON	OFF	IP	SV	GP	V	加工速度/(mm²/min)	粗糙度 Ra/μm
C101	08	07	2.0	03	00	00	13	3.0
C102	08	05	3.0	03	00	00	25	2.9
C103	10	05	3.0	03	00	00	29	3.1
C104	11	05	3.0	03	00	00	35	2.8
C105	15	11	4.0	03	00	00	39	3.0
C106	17	11	4.0	03	00	00	39	3.4
C107	18	11	4.0	03	00	00	40	3.3
C108	15	11	5.0	03	00	00	50	3.6
C109	16	11	5.0	03	00	00	53	3.5
C110	18	11	5.0	03	00	00	58	3.6
C111	18	13	5.0	03	00	00	49	3.3
C112	18	13	5.0	03	00	00	50	3.3
C113	18	13	5.0	03	00	00	50	3.3
C114	18	11	5.0	03	00	00	56	3.9
C115	18	11	5.0	03	00	00	56	4.0
C116	20	11	5.0	03	00	00	56	4.0
C117	20	11	5.0	03	00	00	56	4.0
C118	20	13	6.0	03	00	00	60	4.0
C119	22	13	6.0	03	00	00	60	4.0
C120	25	21	7.0	03	00	00	60	3.6

3 加工铝参数表

（工件材料：铝；钼丝直径：0.2mm）

参数号	ON	OFF	IP	SV	GP	V	加工速度 /(mm²/min)	粗糙度 Ra /μm	加工精度 /mm
C301	02	00	2.0	04	01	00	25	2.7	0.005
C302	02	00	2.0	04	01	00	24	2.6	0.015
C303	02	00	2.5	04	01	00	28	3.0	0.005
C304	02	00	3.0	04	01	00	25	3.2	0.01
C305	02	00	3.5	04	01	00	34	3.6	0.015
C306	02	00	4.0	04	01	00	35	3.7	0.014

4 加工铜参数表

（工件材料：紫铜；钼丝直径：0.2mm）

参数号	ON	OFF	IP	SV	GP	V	加工速度 /(mm²/min)	粗糙度 Ra /μm	加工精度 /mm
C201	04	03	3.0	04	00	00	12.2～15.2	2.4～3.9	0.007～0.020
C202	05	05	4.0	04	00	00	13.9～16.4	2.7～3.5	0.005～0.012
C203	08	07	4.0	04	00	00	18.3～23.4	2.6～3.6	0.007～0.010
C204	10	08	4.0	04	00	00	20.4～25.9	2.8～3.8	0.005～0.012
C205	08	09	5.0	04	00	00	19.2～25.8	2.9～3.7	0.012～0.025
C206	09	10	5.0	04	00	00	24.5～27.7	3.2～4.1	0.005～0.020
C207	10	10	5.5	04	00	00	23.8～29.0	3.1～3.6	0.007～0.015
C208	08	10	6.0	04	00	00	18.7～23.9	3.1～4.4	0.007～0.015
C209	09	12	6.0	04	00	00	19.9～20.9	4.0～4.7	0.007～0.014
C210	10	12	6.0	04	00	00	22.0～22.9	4.0～4.2	0.007～0.011
C213	13	20	7.0	04	00	00	23.2～23.9	4.8～5.0	0.010～0.013
C216	16	25	8.0	04	00	00	26.4～27.3	5.1～5.3	0.010～0.025
C220	20	30	9.0	04	00	00	28.8～30.5	5.8～6.5	0.015～0.030

5 细丝加工参数表

（工件材料：Cr12；热处理 C59-C65；钼丝直径：0.13mm；配重：2910g（去掉两片配重））

参数号	ON	OFF	IP	SV	GP	V	加工速度/(mm²/min)	粗糙度 Ra/μm
C401	02	03	2.0	01	00	00	8.6	2.6
C402	03	03	2.0	02	00	00	12.3	2.3
C403	03	05	3.0	02	00	00	13.9	1.7
C404	06	05	3.0	02	00	00	21.5	3.0
C405	08	07	3.0	03	00	00	22.3	2.4
C406	09	07	3.0	03	00	00	17.9	2.4
C407	10	07	3.5	05	00	00	25.5	2.4
C408	10	09	4.0	04	00	00	25.4	3.0
C409	11	11	4.5	04	00	00	30.5	3.4

6 细丝加工参数表

[工件材料：Cr12；热处理 C59-C65；钼丝直径：0.15mm；配重：3780g（去掉一片配重）]

参数号	ON	OFF	IP	SV	GP	V	加工速度/(mm²/min)	粗糙度 Ra/μm
C501	02	03	2.0	01	00	00	7.21	2.2
C502	03	03	2.0	02	00	00	10.7	1.6
C503	03	05	3.0	02	00	00	11.5	1.8
C504	06	05	3.0	02	00	00	21.2	2.7
C505	08	07	3.0	02	00	00	21.6	2.6
C506	09	07	3.0	03	00	00	19.8	2.5
C507	10	07	3.0	03	00	00	20.8	2.8
C508	08	09	4.0	04	00	00	22	2.6
C509	11	11	4.0	04	00	00	22	2.9
C510	11	10	4.5	04	00	00	29.6	3.1

7 分组加工参数表

工件材料：Cr12；热处理 C59-C65；钼丝直径：0.2mm；适用于厚度 50mm 及以下工件的加工，以提高效率，改善粗糙度

参数号	ON	OFF	IP	SV	GP	V	加工速度/(mm²/min)	粗糙度 Ra/μm
C701	03	00	3.5	03	01	00	19	2.6
C702	03	00	3.5	03	01	00	22	2.5
C703	03	00	3.5	03	01	00	20	2.5
C704	03	00	4.0	03	01	00	26	2.5
C705	03	00	5.0	03	01	00	30	2.5

附录4　SE 电火花成型机加工参数

1 铜打钢——最小损耗参数表

条件号	面积/cm²	安全间隙/mm	放电间隙/mm	加工速度/(mm³/min)	损耗/%	侧面 Ra/μm	底面 Ra/μm	极性	电容/μF	高压管	管数	脉冲间隙/μs	脉冲宽度/μs	模式	损耗类型	伺服基准/V	伺服速度	极限值 损耗类型	极限值 脉冲间隙/μs	极限值 伺服基准/V
100		0	0.005					—	0	0	3	2	2	8	0	85	8			
101		0.04	0.025			0.56	0.7	+	0	0	2	6	9	8	0	80	8			
103		0.06	0.045			0.8	1.0	+	0	0	3	7	11	8	0	80	8			
104		0.08	0.05			1.2	1.5	+	0	0	4	8	12	8	0	80	8			
105		0.11	0.065			1.5	1.9	+	0	0	5	9	13	8	0	75	8			
106		0.12	0.070	1.2		2.0	2.6	+	0	0	6	10	14	8	0	75	10	0	6	55
107		0.19	0.15	3.0		3.04	3.8	+	0	0	7	12	16	8	0	75	10	0	6	55
108	1	0.28	0.19	10	0.10	3.92	5.0	+	0	0	8	13	17	8	0	75	10	0	6	55
109	2	0.40	0.25	15	0.05	5.44	6.8	+	0	0	9	13	18	8	0	75	12	0	6	52
110	3	0.58	0.32	22	0.05	6.32	7.9	+	0	0	10	15	19	8	0	70	12	0	6	52
111	4	0.70	0.37	43	0.05	6.8	8.5	+	0	0	11	16	20	8	0	70	12	0	8	48
112	6	0.83	0.47	70	0.05	9.68	12.1	+	0	0	12	16	21	8	0	65	15	0	8	48
113	8	1.22	0.60	90	0.05	11.2	14.0	+	0	0	13	24	24	8	0	65	15	0	10	50
114	12	1.55	0.83	110	0.05	12.4	15.5	+	0	0	14	24	24	8	0	58	15	0	12	50
115	20	1.65	0.89	205	0.05	13.4	16.7	+	0	0	15	17	26	8	0	58	15	0	13	50

2　铜打钢——标准型参数表

条件号	面积/cm²	安全间隙/mm	放电间隙/mm	加工速度/(mm³/min)	损耗%	侧面Ra/μm	底面Ra/μm	极性	电容/μF	高压管	管数	脉冲间隙/μs	脉冲宽度/μs	模式	损耗类型	伺服基准/V	伺服速度	极限值 脉冲间隙/μs	极限值 伺服基准/V
121		0.045	0.040			1.1	1.2	+	0	0	2	4	8	8	0	80	8		
123		0.070	0.045			1.3	1.4	+	0	0	3	4	8	8	0	80	8		
124		0.10	0.050			1.6	1.6	+	0	0	4	6	10	8	0	80	8		
125		0.12	0.055			1.9	1.9	+	0	0	5	6	10	8	0	75	8		
126		0.14	0.060			2.0	2.6	+	0	0	6	7	11	8	0	75	10		
127		0.22	0.11	4.0		2.8	3.5	+	0	0	7	8	12	8	0	75	10		
128	1	0.28	0.165	12.0	0.40	3.7	5.8	+	0	0	8	11	15	8	0	75	10	5	52
129	2	0.38	0.22	17.0	0.25	4.4	7.4	+	0	0	9	13	16	8	0	75	12	6	52
130	3	0.46	0.24	26.0	0.25	5.8	9.8	+	0	0	10	13	18	8	0	70	12	6	50
131	4	0.61	0.31	46.0	0.25	7.0	10.2	+	0	0	11	13	18	8	0	70	12	5	48
132	6	0.72	0.36	77.0	0.25	8.2	12	+	0	0	12	14	19	8	0	65	15	5	48
133	8	1.00	0.53	126.0	0.15	12.2	15.2	+	0	0	13	14	22	8	0	65	15	5	45
134	12	1.06	0.544	166.0	0.15	13.4	16.7	+	0	0	14	14	23	8	0	58	15	7	45
135	20	1.581	0.84	261.0	0.15	15.0	18.0	+	0	0	15	16	25	8	0	58	15	8	45

3　铜打钢——最大去除率型参数表

条件号	面积/cm²	安全间隙/mm	放电间隙/mm	加工速度/(mm³/min)	损耗/%	侧面Ra/μm	底面Ra/μm	极性	电容/μF	高压管	管数	脉冲间隙/μs	脉冲宽度/μs	模式	损耗类型	伺服基准/V	伺服速度	极限值 脉冲间隙/μs	极限值 伺服基准/V
141		0.046	0.04			1.0	1.2	+	0	0	2	6	9	8	0	80	8		
142		0.090	0.055			1.1	1.4	+	0	0	3	7	11	8	0	80	8		
143		0.11	0.06			1.2	1.6	+	0	0	4	8	12	8	0	80	8		
144		0.13	0.065			1.7	2.1	+	0	0	5	9	13	8	0	78	8		
145		0.15	0.07			2.1	2.6	+	0	0	6	10	14	8	0	75	10		
146		0.18	0.08			2.7	3.7	+	0	0	7	4	8	8	0	75	10		
147		0.23	0.122	10.0	5.0	3.2	4.8	+	0	0	8		11	8	0	75	10		
148	1	0.29	0.145	15.0	2.5	3.4	5.4	+	0	0	9	7	12	8	0	75	12		
149	2	0.346	0.19	19.0	1.8	4.2	6.2	+	0	0	9	8	13	8	0	75	12	6	45
150	3	0.43	0.22	30.0	1.0	4.6	7.2	+	0	0	10	10	15	8	0	70	15	5	45
151	4	0.61	0.3	45.0	0.9	6.0	9.2	+	0	0	11	11	16	8	0	70	15	5	45
152	6	0.71	0.35	76.0	0.8	8.0	12.2	+	0	0	12	11	17	8	0	65	15	5	45
153	8	0.97	0.457	145.0	0.4	11.8	14.2	+	0	0	13	12	20	8	0	65	15	7	48
154	12	1.22	0.59	220.0	0.4	13.9	17.2	+	0	0	14	12	21	8	0	58	15	8	48
155	20	1.6	0.81	310.0	0.4	15.0	19.0	+	0	0	15	15	23	8	0	58	15	10	48

4 铜打钢——反向工艺参数表

条件号	安全间隙/mm	放电间隙/mm	加工速度/(mm³/min)	损耗/%	底面Ra/μm	极性	电容/μF	高压管数	管数	脉冲间隙/μs	脉冲宽度/μs	伺服基准/V	伺服速度	极限值 脉冲间隙/μs	极限值 伺服基准/V
184		0.04			1.00	—	0	1	4	13	9	73	8	11	73
185		0.05			1.50	—	0	1	5	13	10	70	8	11	70
186		0.065			1.60	—	0	1	6	14	11	70	10	12	70
187	0.09	0.07			2.30	—	0		7	10	12	70	10	8	70
188	0.20	0.12	13	0.10	3.00	—	0		8	10	17	70	10	8	70
189	0.28	0.17	16	0.05	4.00	—	0		9	10	19	60	12	8	60
190	0.33	0.225	34	0.05	5.44	—	0		10	10	20	55	12	8	55
191	0.60	0.26	65	0.05	6.32	—	0		11	10	20	51	12	8	52
192	0.70	0.33	110	0.05	6.80	—	0		12	12	21	51	15	10	52
193	0.91	0.41	165	0.05	9.68	—	0		13	12	24	51	15	10	52
194	1.10	0.50	265	0.05	11.20	—	0		14	15	25	51	15	13	52
195	1.30	0.63	317	0.05	12.40	—	0		15	16	26	51	15	14	52

5 困难条件下的铜打钢参数表——半精/精加工

条件号	面积/cm²	安全间隙/mm	放电间隙/mm	加工速度/(mm³/min)	损耗/%	侧面Ra/μm	极性	电容/μF	高压管数	管数	脉冲间隙/μs	脉冲宽度/μs	伺服基准/V	伺服速度
161		0.020	0.020			0.6	—	0	0	2	3	3	85	15
162		0.240	0.024			0.8	—	0	0	3	7	4	80	15
163		0.030	0.030			1.0	—	0	0	3	7	4	80	15
164		0.060	0.030			1.0	—	0	0	3	7	6	80	15
165		0.058	0.046			1.35	+	0	0	4	7	10	80	15
166		0.078	0.050			1.8	+	0	0	5	7	10	75	15
167		0.110	0.060			2.8	+	0	0	6	7	11	75	15
168		0.156	0.080				+	0	0	7	8	12	70	15

6 困难条件下的铜打钢参数表——粗加工

条件号	面积/cm²	安全间隙/mm	放电间隙/mm	加工速度/(mm³/min)	损耗/%	侧面Ra/μs	极性	电容/μF	高压管数	管数	脉冲间隙/μs	脉冲宽度/μs	伺服基准/V	伺服速度
169	0.1~0.2	0.24	0.14	1.0	0.8	5.2	+	0	0	8	22	15	77	20
170	0.2~0.5	0.35	0.20	1.5	0.5	6.5	+	0	0	9	23	17	77	20
171	0.5~1.5	0.50	0.26	7.5	0.3	7.0	+	0	0	10	16	18	75	20
172	1.5~3	0.61	0.31	21	0.3	8.6	+	0	0	11	11	18	70	20
173	3~4	0.72	0.36	50	0.3	12.0	+	0	0	12	12	19	65	20
174	4~6	1.00	0.53	70	0.15	15.0	+	0	0	13	13	22	65	20
175	6~8	1.25	0.64	105	0.15	16.7	+	0	0	14	14	23	58	20
176	>8	1.60	0.85	150	0.5		+	0	0	15	16	25	58	20

7 铜打钢（盲孔加工）——最小损耗参数表

条件号	直径/mm	安全间隙/mm	放电间隙/mm	加工速度/(mm³/min)	损耗/%	底面Ra/μm	极性	电容/μF	高压管数	管数	脉冲间隙/μs	脉冲宽度/μs	伺服基准/V	伺服速度	极限值 脉冲间隙/μs	极限值 伺服基准/V
200	0.5	0.12	0.07			1.5	+	0	0	6	3	12	72	8	3	72
201	1.0	0.24	0.10	1.0	30	3.3	+	0	0	8	6	16	62	10	6	62
202	2.0	0.25	0.11	1.7	25	3.7	+	0	0	9	4	13	62	10	4	62
203	3.0	0.35	0.15	2.7	25	5.0	+	0	0	11	9	16	58	12	9	58
204	4.0	0.50	0.25	4.0	25	12.0	+	0	0	14	12	21	55	15	12	55

8 铜打钢（盲孔加工）——标准型参数表

条件号	直径/mm	安全间隙/mm	放电间隙/mm	加工速度/(mm³/min)	损耗/%	底面Ra/μm	极性	电容/μF	高压管数	管数	脉冲间隙/μs	脉冲宽度/μs	伺服基准/V	伺服速度	极限值 脉冲间隙/μs	极限值 伺服基准/V
220	0.5	0.15	0.08			2.2	+	0	0	7	2	12	70	8	2	70
221	1.0	0.26	0.13	2.5	50	4.5	+	0	0	10	8	16	58	10	8	58
222	2.0	0.50	0.25	5.0	75	9.5	+	0	0	13	11	18	56	15	11	56
223	3.0	0.50	0.25	5.0	45	9.5	+	0	0	13	10	18	56	15	10	56
224	5.0	0.60	0.30	6.5	45	13.0	+	0	0	15	10	18	52	15	10	52

9 铜打钢（盲孔加工）——最大去除率参数表

条件号	直径/mm	安全间隙/mm	放电间隙/mm	加工速度/(mm³/min)	损耗/%	底面Ra/μm	极性	电容/μF	高压管数	管数	脉冲间隙/μs	脉冲宽度/μs	伺服基准/V	伺服速度	极限值 脉冲间隙/μs	极限值 伺服基准/V
240	0.5	0.25	0.12	0.8	140	3.7	+	0	0	9	3	14	64	10	3	64
241	1.0	0.40	0.20	3.7	75	6.8	+	0	0	12	10	16	58	12	10	58
242	2.0	0.60	0.30	10.0	150	13.0	+	0	0	15	10	16	54	15	10	54
243	3.0	0.60	0.27	9.0	85	12.5	+	0	0	15	10	16	54	15	10	54

10 铜打硬质合金——最小损耗参数表

条件号	面积/cm²	安全间隙/mm	放电间隙/mm	加工速度/(mm³/min)	损耗/%	侧面Ra/μm	底面Ra/μm	极性	电容/μF	高压管数	管数	脉冲间隙/μs	脉冲宽度/μs	伺服基准/V	伺服速度	极限值 脉冲间隙/μs	极限值 伺服基准/V
400	1.0	0.17	0.095	3	25	1.76	2.2	+	0	0	10	13	14	65	12	12	60
401	1.5	0.20	0.112	5	32	2.0	2.5	+	0	0	11	14	15	65	12	13	60
402	2	0.25	0.138	8	35	2.6	3.2	+	0	0	12	15	16	65	15	14	60
403	4	0.33	0.171	15	35	3.8	3.8	+	0	0	13	17	18	60	15	16	55
404	6	0.43	0.216	35	40	4.3	5.4	+	0	0	15	18	19	60	15	17	55

11 铜打硬质合金——最大去除率参数表

条件号	面积/cm²	安全间隙/mm	放电间隙/mm	加工速度/(mm³/min)	损耗/%	侧面Ra/μm	底面Ra/μm	极性	电容/μF	高压管数	管数	脉冲间隙/μs	脉冲宽度/μs	伺服基准/V	伺服速度	极限值脉冲间隙/μs	极限值伺服基准/V
450	6	0.26	0.10	36	95	2.64	3.30	—	16	0	15	12	10	60	15	9	52

12 铜钨打硬质合金——最大去除率参数表

条件号	面积/cm²	安全间隙/mm	放电间隙/mm	加工速度/(mm³/min)	损耗/%	侧面Ra/μm	底面Ra/μm	极性	电容/μF	高压管数	管数	脉冲间隙/μs	脉冲宽度/μs	伺服基准/V	伺服速度	极限值脉冲间隙/μs	极限值伺服基准/V
485	6	0.26	0.10	50	21	2.88	3.6	—	0	0	15	12	10	60	20	10	52

13 铜打硬质合金——标准型参数表

条件号	面积/cm²	安全间隙/mm	放电间隙/mm	加工速度/(mm³/min)	损耗/%	侧面Ra/μm	底面Ra/μm	极性	电容/μF	高压管数	管数	脉冲间隙/μs	脉冲宽度/μs	伺服基准/V	伺服速度	极限值脉冲间隙/μs	极限值伺服基准/V
421		0.014	0.010			0.28	0.35	—	0	0	2	5	0	80	8	4	68
422		0.016	0.010			0.35	0.44	—	0	0	3	5	0	80	8	4	68
423		0.018	0.010			0.40	0.50	—	0	0	5	5	0	80	8	3	60
424		0.022	0.015			0.44	0.53	—	0	0	6	5	0	75	8	4	60
425		0.025	0.015			0.56	0.70	—	0	0	6	5	1	75	8	4	60
426		0.036	0.020			0.72	0.90	—	0	0	7	7	1	70	10	5	55
427		0.047	0.025			0.88	1.10	—	0	0	7	7	3	70	10	5	55
428		0.055	0.025	3.5	53	1.04	1.30	—	6	0	8	7	2	70	10	5	52
429		0.080	0.030	4.5	57	1.12	1.40	—	10	0	9	7	2	65	10	5	52
430	0.5	0.095	0.035	6.0	55	1.28	1.60	—	10	0	10	8	2	65	12	6	52
431	0.75	0.105	0.040	10.5	62	1.41	1.75	—	14	0	12	8	5	65	12	7	60
432	1.0	0.11	0.050	15	60	1.52	1.90	—	16	0	13	9	5	60	12	7	52
433	1.5	0.15	0.065	18	73	1.92	2.40	—	16	0	14	10	5	60	15	8	52
434	2.5	0.18	0.070	28	85	2.24	2.80	—	16	0	15	10	6	60	15	8	52
435	4.0	0.22	0.090	30	85	2.48	3.10	—	16	0	15	10	8	60	15	8	52

14 铜钨打硬质合金——标准值参数表

条件号	面积/cm²	安全间隙/mm	放电间隙/mm	加工速度/(mm³/min)	损耗/%	侧面Ra/μm	底面Ra/μm	极性	电容/μF	高压管数	管数	脉冲间隙/μs	脉冲宽度/μs	伺服基准/V	伺服速度	极限值脉冲间隙/μs	极限值伺服基准/V
461		0.014	0.010			0.32	0.4	—	0	0	2	5	0	70	8	4	68
463		0.016	0.010			0.36	0.45	—	0	0	3	5	0	70	8	4	68
465		0.018	0.010			0.40	0.5	—	0	0	5	5	0	70	8	3	60
466		0.025	0.015			0.56	0.7	—	0	0	6	5	1	65	10	4	60
467		0.047	0.025			0.80	1	—	0	0	7	5	3	65	10	4	60

条件号	面积/cm²	安全间隙/mm	放电间隙/mm	加工速度/(mm³/min)	损耗/%	侧面Ra/μm	底面Ra/μm	极性	电容/μF	高压管数	管数	脉冲间隙/μs	脉冲宽度/μs	伺服基准/V	伺服速度	极限值脉冲间隙/μs	极限值伺服基准/V
468		0.055	0.030	3.7	18	1.04	1.3	—	0	0	8	5	2	65	12	4	52
469		0.080	0.035	8.7	19	1.12	1.4	—	0	0	9	5	3	65	12	4	52
470		0.095	0.040	9	19	1.28	1.6	—	6		10	5	3	65	15	4	52
472	0.50	0.11	0.045	12.5	19	1.44	1.8	—	10		12	7	5	65	15	6	52
473	1	0.15	0.065	21	21	1.92	2.4	—	10		13	8	5	60	20	6	52
475	2.5	0.18	0.070	32	21	2.24	2.8	—	14		15	8	6	60	20	7	52
476	4	0.22	0.090	39	21	2.56	3.2	—	16		15	8	8	60	20	9	52

15　铜钨打硬质合金——孔

条件号	直径/mm	安全间隙/mm	放电间隙/mm	加工速度/(mm³/min)	损耗/%	侧面Ra/μm	底面Ra/μm	极性	电容/μF	高压管数	管数	脉冲间隙/μs	脉冲宽度/μs	伺服基准/V	伺服速度	极限值脉冲间隙/μs	极限值伺服基准/V
490	0.5	0.15	0.05	6	85	2.2		—	0	0	14	17	7	55	12	16	54
491	1	0.18	0.07	5	70	2.8		—	0	0	15	19	10	55	12	18	52
492	2	0.17	0.06	3.1	50	2.5		—	0	0	15	12	8	55	15	11	52
493	3	0.17	0.06	2.2	50	2.5		—	0	0	15	9	8	55	15	8	52
495	5	0.17	0.06	2	45	2.5		—	0	0	15	9	8	55	15	8	52

16　普通石墨打钢——最小损耗参数表

条件号	面积/cm²	安全间隙/mm	放电间隙/mm	加工速度/(mm³/min)	损耗/%	侧面Ra/μm	底面Ra/μm	极性	电容/μF	高压管数	管数	脉冲间隙/μs	脉冲宽度/μs	伺服基准/V	伺服速度	极限值脉冲间隙/μs	极限值伺服基准/V
260		0.218	0.140	3.80	0.1	3.6	5.0	+	0	0	7	16	15	75	10		50
261	1	0.310	0.184	8.10	0.1	4.2	5.1	+	0	0	8	16	16	75	12		50
262	2	0.355	0.201	16.20	0.1	5.2	7.2	+	0	0	9	17	17	70	12	8	50
263	3	0.524	0.261	19.70	0.1	8.6	9	+	0	0	10	17	18	70	12	8	55
264	4	0.584	0.283	28.20	0.1	10.2	13.2	+	0	0	11	17	19	70	12	9	53
265	6	0.644	0.364	53.40	0.1	13.5	18.9	+	0	0	12	18	20	65	15		50
266	8	0.726	0.364	107.6	0.5	15.4	19.4	+	0	0	13	17	20	65	15	13	45
267	12	0.958	0.402	186.1	0.5	17.8	19.8	+	0	0	14	17	20	65	15	12	42
268	20	0.906	0.458	220.0	0.5	19.2	20.2	+	0	0	15	18	21	60	15		46

17　普通石墨打钢——标准型参数表

条件号	面积/cm²	安全间隙/mm	放电间隙/mm	加工速度/(mm³/min)	损耗/%	侧面Ra/μm	底面Ra/μm	极性	电容/μF	高压管数	管数	脉冲间隙/μs	脉冲宽度/μs	伺服基准/V	伺服速度	极限值脉冲间隙/μs	极限值伺服基准/V
270		0.169	0.121	3.9	0.5	3.80	4.7	+	0	0	7	14	14	75	10	8	50
271	1	0.232	0.157	9.8	0.5	4.00	5.2	+	0	0	8	14	15	70	12	8	50

续表

条件号	面积/cm²	安全间隙/mm	放电间隙/mm	加工速度/(mm³/min)	损耗/%	侧面Ra/μm	底面Ra/μm	极性	电容/μF	高压管数	管数	脉冲间隙/μs	脉冲宽度/μs	伺服基准/V	伺服速度	极限值脉冲间隙/μs	极限值伺服基准/V
272	2	0.277	0.181	19.8	0.5	5.80	7.0	+	0	0	9	15	15	70	12	8	50
273	3	0.446	0.258	20.5	0.5	9.0	10.0	+	0	0	10	16	17	70	12	10	50
274	4	0.549	0.303	38.4	0.5	10.2	12.0	+	0	0	11	16	18	70	12	10	50
275	6	0.656	0.332	64.6	0.5	14.8	17.0	+	0	0	12	17	19	65	15	10	50
276	8	0.725	0.361	106.8	0.7	15.7	18.5	+	0	0	13	16	19	65	15	10	50
277	12	0.85	0.396	150.38	0.8	16.5	19.4	+	0	0	14	16	19	65	15	12	50

18　普通石墨打钢——最大去除率参数表

条件号	面积/cm²	安全间隙/mm	放电间隙/mm	加工速度/(mm³/min)	损耗/%	侧面Ra/μm	底面Ra/μm	极性	电容/μF	高压管数	管数	脉冲间隙/μs	脉冲宽度/μs	伺服基准/V	伺服速度	极限值脉冲间隙/μs	极限值伺服基准/V
280		0.209	0.123	16.0	10	4.3	5.6	+	0	0	8	14	14	75	10	8	50
281	1	0.261	0.157	16.1	10	4.6	6.0	+	0	0	9	14	15	70	12	8	50
282	2	0.324	0.182	26.0	10	5.2	7.6	+	0	0	10	14	15	70	12	8	55
283	3	0.368	0.202	38.3	8.0	8.9	9.2	+	0	0	11	14	15	70	12	9	55
284	4	0.438	0.237	67.9	5.8	11.5	11.9	+	0	0	12	14	15	65	15	9	48
285	6	0.555	0.284	102.4	4.8	13.5	13.5	+	0	0	13	14	16	65	15	10	50
286	8	0.664	0.324	146	4.2	16.8	17.8	+	0	0	14	14	17	65	15	10	40
287	12	0.756	0.346	211	3.4	18.4	19.2	+	0	0	15	14	17	60	15	11	48

19　细石墨打钢——最小损耗参数表

条件号	面积/cm²	安全间隙/mm	放电间隙/mm	加工速度/(mm³/min)	损耗/%	侧面Ra/μm	底面Ra/μm	极性	电容/μF	高压管数	管数	脉冲间隙/μs	脉冲宽度/μs	伺服基准/V	伺服速度	极限值脉冲间隙/μs	极限值伺服基准/V
300		0.010	0.010					+	0	0	2	1	2	88	8	1	88
301		0.015	0.015			0.56	0.7	+	0	0	2	3	4	80	8	3	70
304		0.065	0.05			1.20	1.5	+	0	0	4	7	9	80	8	3	66
306		0.110	0.07			2.40	2.7	+	0	0	6	12	12	80	10	3	58
307		0.16	0.10			2.80	3.6	+	0	0	7	13	12	80	10	3	55
308	1	0.20	0.12	16	0.30	3.36	4.0	+	0	0	8	13	13	80	10	4	55
309	2	0.23	0.17	27	0.20	4.00	5.0	+	0	0	9	13	13	75	12	5	52
310	3	0.30	0.20	58	0.15	4.56	5.7	+	0	0	10	13	14	75	12	5	52
311	4	0.39	0.26	81	0.10	6.24	7.2	+	0	0	11	13	15	75	12	6	52
312	6	0.45	0.28	120	0.11	7.76	9.7	+	0	0	12	13	15	70	15	6	52
313	8	0.60	0.33	180	0.05	8.96	11.2	+	0	0	13	13	16	70	15	7	52
314	12	0.66	0.36	320	0.05	9.60	12.0	+	0	0	14	14	16	70	15	8	52
315	20	0.80	0.40	380	0.05			+	0	0	15	14	17	65	15	10	52

20 细石墨打钢——标准型参数表

条件号	面积/cm²	安全间隙/mm	放电间隙/mm	加工速度/(mm³/min)	损耗/%	侧面Ra/μm	底面Ra/μm	极性	电容/μF	高压管数	管数	脉冲间隙/μs	脉冲宽度/μs	伺服基准/V	伺服速度	极限值 脉冲间隙/μs	极限值 伺服基准/V
321		0.015	0.015			0.56	0.70	+	0	0	2	3	4	80	8	3	70
322		0.020	0.020			0.80	1.00	+	0	0	3	3	5	80	8	3	70
323		0.025	0.025			1.07	1.34	+	0	0	3	4	6	80	8	3	70
324		0.065	0.050			1.36	1.70	+	0	0	4	7	9	80	8	3	66
325		0.075	0.055			1.76	2.20	+	0	0	5	10	9	80	8	3	64
326		0.10	0.060			2.32	2.90	+	0	0	6	11	10	80	10	3	56
327		0.15	0.090			2.88	3.60	+	0	0	7	11	10	75	10	3	55
328	1	0.19	0.11	18	0.8	3.12	3.90	+	0	0	8	12	12	75	10	4	55
329	2	0.21	0.15	31	0.8	3.76	4.70	+	0	0	9	12	12	75	12	5	52
330	3	0.27	0.18	62	0.5	4.56	5.70	+	0	0	10	12	13	70	12	5	52
331	4	0.34	0.23	90	0.3	5.60	7.00	+	0	0	11	12	14	70	12	6	52
332	6	0.40	0.26	125	0.3	7.60	9.50	+	0	0	12	12	14	70	15	6	52
333	8	0.54	0.30	185	0.2	9.28	11.6	+	0	0	13	12	15	70	15	6	52
334	12	0.60	0.32	320	0.2	10.7	13.	+	0	0	14	12	15	65	15	6	52
335	20	0.75	0.38	380	0.15			+	0	0	15	12	16	65	15	10	52

21 细石墨打钢——最大去除率参数表

条件号	面积/cm²	安全间隙/mm	放电间隙/mm	加工速度/(mm³/min)	损耗/%	侧面Ra/μm	底面Ra/μm	极性	电容/μF	高压管数	管数	脉冲间隙/μs	脉冲宽度/μs	伺服基准/V	伺服速度	极限值 脉冲间隙/μs	极限值 伺服基准/V
341			0.015			0.56	0.70	+	0	0	2	3	4	80	8	2	70
342			0.020			0.80	1.00	+	0	0	3	3	5	80	8	2	68
343			0.025			0.96	1.2	+	0	0	3	4	6	80	8	2	66
344		0.050	0.030			1.20	1.5	+	0	0	4	6	7	80	8	3	65
345		0.056	0.035			1.44	1.8	+	0	0	5	6	7	80	8	2	64
346		0.085	0.050			1.68	2.1	+	0	0	6	8	8	80	10	2	56
347		0.120	0.060			2.16	2.7	+	0	0	7	8	8	75	10	3	55
348		0.150	0.095	20	6.5	2.88	3.6	+	0	0	8	10	10	75	10	4	53
349	1	0.17	0.13	33	4.0	3.60	4.5	+	0	0	9	10	10	75	12	4	52
350	2	0.21	0.15	66	3.0	4.08	5.1	+	0	0	10	10	11	70	12	5	52
351	3	0.23	0.17	95	3.0	5.28	6.6	+	0	0	11	10	11	70	12	5	52
352	4	0.32	0.21	125	2.5	5.76	7.2	+	0	0	12	10	12	70	15	6	52
353	6	0.42	0.26	185	1.0	6.40	8.0	+	0	0	13	10	13	65	15	7	52
354	8	0.51	0.30	330	0.6	8.40	10.5	+	0	0	14	12	14	65	15	7	52
355	12	0.65	0.35	390	0.5			+	0	0	15	12	15	65	15	10	52

参 考 文 献

[1] 单岩，夏天．数控线切割加工 [M]．北京：机械工业出版社，2004.

[2] 单岩，夏天．数控电火花加工 [M]．北京：机械工业出版社，2005.

[3] 刘晋春等．特种加工 [M]．北京：机械工业出版社，2004.

[4] 曹凤国．电火花加工技术 [M]．北京：化学工业出版社，2005.

[5] 陈国香等．机械制造与模具制造工艺学．北京：清华大学出版社，2006.

[6] 陈前亮．数控线切割操作工技能鉴定考核培训教材 [M]．北京：机械工业出版社，2006.

[7] 周湛学，刘玉忠等．数控电火花加工 [M]．北京：化学工业出版社，2007.

[8] 中国就业培训技术指导中心．国家职业标准——电切削工 [M]．北京：中国劳动社会保障出版社，2007.

[9] 上海市职业培训研究发展中心组织．电切削工：五级 [M]．北京：中国劳动社会保障出版社，2010.

化学工业出版社 数控图书

更多数控精品图书请关注：www.cip.com.cn

如有咨询或投稿：010-64519272；wangye@cip.com.cn